现代动物园科学管理丛书之二：动物临床影像诊断技术

动物X线

实用技术与读片指南

李树忠 编著

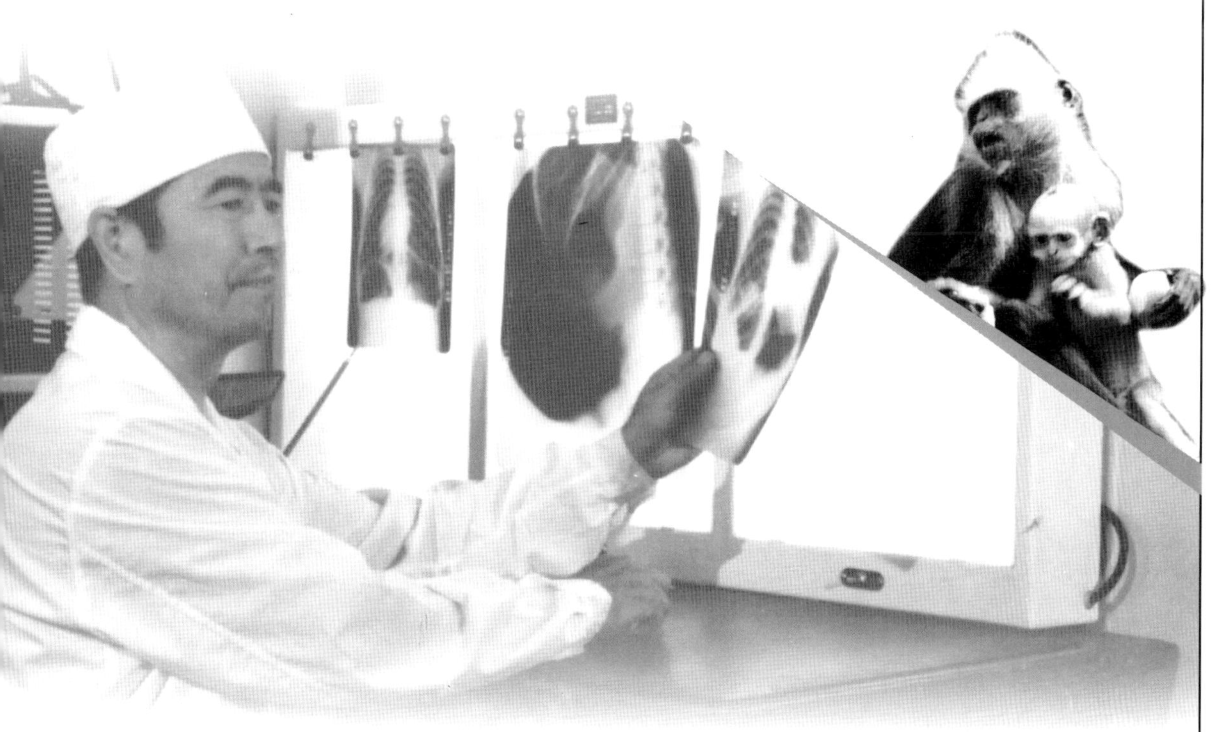

中国林业出版社

图书在版编目（CIP）数据

动物X线实用技术与读片指南／李树忠编著．

—北京：中国林业出版社，2009.10

（现代动物园科学管理丛书之二：动物临床影像诊断技术）

ISBN 978-7-5038-5517-7

Ⅰ．动…

Ⅱ．李…

Ⅲ．动物疾病－X射线诊断－指南

Ⅳ．S854.7-62

中国版本图书馆CIP数据核字（2009）第182090号

出　版：中国林业出版社（100009　北京西城区德内大街刘海胡同7号）

网　址：www.cfph.com.cn

地　址：cfphz@public.bta.net.cn　　电　话：(010)83224477

发　行：新华书店北京发行所

印　刷：三河市祥达印装厂

版　次：2009年10月第1版

印　次：2009年10月第1次

开　本：787mm×1092mm　1/16

印　张：13.25

印　数：1～1000册

编委会

编　著　李树忠

审　核　张金国

参与编写人员　李丰昌　高晓刚　魏　来　赵　臻
曹钱丰　臧永利　吴　楠　李艳明
拱海鸥　任志广　马建全　张世虎
张加勇

参与工作人员　卢　岩　杨明海　丁　楠　孙亚美
韦振宇　吴红肖　王景坤

致 谢

编著人真诚感谢以下单位及各位重要人士的大力支持与参与，使得该书出版成为可能。

北京动物园副园长、高级兽医师　张金国

北京中农大我爱我爱动物医院院长　陈凌

北京中农大我爱我爱动物医院高级技术顾问　教授万宝璠

北京动物园兽医院的历届领导及同事

北京西郊动物医院主管　卢岩

北京永昌动物医院院长、宠物医师　李丰昌　赵臻

北京酒仙桥动物医院院长、宠物医师　高晓刚　魏　来　马建全　张世虎

北京康乐宝动物医院院长　吴春喜；宠物医师　吴　楠

北京（回龙观）城北动物医院院长、宠物医师　曹钱丰　臧永利

北京仁仁宠物医院宠物医师　拱海鸥

北京宠福鑫宠物医院宠物医师　任志广

杭州明星宠物医院院长、宠物医师　张加勇

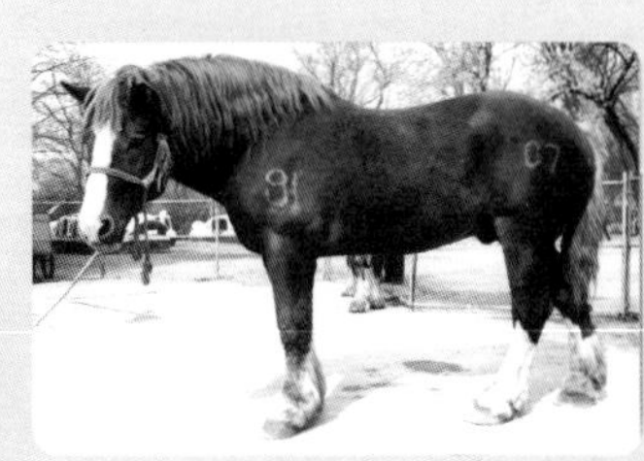

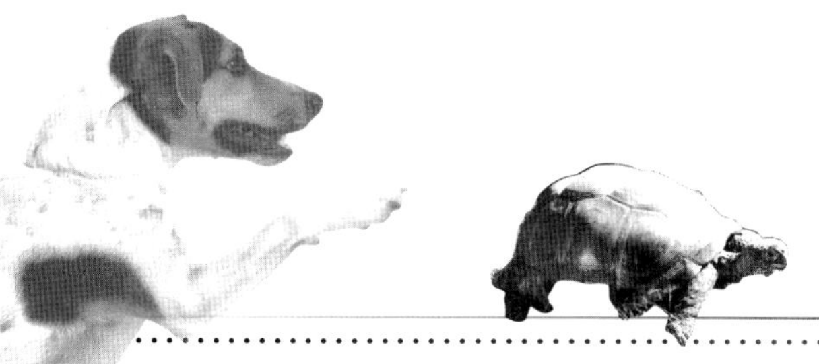

序 言

北京动物园是国内外著名的动物园，经过百年的发展，已经积累了大量的实践经验和研究成果。北京动物园系统地总结和整理了动物园在野生动物饲养、管理、丰容、训练、饲料与营养、动物园景观规划设计、疾病防控、保护教育科普等方面的成功经验，参考国外同行的研究成果，主持编写了“现代动物园科学管理丛书”，供国内同行参考，这将大大提高国内动物园的整体水平，对珍稀野生动物的保护和科普教育将会起到极大的促进作用。

由李树忠先生编著的《动物X线实用技术与读片指南》是一本难得的野生动物、宠物临床兽医使用的工具书。该书具有以下特点：

1. 是国内第一代动物兽医50多年实践经验的总结。作者从20世纪60年代起就在北京动物园兽医院从事野生动物兽医工作，是国内动物X射线诊断的前辈。经过多年的实践，积累了丰富的临床拍片、读片和诊断经验，书中所涉及的内容全部是作者亲身经历的病例，资料翔实可靠。

2. 书中收集的病例时间前后跨度50多年，作者从1000多个亲身经历的病例中筛选出具有代表性的典型病案近200例，多数诊断经过临床治疗、手术和剖检得到了核实。其中有许多病例罕见，属于国内外首次发现，资料极其珍贵难得。

3. 本书X射线典型病例不但包含野生动物，还有犬、猫等宠物。图文并茂，实用性强。由于野生动物难于接近，摄片时，绝大部分需要进行麻醉，相对而言，这方面的文献稀少；而宠物医学属于新兴行业，相关资料正处于积累和总结阶段，所以本书的内容就显得十分珍贵，是从事该行业工作的兽医和实验室工作人员难得的参考工具书。

希望本书的出版能够为从事野生动物和宠物从业技术人员提供一本实用参考工具书，以尽快提高我国该领域的X线拍摄、诊断和治疗水平。

北京动物园副园长 研究员 张金国

前 言

动物医疗临床工作，对一位兽医（宠物医师）来讲，诊断是第一位的，是最重要的。“视、触、叩、听、嗅”的体格检查一直是临床兽医获取信息的主要手段。随着兽医医疗事业的发展，各种医疗仪器层出不穷，实验室检查和影像学诊断给临床工作带来了极大的帮助，尤其是动物（宠物）医院X线的广泛应用极大地提高了临床诊断的正确率和准确性。

目前动物（宠物）医院利用X线影像检查动物疾病，对动物体检等，由于简便、快捷，特别是对运动器官、胸部、腹部、泌尿及生殖系统等部位，仍是主要的检查手段。由于国内动物X线应用上与国外发达国家相比起步较晚，X线兽医专业队伍奇缺，尤其是多数动物（宠物）医院在放射文书档案、正确摆位投照、暗室技术等方面很不规范，拍摄的X线片在密度、对比度、锐利度等方面都达不到标准诊断要求，急需提高X线技术与诊断水平。

作者在北京动物园兽医院从事野生动物X线技术等诊断工作近50年，在国内属于开创性工作，近10年来仍活跃在小动物门诊第一线。在半个世纪的X线专业岗位上经手过上千个动物X线病例，从中筛选出动物园内野生动物及犬、猫等宠物X线典型病案近200例。这些典型病例从临床发病、X线投照及诊断、治疗、手术、组织病理或尸检等方面作者对绝大部分病例参与了全过程，病例素材真实可信。有些野生动物的病例实属罕见，在国际上也是首次发现，如珍稀濒危动物白头叶猴骨肉瘤、山魈尺桡骨骨结核等。同时，在X线诊断食草兽瘤胃异物的课题研究上积累了丰富的经验，这些成果在20世纪90年代初曾获得过北京市科技进步三等奖和局级多次一等奖。

本书具有以下特点：

一、可指导动物园兽医及宠物医师对野生动物及犬猫等宠物在镇静剂、麻醉剂以及不镇静、不麻醉的情况下如何正确摆位、投照条件的选择、曝光技巧、暗房冲洗技术和技巧及如何观察分析 X 线片，结合临床做出更贴近实际的 X 线诊断。

二、指导年轻的临床兽医及宠物医师如何识别 X 线图像表现，分析各种疾病的 X 线特征，做出更符合临床的 X 线诊断。本书不求面面俱到，而以动物运动器官、呼吸、消化、腹部、泌尿及生殖道常见或不常见的典型病例详加介绍。

三、涉及到具体疾病时，以病例形式出现，有相应的 X 线图或部分病理照片，着力介绍病史、X 线表现，指出诊断的依据，提出相关疾病鉴别诊断的要点和思路。通过典型病例，在诊断过程中进行分析、推理，提出诊断思路。

这里需要提醒 X 线检查兽医师和低年资临床兽医师的是：X 线检查同其他影像检查一样，也有其一定的局限性和不足之处，在为患病动物选择影像检查时，应考虑不同疾病的针对性，综合分析各种影像学检查的优点和不足。

在本书编著过程中，承蒙北京动物园副园长、高级兽医师张金国先生提出宝贵意见，并在百忙工作中为本书作序，在此表示由衷谢意！

由于笔者水平所限，不足之处在所难免，恳请广大读者阅读本书之后提出宝贵意见，以便本书再版时臻于完善。

李树忠

于北京动物园、北京中农大我爱我爱动物医院

目 录

第六章 泌尿系统及生殖道疾病

第一章

X线成像

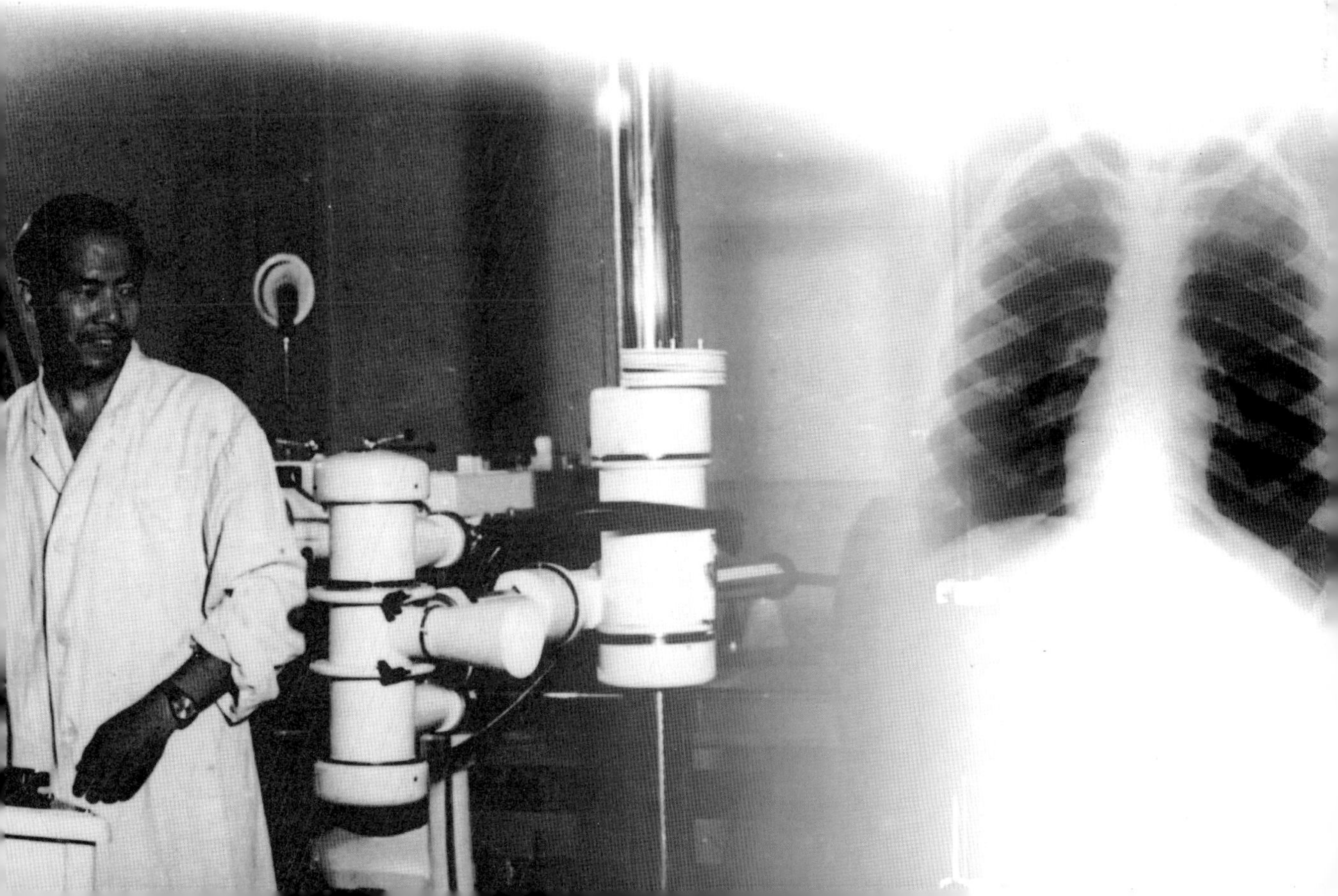

第一节　X线的发现与发展

1895 年人类发现 X 射线后不久便用于医学临床。

1896 年兽医界又将其应用于家畜的疾病诊断，形成了放射诊断学。随着科学技术的发展，20 世纪 50 年代到 60 年代开始应用超声与核素扫描进行人体检查，出现了超声成像和 γ 闪烁成像。70 ~ 80 年代又相继出现了 X 线计算机体层成像（CT）、磁共振成像（MRI）、发射体层成像（ECT）等新的成像技术。

与人类医学一样，欧美等发达国家早在 20 世纪 30 年代 X 线技术发展迅速，到 50 ~ 70 年代，兽医放射广泛应用于对家畜、犬、猫和野生动物的检查技术、X 线解剖及疾病的诊断工作。

中国兽医影像学的发展利用相对落后，传统的 X 线技术也是新中国成立后，才逐渐发展壮大的。到 60 年代兽医放射学已广泛应用于动物的 X 线诊断，而进入 90 年代在宠物医院中更得到了广泛的应用。

放射诊断学是影像诊断学中重要的组成部分，从某种意义上讲亦是兽医影像学的基础。了解 X 线成像原理、方法和图像特点，掌握图像的观察、分析与诊断方法及其在疾病诊断中的价值与限度，从而加以合理应用很重要。

第二节　X线成像的原理及图像特点

X 线是在真空管内高速运动的电子流撞击钨（或钼）靶时产生的。X 线是一种波长很短的电磁波，具有以下特性：

穿透性：X 线具有很强的穿透力。X 线的穿透力与 X 线的波长有关，与被照体的密度和厚度有关。穿透力是 X 线成像的基础。

荧光效应：X 线能激发荧光物质，产生肉眼可见的荧光，是透视的基础。

摄影效应：X 线能使涂有溴化银的胶片感光，经显影、定影处理，产生黑和白的影像。感光效应是 X 线摄片的基础。

电离效应：X 线通过任何物质可产生电离效应，它是放射防护学和放射治疗的基础。

基于以上特性，加之当 X 线透过动物体各种不同组织结构时，由于其密度和厚度的差别，它被吸收的程度不同，所以达到荧光屏或胶片上的 X 线量即有差异，这样在荧光屏或 X 线片上就形成了黑白不同的影像。这是 X 线成像的基本原理。

传统的 X 线检查可区分 4 种密度：高密度的骨组织和钙化灶等，在 X 线片上呈白色；

中等密度的软骨、肌肉、神经、实质器官、结缔组织以及体液等，在 X 线片上呈灰白色；较低密度的有脂肪组织在 X 线片上呈灰黑色；低密度的气体在 X 线片上呈黑色。

X 线图像是 X 线束穿透某一部位的不同密度和厚度组织机构的投影总和，是一种叠加影像，使原本三维的立体结构变成了一个二维平面图像。

由于 X 线束是从 X 线管向动物体作锥形投影，因此 X 线影像有一定程度放大并产生伴影。此外，处于中心射线部位的 X 线影像，虽然有放大，但仍然保持原来的形状；而边缘射线部位的 X 线影像，由于倾斜投影，使被照体既有放大，又有歪曲和失真。

第三节 X线诊断的原则和方法

一、X线诊断的原则

第一，认识动物体器官和组织的正常生理、解剖的基础知识，认识动物器官和组织的 X 线影像表现。

第二，根据动物病理解剖学和病理生理学的基础知识，认识动物病理改变所产生的阴影。

第三，结合临床症状、病史、体征及其他检查资料进行分析推理，做出结论。

二、X线诊断的方法

第一，X 线片技术条件：首先应注意照片的质量，是否符合诊断的要求。一张良好的照片，必须达到：位置正确，黑白对比鲜明，细微结构清晰可见，照片清洁不带污迹及其他伪影，标记（左、右及日期等）鲜明整齐。

第二，按一定程序观察 X 线片：全面而系统地进行观察。如以胸片为例，应按照胸廓、肺、纵隔、膈及胸膜等逐步观察。分析骨关节片时，应依次观察骨骼、关节及软组织。注意骨皮质、骨松质及骨髓腔等，以免遗漏 X 线征象。

第三，观察病变的要点：主要是病变的部位和分布、数目、形状、大小、边缘、密度、器官本身的功能变化及周围组织结构的改变。

第四，在饲养员和宠物主人的配合下，根据需要可亲自做进一步询问和必要的查体。也可与有关临床医师共同研究，以便掌握更可靠和全面的临床资料，对 X 线诊断是重要的。

第五，通过大量的资料进行客观的逻辑分析判断，X 线诊断才能得出正确的结论。应该指出，X 线诊断是有价值的，但也有一定的局限性。

总之，X 线诊断结果基本上有 3 种情况：①肯定性诊断，即确诊；②否定性诊断，即通过 X 线检查，排除了某些疾病，此种判断应慎重，因为有时 X 线表现比临床症状与体征有滞后现象，必须跟踪观察；③可能性诊断，即经过 X 线检查发现某些 X 线征象，而一时难以明确性质，可列出几种可能，最大者放首位。

在人类医学上，X 线检查仍然是目前影像学检查中最基本的一种，即使在广泛应用超声、CT、DSA、MRI 等情况下，也不能动摇它的地位。

在中国兽医领域，X 线对动物疾病的诊察更体现出经济实用的特点，如对动物的腹部、骨关节、胸部、消化道、泌尿系统及生殖道等疾病的 X 线检查是其主要手段。

第二章 动物 X 线实用技术

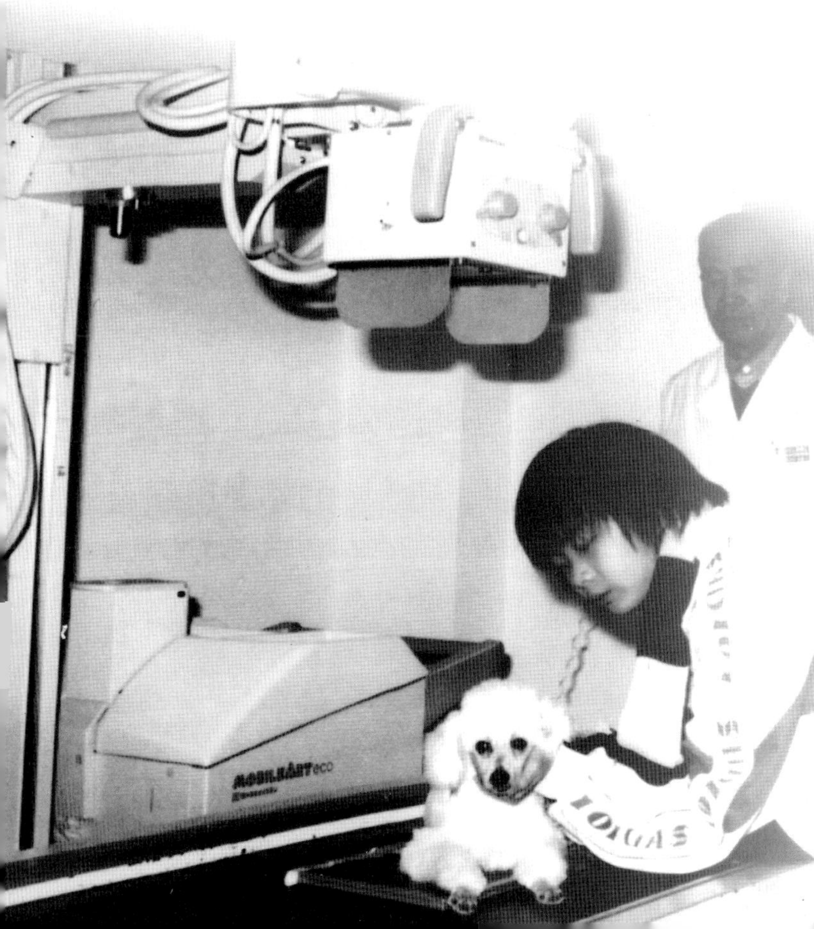

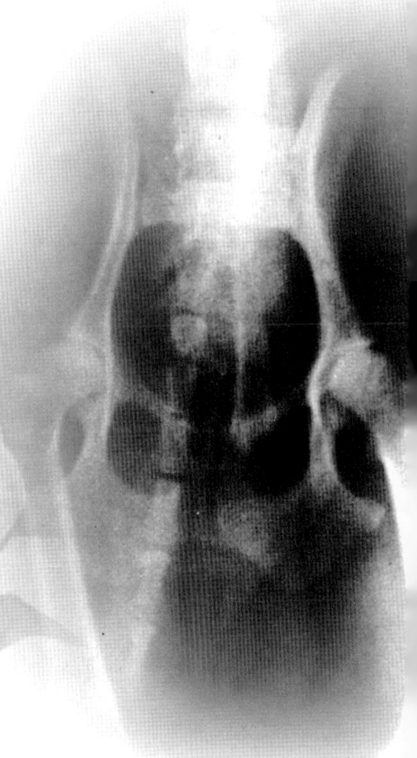

第一节　诊断用X线机

目前我国兽医部门、动物医院多使用医用X线机，比较适合中小动物使用。如管电流50mA、管电压100kV的床边X线摄片机很适合动物园兽医院、宠物诊所和规模较小的动物医院使用。大中城市的动物园兽医院及城市中规模较大的动物医院可选用中型能移动或固定式工频或高频机，管电流100～300mA、管电压125～150kV的移动式X线机。当然，为了提高投照质量选用更大容量的X线诊断机则更好。

第二节　投照原则与投照体位

动物园野生动物X线摄影，绝大多数需要麻醉后投照，而宠物医院绝大多数在不麻醉的状态下进行。动物摄影又受多种因素的影响，如欲拍摄质量好的X线照片，要正确掌握投照时机、体位及曝光条件等。

一、投照原则

第一，必须按焦点→肢体→胶片的顺序摆正三者的关系位置。

第二，除特殊情况下，X线必须采取直线照射，并须核准X线中心线穿过被照部位的中心，然后照射到胶片中央，才合乎诊断要求。

第三，X线照射的大小以恰能适应胶片的大小为宜，而胶片的大小应适合被照部位的要求。

第四，曝光时除特殊摄影外，应避免焦点，被照体和胶片以及滤线板的移动或颤动。

第五，投照每张X线片必须放置投照单位的名称、投照日期及体位标记等，防止错乱。

二、投照体位

标准投照体位是指拍摄两个互为直角体位的X线片，这是日常检查中常规体位，这样才能获得某一器官的三维影像。投照体位应按照国际标准名称。

用于表示X线摄影的方位名称有：

左（Le）—右（Rt）：用于头、颈、躯干及尾。

背（D）—腹（V）：用于用于头、颈、躯干及尾。

头（Cr）—尾（Cd）：用于用于头、颈、躯干、尾及四肢的腕和跗关节以上。

嘴（R）—尾（Cd）：用于头部。

内（M）—外（L）：用于四肢。

远（Pr）—近（Di）：用于四肢。

背（D）—掌（Pa）：用于前肢腕关节以下。

侧位（L）：用于、头、颈、躯干及尾，配合左右方位使用。

斜位（O）：用于各个部位，配合其他方法使用。

表示方位为：方位名称第一个字母表示 X 线的进入方向，第二个字母表示射出方向。如背腹位（DV）表示 X 线从背侧进由腹侧出。

第三节　X线一般摄影步骤

一、阅读X线照相申请单

了解病例一般情况及病情。如果是动物园的野生动物须到现场拍照，放射人员还应到动物兽舍亲自查看动物大小、投照部位、需照多大尺寸的 X 线片、多少张、电源及插座规格等情况，准备充分才会忙中不乱。

二、明确检查容内

检查目的和拍摄部位，按照动物照相登记本所列内容详细填写，编号。

三、准备胶片

根据检查部位（或按申请单要求）选择能包括被检部位在内的胶片装入相应的暗盒，并按照规定放上 X 线标记铅字（照相单位，年、月、日，X 线号，左、右等）。

四、测量与计算

测量被照部位厚度，计算出适当的千伏值和毫安秒值。选择焦点与胶片的距离（宠物医院 X 线机最好按照规定使用固定的胶片距离）。

五、摆位置对中心线

根据摄影部位和检查目的，用标准位置摆好，检查部位放在暗盒中心。中小动物脊柱侧位投照，如颈椎侧位投照时，鼻部应轻度抬高，第 4 ～ 7 颈椎之间用透射线材料支撑；胸椎侧位投照时，胸骨部要略微垫高；腰椎侧位投照时，腰部及后肢略微垫高。总之，脊柱侧位投照时要保证脊柱的水平放置。脊柱腹背位投照时使脊柱拉直成一条直线，并嘱咐主人或助手摄影时注意的事项。

六、以抓拍方式曝光

以上各步骤完全做好，再次校正控制台各种曝光条件，然后进行抓拍曝光。

七、投照后的处理

当摄影完毕后，留宠物主人暂待片刻，冲洗出的照片满意后，观察各种投照条件，并将写出诊断报告及 X 线片交予宠物主人。

第四节　X线技术

一、X线机操作规程及注意事项

X 线机是放射工作者的主要工具，只有充分发挥 X 线机的设计效能，才能拍出满意的 X 线片。同时，为保证放射工作的顺利进行，保证机器的安全使用及延长使用寿命，必须严格按照操作规程使用 X 线机。

1．X 线机使用原则

第一，对不同型号的 X 线机应有基本认识，如性能、规格、特点和各部件的使用及注意事项。

第二，严格遵守操作规程，正确而熟练地操作，以保证机器的安全。

第三，工作人员在操作过程中，认真负责，耐心细致。

第四，使用过程中，严防过载。

2．X 线机的操作

X 线机虽然种类繁多，但主要工作原理相同，控制台的各种调节器也基本相似。一般操作如下：

第一，闭合电源开关。

第二，将 X 线管交换开关或按键调至需要用的台次位置。

第三，根据检查方式进行技术选择，如滤线器胶片等。

第四，调节电源电压表指示针到标准位置上。

第五，根据动物的摄片部位、体厚，调节管电压（kV）、管电流（mA）和曝光时间或毫安秒（mAs）。

第六，曝光完毕，切断电压，各调节钮归零。

3．注意事项

第一，未了解 X 线机的性能及使用方法、操作规程前，禁止拨动控制台面的各个旋钮和开关。

第二，在曝光过程中，不可临时调动各调节旋钮，以防损坏 X 线机重要部件。

第三，严格按 X 线管球的规格使用，在允许的情况下，尽可能使用低毫安投照。每次投照后应有必要的间歇冷却时间。

第四，使用过程中发现仪表指示的数值或电器部分有异常或异味，应立即停机检查。

第五，在使用移动 X 线机异地投照时管球落低，各旋钮固定，搬运时小心轻放。

第六，注意机器清洁，避免水分、潮湿空气及酸性蒸发气侵蚀。

第七，X 线机的机房面积应根据机器所占的面积及动物的大小来设计，宠物医院中小型 X 线机，机房面积不能小于 $9m^2$。

二、曝光条件的确定原则

由于动物种类繁多，种类有别，加之成年、幼年、投照体位、保定方式等限制，曝光条件不相同。

1．管电压（kV）的确定

各投照部位管电压的确定，一般以本单位所使用的 X 线机需要反复试验调整，最后制定出包括各个部位的厚度、千伏、毫安秒、胶片距离等在内的曝光条件表。

2．管电压（kV）

最初多取自人医胸部 kVP 确定的公式，再加以调整。公式为：

胸厚（cm）$\times 2+25=$kVP

家畜动物 X 线摄影实践表明，可根据动物不同修正为：

胸厚（cm）$\times 2+26\sim 30=$kVP

公式中的 26～30 是基数，根据不同部位及显影液的新旧而改变。通过大量实践，特提出下列公式可参考：

中小型动物胸厚（cm）$\times 2+26\sim 30=$kVP

大中型动物胸厚（cm）$\times 2+35\sim 45=$kVP

动物四肢 kVP 确定法：

厚度（cm）$\times 2+35\sim 45=$kVP

其中基数（45～50）可根据动物的种类、部位和组织结构灵活确定。

3．中小型动物

中小型动物腹部平片和消化道钡餐造影的曝光条件应较胸部 KVP 适当提高。

4．毫安秒（mAs）的确定

主要根据反复试验得出结果。根据多年实践，推荐以下计算方法：

中小型动物胸部体厚 8～20cm 时，给 6～12mAs，也可按每厘米 0.5～0.75mAs 计算。

中小型动物腹部体厚 10～25cm 时，给 9～25mAs，也可按每厘米 0.8～1.0mAs 计算。

中小型动物头部、骨盆体厚 8～25cm 时，给 8～25mAs，也可按每厘米 0.75～1.2mAs 计算。

中小型动物四肢骨体厚 8～20cm 时，给 3～6mAs，也可按每厘米 1.0～2mAs 计算。

5．焦片距离（D）的确定

应根据机器的大小和实际情况尽量固定胶片距离，达到曝光条件准确。原则上是大型机器的胶片距离长些，如大型动物胸部 150cm；中小型机器的胶片距离应短些，为 80～100cm。

6．特殊情况下曝光条件的变动

如胸部体厚超过 15cm 和腹部超过 10cm，有条件时使用滤线器材。使用滤线器材在平片条件基础上增加 6～10kVP 或增加 1～2 倍毫安秒。使用石膏绷带或纸、竹夹板适当增加 kVP 和 mAs。

7．有条件可开展高千伏低毫安秒摄影

高千伏摄影是指使用 120～150kVP，甚至更高值的 X 线机。

高千伏投照技术涉及电压（kV）和毫安秒（mAs）的平衡。低毫安秒摄影技术大大缩短了曝光时间，可避开呼吸性移动伪影，能使影像层次更丰富，提高了 X 线片质量并减少工作人员接受的 X 线量。

高千伏摄像条件根据实践可参考以下条件：

中小型动物胸部体厚 ×2＋44＝kVP，给 2.5mAs。

中小型动物腹部体厚 ×2＋44～54＝kVP，给 3.6～5.6mAs。

据最新资料介绍，北京观赏动物医院于 2007 年下半年引进了一台北京某厂生产的国内首台高频 X 线机 HFVET-50A 型高级动物摄影专用 X 线机。主机最大输出功率：50kW，管电压：40 ～ 150kV，电流时间：0.5 ～ 320mAs，最短曝光时间：≤ 4ms，X 线焦点：0.6、1.2/1.0、2.0。该机的出现，更大地支持和满足了现代兽医临床放射学诊断的要求。作者曾参与过对大中型动物的摄片等工作——奶牛的四肢，大中型犬如白熊、藏獒、黑背、西施、京巴犬的头、颈、胸、腹部拍摄，其投照条件为：体厚 ×2 加基数 32 ～ 38＝kV 值，毫安秒值（mAs）0.2 ～ 0.8。

由于该高频 X 线机高压波形平稳，线束的有用射线比率增大，故在相同条件下，投照所用的毫安秒值（mAs）比工频机低得多，投照条件是工频机的 1/3 ～ 1/8，而 X 线片在影像密度、对比度、锐利度上都可得到满意的效果，这样就大大减少了 X 线对部位的摄影曝光量，从而降低了动物和工作人员对 X 线的吸收量，更有利于防止射线的损伤。该类机功率虽大，但体积较小，占用空间小，更适宜有一定规模的动物医院使用，也是今后现代兽医影像设备的主导。

三、X线检查中的防护

1．X 线防护的意义

由于 X 线的生物学作用，微量照射也可引起人体组织细胞的轻度损害，大量照射则细胞的机能受到抑制，甚至遭到破坏。损坏的程度与照射量、机体的抵抗力及组织的敏感性有关。人体的造血系统、生殖系统和眼球等对 X 线敏感。而皮肤、肌肉、骨骼及结缔组织则比较迟钝。但如果 X 线辐射在容许的范围内，一般则少有影响，因此，也不要对 X 线产生疑虑甚至恐惧，只需注意防护——如控制 X 线检查中的辐射量，并采取有效地防护措施，合理使用 X 线检查，避免不必要的 X 线辐射，以保护动物和动物主人及工作人员的健康。

2．放射防护的方法和措施

包括主动防护和被动防护。

主动防护首先要做好 X 线检查室内铅墙的防护，投照中尽量减少 X 线的发射剂量。措施包括恰当的 X 线摄影参数，限制每次检查的照射次数，不要在短期内做多次重复检查。

被动防护的目的是使被检动物及动物主人和工作人员尽可能减少射线剂量，具体措施可以采取屏蔽防护和距离防护。前者使用原子序数较高的物质，常用铅或含铅的物质作为屏障以阻挡不必要的 X 线，如管球的管壳、遮光筒、限光圈、滤过板等。

在投照时，应当限制照射范围。动物主人、放射线工作人员及助手注意利用荧光屏后的铅玻璃、铅橡皮围裙、铅橡皮手套等作为防护。墙壁主要是防止对室外人的伤害。

四、X线的检查方法

X 线图像是由黑到白不同灰度的影像所组成的。X 线可检查骨骼、软组织、脂肪和气体，由于这些组织和器官等密度和厚度的不同，产生的影像对比是自然对比。对于缺乏自然对比的组织和器官，可人工引入一定量的在密度上较高或较低物质，使之产生人工对比，自然对比和人工对比是 X 线检查的基础。

1．普通检查

X 线检查包括 X 线透视和摄影。

（1）X 线透视

透视的优点是可移动患病动物体位从而进行多方位观察，了解器官的动态变化，如心脏、大血管的搏动，膈的运动，胃肠蠕动等，操作也方便。其缺点是图像欠清晰，无法留下永久的记录，投射照射时间长，X 线量大。

（2）X 线摄影

其优点图像清晰，能留下永久记录，便于复查时对照和会诊。其缺点是仅能获得一个方位一个区域的影像，无法进行直接动态观察。

如有条件，两种方法配合使用更能提高诊断的正确性。

2．造影检查及方法

目的是增加不同组织之间、正常组织与病变组织之间的密度差异，以显示那些缺乏自然对比的不同组织结构或病变部位，造成密度差别，在影像上被识别，称之为造影检查。

X 线对动物疾病诊断非常重要，特别是当前造影检查更为普遍。就目前动物医院常用的几种造影检查介绍如下。

（1）食道造影

食道造影前先拍侧位平片，当平片不能确诊时，可实施钡餐造影。

适应症及检查目的：食物逆呕，咽下困难，吞咽异常，怀疑异物，先天异常——狭窄、扩张，食道气管瘘（如食管怀疑存在穿孔应以碘剂代替钡剂）。

透视条件下可观察食管功能和形态变化，正常时钡餐通过蠕动波很快会清除干净，如滞留为异常可拍 X 线片。

注意：犬食管有钡剂细条纹分布，猫食管后段有鲱鱼骨样钡剂条纹均为正常变异。

造影剂量与要求：硫酸钡 1 ：1～1 ：2 或 3 ：1 稠剂。犬猫用量 2～6mL/kg。

如果怀疑食管扩张可加大剂量。钡剂用注射器人工灌服后立即摄片。

（2）胃肠联合钡餐造影

胃小肠造影前禁食 12～24 小时，必要时使用通便剂或清洁灌肠。首先摄腹部平片正侧位，观察是否异常。造影的目的是观察胃及肠管的黏膜状态及其充盈后的轮廓、蠕动（透视下）及排空功能。对胃、十二指肠及小肠前段的异物、肿瘤、溃疡、幽门部病变及横膈疝、肠套叠等均有重要的诊断价值。

造影剂量与规定：硫酸钡及温水混合，按不同需要，使用不同浓度以注射器人工灌服，要防止误入气管。

剂量：犬、猫每千克体重 6～10mL。如果重点是观察胃十二指肠，服钡后即可拍正侧位，然后分别于 15 分钟、30 分钟、60 分钟、120 分钟、3 小时或更长时间进行拍照。

犬的消化道自口腔至肛门总长度 4.83m，猫为 2.09m。而胃排空时间大约 0.5～1.5 小时。如果消化道内容物停滞 5～8 小时以上，为排空延迟。钡剂在小肠排空时间，犬为 2～3 小时，猫 1～2 小时。钡餐造影通过不同时间摄片及钡餐充盈和排空时间来观察胃体、幽门窦、幽门管、十二指肠、空肠、回肠的 X 线阳性征象。

（3）大肠造影

大肠由盲肠、结肠、直肠和肛管组成。犬的盲肠是结肠前段的一个憩室，两者之间由盲结肠瓣相通，此瓣位于正中线右侧第三腰椎水平。盲肠并不与回肠相通，而是自身扭曲形成螺旋状，猫的盲肠是一个直的盲囊。

结肠在平片的清晰度依内容物而定。在腹背位片上，升结肠在右侧，降结肠在左侧。

盲肠内含有少量气体，可在正中心右侧显示。钡灌肠可显示平滑的黏膜表面。

钡灌肠对肠腔狭窄、黏膜病变或外在的占位性肿块或先天畸形等可提供诊断信息。此外，对回结肠套叠，除有诊断作用外还有一定整复肠管的作用。

大肠造影前禁食 24 小时；造影前 12 小时给轻泄剂；麻醉前温水灌肠，清洁肠内容物。动物麻醉后右侧卧，以体温的 1 ∶ 3～1 ∶ 4 的稀钡灌入。混悬液剂量为 10～20mL/kg，慢灌。

有透视设备可监视走向及结肠情况，无透视设备则在灌肠过程中频繁摄影，观察充盈情况，要防止过度扩张。以左右侧和腹背位摄影，然后排空结肠，再拍摄空后 X 线片。有必要时待动物将钡剂排出后再注入气体，达到双重造影的目的。

如果怀疑有肠套叠和外在的占位性肿块或并不需要对肠壁进行详细的检查时，也可在不做充分准备的情况下进行大肠钡造影检查。

（4）气腹造影

气腹造影是把气体注入腹腔，使腹腔内器官与壁层腹膜之间形成较大的空气间隙，从而使腹腔器官的外形轮廓和腹壁内缘在 X 线上能显示影像的方法。可以显示膈、肝、脾、胃、肾、子宫、卵巢以及膀胱等，对观察上述脏器有无病变的存在都有一定的诊断价值。

小动物气腹造影前需要禁食 12 小时以上，使胃肠空虚，造影前排尿或导尿。全身麻醉后，动物仰卧，按腹腔穿刺方法穿刺，接三通接头，注入的空气应通过消毒的棉花或水的过滤器相接。一般犬猫为 200～1000mL。在注射过程中，如发现动物有呼吸困难或不安，应立即停止注射。欲检查前部器官，可使前躯高位，检后腹器官则使后躯处于高位。检查完毕，应再进行腹腔穿刺，使腹腔空气排出，残余的气体几天内可被机体吸收。

（5）窦道及瘘管造影

通过窦道或瘘管注入造影剂，可以清楚显示其轮廓、范围及分布情况，对于治疗上有重要意义。根据情况可选用 10%～12.5% 碘化钠液、碘油或钡剂等造影剂。用量多少取决于腔道的大小。用注射器连接胶管或粗针头，插入瘘管内，管口应尽量接近病灶，然后固定好导管，缓慢注入造影剂，至稍有外溢时为止。拔出胶管或针头，用棉花堵塞瘘管口，并擦拭掉瘘管口周围皮肤上的造影剂，进行不同角度的透视和拍片，以了解病变全貌。

（6）静脉肾盂造影

经动物颈部、前肢或后肢静脉注入造影剂，在通过肾脏排泄过程中，使尿路各部位显影的一种技术方法。

适应症：①肾脏、输尿管及膀胱疾病（如先天畸形及肾、输尿管积水），肾盂肾炎，异位输尿管，结核，肿瘤；②不明原因的血尿或浓尿；③泌尿系的结石等；④尿路狭窄，无法插入导尿管时的膀胱造影；⑤即使有尿毒症的动物使用有机碘亦是安全的，严重过敏很少见。

禁忌症：①严重的心、肝、肾功能不全；②正在怀孕的动物；③全身失水或麻醉状态。

术前准备：①造影前禁食 24 小时，禁水 12 小时；②必要时造影前给缓泻剂或术前清洁灌肠及膀胱导尿；③造影前先摄腹平片正侧位，寻找有否阳性异常；④造影剂，60% 泛影葡胺，剂量为 600 ~ 840mg/kg 体重。如犬，60% 泛影葡胺 1.4mL/kg 体重（含量相当于 840mg/kg 体重），猫，1mL/kg 体重（约等于 600mg/kg 体重）。

步骤与摄位：①为便于操作或保证 X 线片的质量，动物应做全身麻醉；②动物仰卧在 X 线检查台上，腹部中线两侧输尿管下部各放一压包，并用固定床上的压带横向加压，以阻止造影剂过快通过输尿管进入膀胱，待肾脏充盈时，摄得数张满意照片后可松开压带；③造影剂经静脉缓注后，肾实质约在 7 ~ 10 秒即充盈，10 ~ 20 秒形成最佳对比度，即可摄片，然后 3 分、7 分、10 分摄片。经充盈肾脏、输尿管达到理想后，可松开压带，根据需要摄膀胱正侧位像或再拍摄尿路像（包括双肾、输尿管、膀胱）。

如果没有摄影台压带，在不加压情况下，按不同时间摄片，也能拍得尿路充盈满意的照片。造影完毕应通过导尿管排出造影剂。

（7）膀胱逆行造影

通过导尿管插管，将阳性或阴性造影剂注入膀胱内，以观察膀胱的大小、形态、位置及邻近关系，亦可用静脉肾盂造影方法使阳性造影剂排入膀胱而显影。

适应症：①排尿困难、尿急、尿淋漓、血尿、脓尿、尿失禁；②膀胱可疑肿瘤、阴性结石、膀胱壁增厚、发育畸形。

禁忌症：①可疑膀胱穿孔；②膀胱急性炎症或溃疡症。

方法与步骤：①造影前可先摄平片，如能确诊可以免去造影的繁琐与痛苦；②必要时给镇静剂或麻醉；③动物右侧卧，导尿管置入膀胱排净尿液；④如做阴性气体造影，用 60mL 注射器向膀胱注入清洁过滤空气，犬猫 90 ~ 150mL，注射完毕用钳子夹住管口，即可摄片。再注入空气时随时观察膀胱区域或腹部膨胀情况，要防止过度充盈造成膀胱破裂；⑤如做阳性造影，以 60% 泛影葡胺稀释成 1∶1，剂量按 4 ~ 5mL/kg 体重注入，完毕，用夹子夹紧管口，摄片。根据需要摄侧位、斜位或腹背位；⑥如想做膀胱双重对比造影，以 60% 泛影葡胺稀释成 1∶1，按 1 ~ 2mL/kg 体重注入膀胱，然后以适量空气注入，即可摄片。

双重对比造影更便于观察膀胱壁黏膜光滑程度、膀胱壁是否超厚（正常厚度 2 ~ 3mm）。

注意插管不慎可能引起膀胱穿孔，特别是膀胱壁存在病变时尤其要慎重。

⑻尿道逆行造影

尿道病变多见于雄性动物。

通过导尿管将阳性造影剂注入尿道内，以观察尿道宽窄、形态、位置以及通畅情况，亦可利用膀胱造影合并，做尿路造影或单独尿道造影。

适应症：①疑尿道先天异常、结石、破裂、狭窄、肿瘤、术后可疑粘连；②排尿困难、尿急、尿痛、血尿及尿失禁；③评价尿道光滑度，正常尿道应充满对比剂。

注意，尿道逆行通过前列腺时有正常狭窄征象。

方法与步骤：①必须全麻或给与镇静剂；②造影前拍摄平片如能确诊可免去造影剂带来的繁琐与痛苦；③造影剂注入前，先向尿道注入稀释成 1∶1 的利多卡因，以免动物痛苦和便于操作，还可鉴别痉挛与狭窄（痉挛可获得缓解，而狭窄无变化）；④以 60% 泛影葡胺稀释成 1∶1，一般用 5 ～ 15mL 快速注入尿道；⑤右侧卧，双后肢向头侧、背侧推举以充分暴露尿道，根据需要摄侧、斜腹背位片。

第五节　暗室技术

暗室技术是 X 线技术的一个重要组成部分。照片质量的优劣，除胶片特性和曝光条件外，与暗室技术有着极其重要的关系。如果暗室技术处理不当，即使投照条件再好也会降低照片质量，甚至会出现废片。相反，富有暗室技术经验者，即使投照条件欠佳，也可弥补摄影中的不足，而获得较为满意的照片。

一、暗室要求

有条件的单位暗室实用面积不能小于 $6m^2$。室内应有通风设备，严格避光。无条件单位，可在 X 线摄片房一角进行冲洗。

二、暗室设备

第一，暗室应设水池及地漏。

第二，红色安全灯是装卸胶片及冲洗过程中惟一光源。在安全灯下，胶片在短时间（数分钟）照射冲洗，也不会引起灰雾。

第三，铅皮制成的贮片箱。

第四，12 英寸的裁片刀。

第五，根据需要，有 5×7、8×10、11×14、12×15、14×17（单位：英吋）不等的暗盒、中速增感屏及相同大小的 X 线胶片。

第六，摄影工作量不大的动物医院可选用 12×15（单位：英吋）的搪瓷或塑料长方盘进行人工冲洗胶片，既经济又实用。长方盘需 4 个，夏季作显影盘用冰水或冰袋降温，冬季将热水放在显影盘下加温。

第七，可随意调节的定时钟。

第八，普通蓝色酒精温度计。

第九，观片灯。

第十，其他设备如贮有显影粉、定影粉和造影剂等用品的贮存柜，还有量杯、打孔机、漏斗、药品备用塑料盆、搅棒、毛巾等便于冲洗工作的所需物品等。

三、洗片步骤

包括显影、漂洗、定影、水洗及干燥，前3个步骤必须在暗室进行。

1．显影

显影是将胶片曝光后形成的潜影，经化学反应转换成可见的黑色金属银组成的影像。显影药配方有多种，可购买市场上按比例配成的成品，以50ºC温水配置，静置24小时后即可使用。

胶片冲洗前先在清水中冲洗，然后用洗片夹夹持，或胶片对角用单孔打孔机打好孔后用塑料电线弯成的钩代替洗片夹也可。

胶片一头先放在显影液内，洗片过程中两头各提起数次，以免形成气泡。一般显影时间为5～8分钟。显影过程可短时间在红灯下迅速观察显影程度，必要时可随时加温或降温，以保证胶片冲洗质量。

2．漂洗

在清水中洗去胶片上的显影剂，10～20秒后滴去胶片上的水滴即可进行定影。

3．定影

定影液的温度和定影时间不像显影液那么严格，一般定影液的温度以16～24ºC为宜，定影时间为15～30分钟。因为定影不充分的胶片上残存的溴化银仍能感光，从而会使胶片有污渍或变黄，而定影液冲洗充分的胶片即便长久保存也不会有污渍及变黄。如临床急需诊断结果，可先不充分定影，而待观察完后再充分定影和水洗。

4．水洗

定影后的胶片其乳剂膜表面和内部仍残存着硫代硫酸钠和少量银的铬合物，如水洗不充分，分解出的硫与胶片上的金属银作用，仍会使胶片干燥后形成棕黄色，故水洗应需0.5～1小时。

5．干燥

一般自然晾干为好。禁止用电吹风机高温烘烤，以免乳剂膜溶化、卷曲或胶片呈污物状影。

四、暗室注意事项

第一，显影液在下班时倒入棕色容器或防光塑料桶内，并放入冰箱保鲜柜内，以防止过快氧化，可节约用药。

第二，暗室所需器材应放置有序，专用品不能乱扔乱挪作别用。

第三，暗室工作应养成清洁、整齐的良好习惯。显影、漂洗、定影、水洗等过程中不允许定影液和显影液相互滴入各自盘内。

第四，显影、漂洗、定影、水洗盘、工作台面要随时保持清洁。

第五，药液使用有一定限度。显影液已变成深棕色、定影液变浑变黄时，应更换药液。

五、自动洗片机

随着门诊工作量的增加，一些大、中型宠物医院已改用自动洗片机代替手工冲洗。X 线胶片自动洗片机的优点是保持恒定的显影效果，显影质量提高，促使 X 线摄影条件标准化、自动化，操作中不接触药液，工作效率提高，有利于及时诊断。机器占地面积很小，洗片机内分设显影、定影、水洗和干燥部分，省去了手洗程序中的漂洗过程。每张胶片冲洗过程在 2 ～ 4 分钟，即可完成显影、定影、漂洗和干燥。

缺点是机器价格贵、管理水平要求提高，有出现设备故障的可能性。还有故障损耗开支大、处理标准化、冲洗通融性差等。

总之，不管采用人工手洗还是采用机器自动冲洗胶片，都应根据自己的实际情况和需要出发。

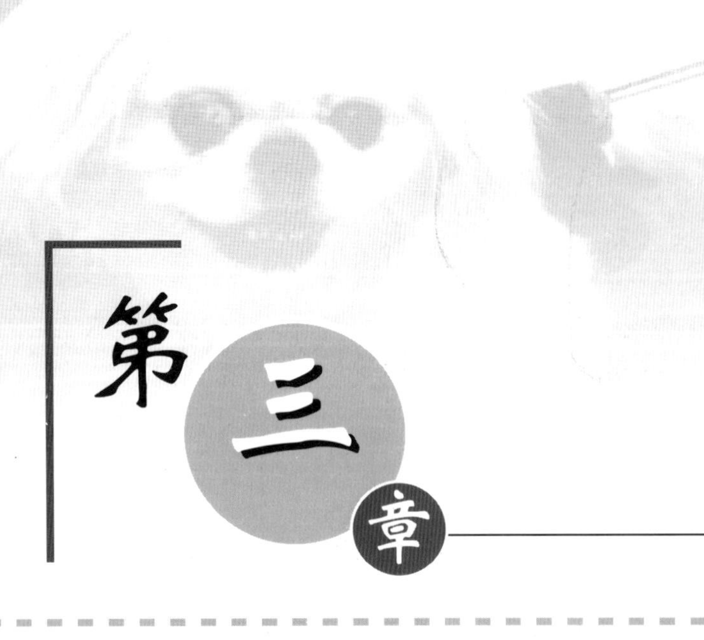

第三章

骨骼、关节、软组织疾病

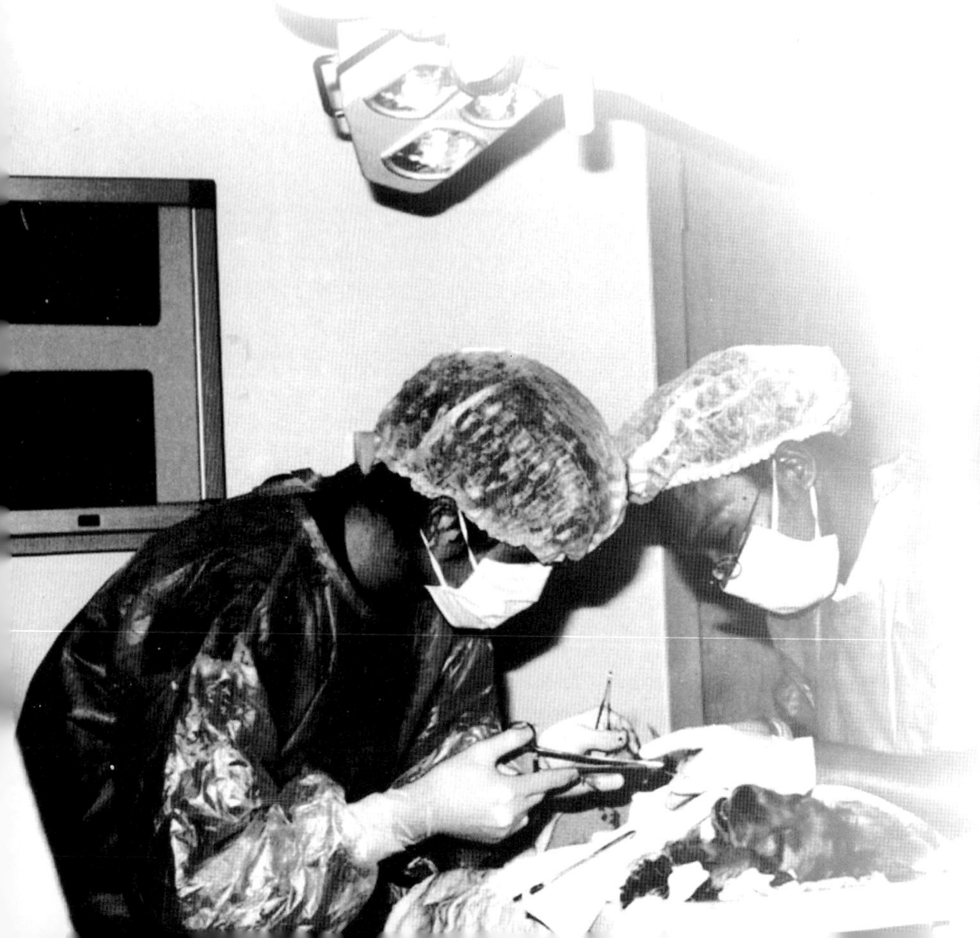

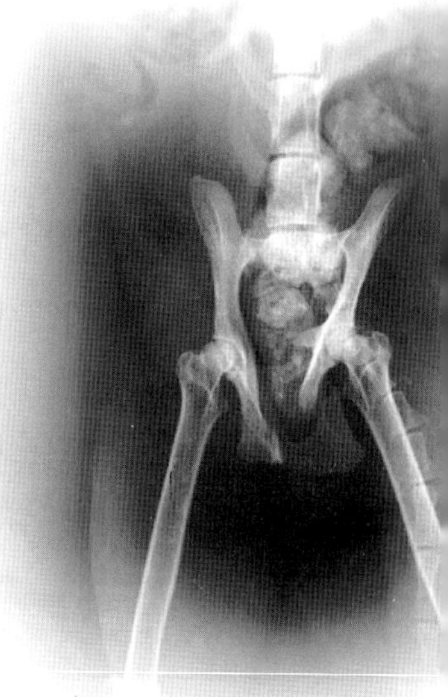

第一节　骨与关节的正常X线解剖

一、未成年动物骨关节X线解剖（图1）

1．未成年动物因处于生长发育阶段，骨皮质较薄，密度较低，骨髓腔相对增宽。

2．在长骨的一端或两端存在骨骺。骨骺在X线片上表现为与骨干或骨体分离的孤立致密阴影。

3．骺板（又名生长板）为位于骨骺和干骺端之间的软骨。X线片上示为一低密度带状阴影。成年后消失，各不同部位的骺板消失的时间不同。

4．干骺端是幼年动物骨干两端较粗大的部位，由松质骨形成，顶端的致密阴影为临时钙化带。骨干与干骺端无明显分界线。

二、成年动物正常管状骨X线解剖（图2）

1．骨膜

骨膜为软组织结构，在X线片上不易与骨周围的软组织相区别，故X线影像不能显现，

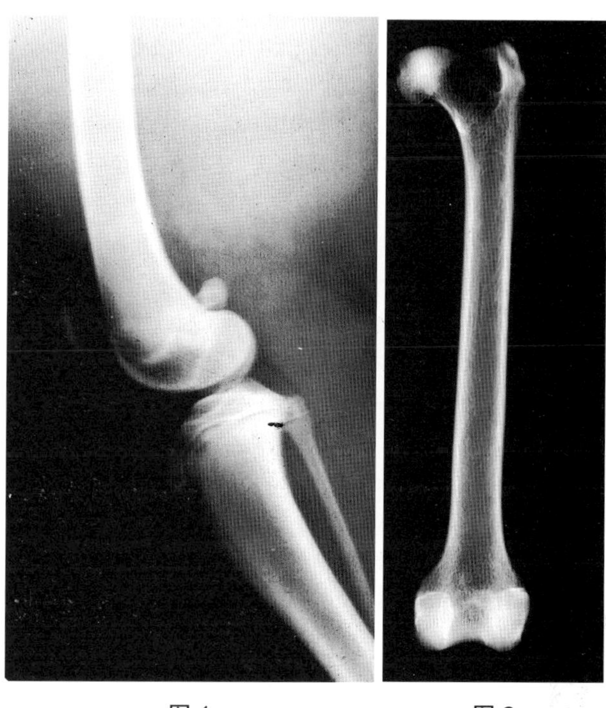

图1　　　　图2

当骨膜发生病变后则可显现。

2．骨密质

又称骨皮质，位于骨的外围，呈带状均匀致密阴影。骨干中央最厚，两端变薄。外缘光滑整齐，在肌、腱或韧带附着处粗糙。

3．骨松质

位于长骨两端骨密质的内侧，由多数骨小梁组成，骨小梁自骨皮质向骨髓腔延伸，互相连接成网状结构。骨小梁的排列方式与受力的作用方向一致，其间充满骨髓。

4．骨髓腔

长管状骨的真实骨髓腔由于骨皮质的遮盖，X 线上不能显示出，一般常以骨两侧骨皮质之间的带状密度减低区代表骨髓腔的位置，其两端消失于骨松质之中。

5．骨干

指管状骨中段由骨皮质和骨髓腔组成之部分，占管状骨的绝大部分。

6．骨端

指骨干的两端组成关节的膨大部分，成年骨的骨端由骨关节面及丰富的骨松质、较薄的骨皮质组成。骨关节面上被覆的关节软骨在 X 线下不显影。

三、动物正常关节结构与X线解剖（图3）

关节是连接两个相邻骨的一种结构，根据其能否活动及活动程度分成 3 种类型，即不动关节、微动关节和能动关节。四肢关节多为能动关节，其解剖结构为关节有两个或两个以上骨端，每个骨端的骨性关节面上覆盖着透明软骨。表面光滑，具有较强的弹性，在功能范围内滑动自如，并能承受重力，对骨性关节面具有保护作用。

关节囊是结缔组织膜，附着于关节面的周缘及附近的骨面上，形成囊状并封闭关节腔。关节囊的滑膜层由疏松结缔组织构成，附着于关节软骨的周缘，能分泌滑液，有营养软骨和润滑关节的作用。

关节腔是由关节囊的滑膜层和关节软骨共同围成的密闭腔隙，其内有少量的滑液。有的关节腔内还含有关节内韧带、半月板等结构。

在关节内有丰富的血管、淋巴管和神经纤维分布。

能动关节的 X 线影像：

1．关节面

在 X 线片上表现的关节面为骨端的骨性关节面，由骨密质构成，呈一层表面光滑整齐的致密阴影。

2．关节软骨

大体解剖上见到的关节软骨在 X 线片上不显影，但在关节的造影影像上可以在关节面和造影剂之间显示出一条低密度线状阴影，即为关节软骨。

3．关节间隙

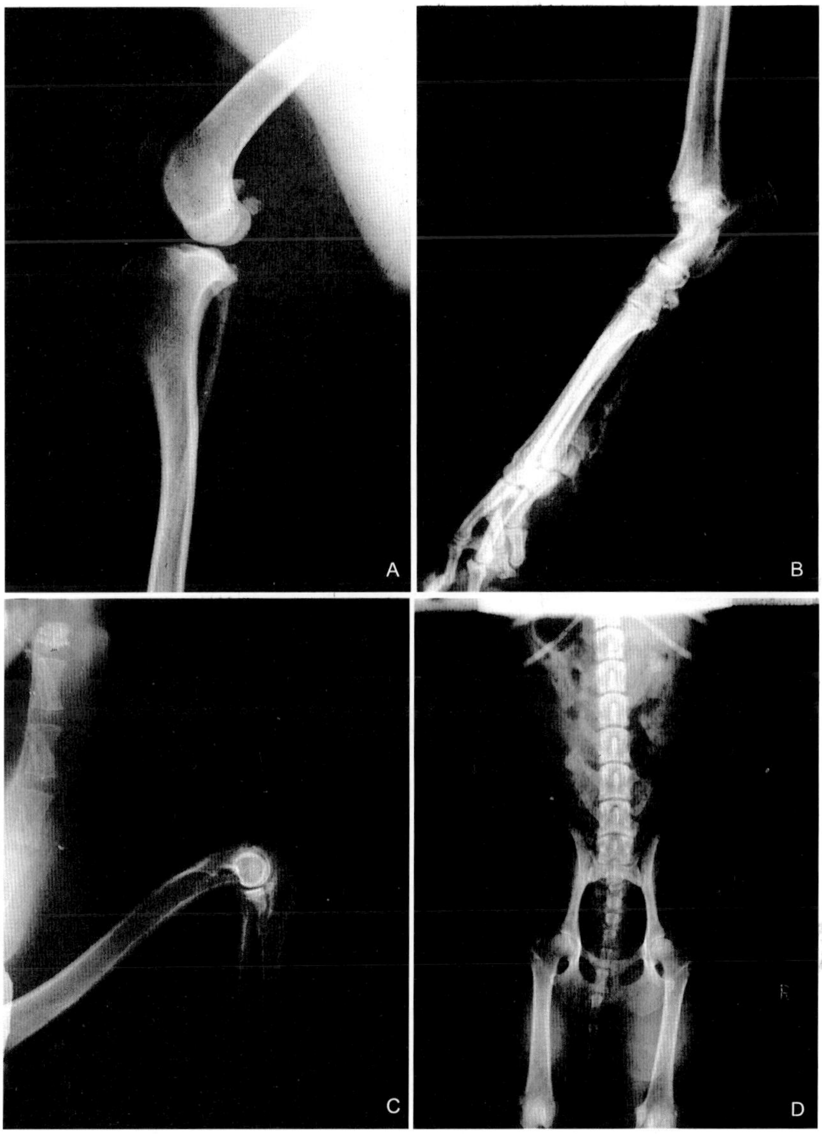

图 3　正常动物关节结构

A. 膝关节；B. 跗关节；C. 肘关节；D. 双髋关节

由于关节软骨不显影，在 X 线片上显示的关节间隙包括大体解剖中见到的微小间隙和少量滑液以及关节软骨。正常的关节间隙宽度均匀，影像清晰，呈低密度阴影。关节间隙的宽度在幼年时大，老年后变窄。

4. 关节囊

关节囊包围在关节间隙的外围，属于软组织密度，正常关节囊在 X 线影像上不显影，经关节造影可显示关节囊内层滑膜的轮廓。

四、脊柱的X线解剖（图4）

小动物脊椎（以犬、猫为例）：

犬、猫正常脊椎由7节颈椎、13节胸椎、7节腰椎、3节荐椎和20 ~ 25节尾椎组成。

犬椎体侧位投照显示似方形，多数脊椎可显示椎弓、椎管、横突和椎体。猫的椎体较长，侧位显示似长方形，椎弓根、关节突欠清楚，椎间孔背侧缘不如犬易见。棘突在腹背位投照上呈致密狭长的断面阴影。侧位投照，相邻椎骨的大小、形状和密度大致形同。第2颈椎棘突靠近第1颈椎椎弓或与之重叠。第6颈椎横突宽大，呈翼状。胸椎椎体长度略比颈椎椎体短。第11胸椎（直椎）棘突垂直向上。直椎之前的胸椎棘突斜向后上方，而直椎以后的胸腰椎棘突则斜向前上方。

正常肋骨有13对，肋骨头位于其相应胸椎骨的前部。腰椎椎体的长度略比胸椎长，前5节腰椎可显示附突致密阴影。3节荐椎相互融合为一块。前段尾椎椎体较后段尾椎椎体长。

椎间盘由髓核和纤维环组成，呈软组织密影。邻近的椎间隙大致相等，但正常第10 ~ 11胸椎椎间隙较狭窄，第1 ~ 2颈椎关节、3节荐椎之间无椎间盘。

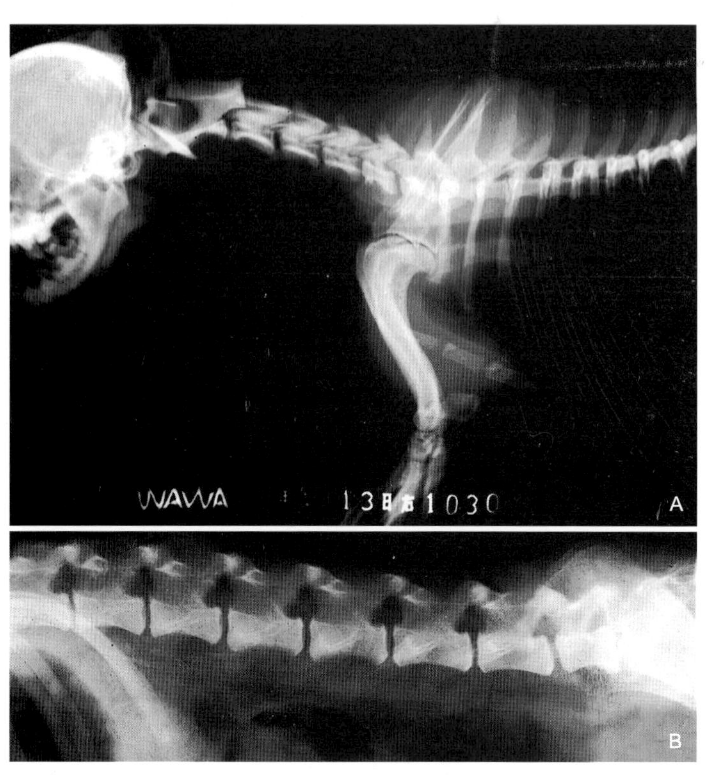

图4　脊椎解剖图

（A. 颈椎、胸椎；B. 腰椎）

第二节　骨骼、关节先天性发育畸形

【病例 1　银狐犬左肩关节先天性脱位】

【典型病例】　银狐犬，♂，2 个月，体重 1.3kg。该犬左前肢减负重，跛行。

【X 线表现】　仰卧腹背位显示：肱骨头向肩臼内侧位移。肩臼窝变浅、畸形。肱骨近端骨骼弯曲（图 5）。

【X 线诊断】　先天性左肩关节脱位。

【诊断要点】　①初生幼兽的生长过程中，会逐渐出现站姿或行走异常；②肱骨头多向内侧移位；③左侧位片上常看不到关节间隙。

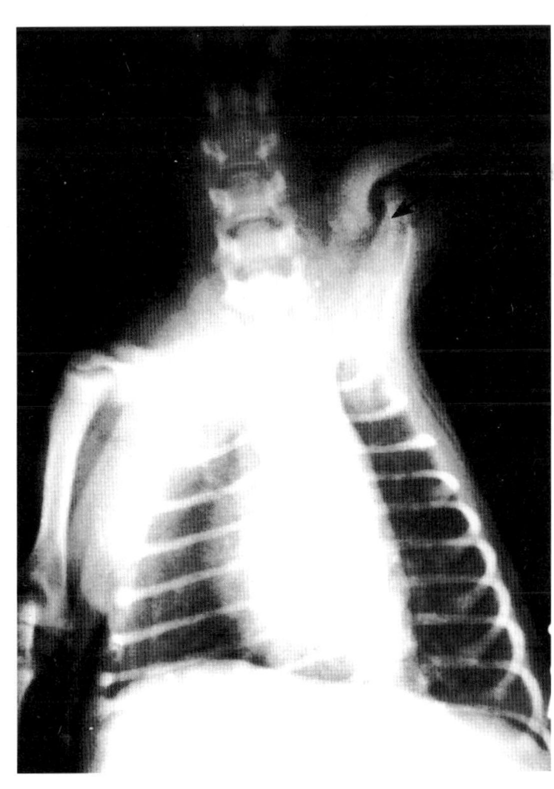

图 5

【病例2　比格犬先天性第6颈椎半椎体】

【典型病例】 比格犬，♂，5岁，体重14kg。

病史：自幼四肢运步失调，现5岁不见好转，走路时不自主左右摆动运步，呈意识性本体感觉丧失。

【X线表现】 右侧卧，颈、胸椎侧位相显示，第6颈椎体背侧小，腹侧大，呈三角楔形，椎体上部突向脊髓孔（图6）。

【X线诊断】 先天性第6颈椎半椎体。

【诊断要点】 ①该犬自幼年到5岁一直表现神经功能缺失的临床症状；②第6颈椎椎体形状畸形，缺乏正常椎体形状，致使椎体排列发生改变，脊髓受压导致运步失调；③异常椎骨的发育具有遗传倾向，一般都发生在第5、6、7颈椎。

【临床诊断思路】 ①该犬自幼未发生过创伤病史，其他发育良好；②该犬一直运步失调，与第6椎体畸形压迫脊髓有关；③脊柱先天畸形，一般常可容纳正常的脊髓，有的也不出现临床症状；④治疗措施：可限制运动以减轻神经症状，也可试用手术方法用于椎固定和脊髓减压，术前需脊髓造影确定受压部位。

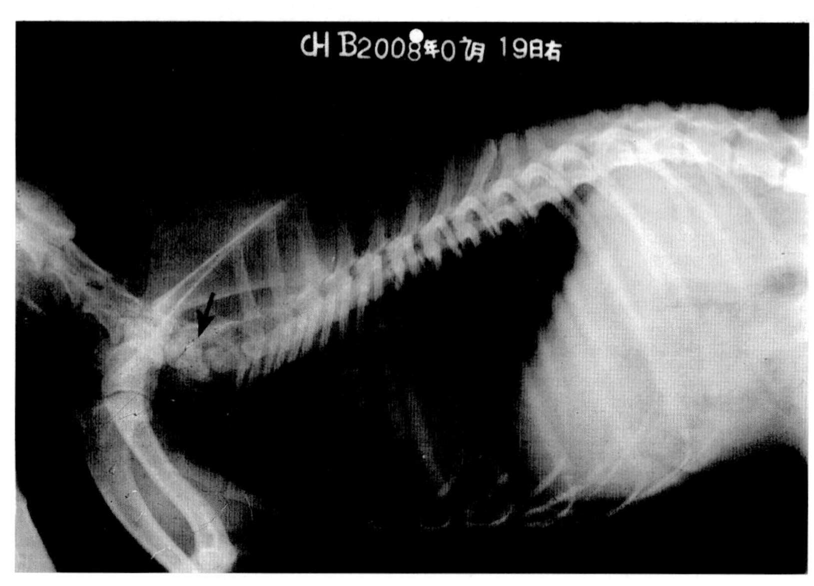

图6

【病例3　蜘蛛猴脊柱侧弯】

【典型病例】　蜘蛛猴，♀，2岁。国外引进种。直立行走及攀缘时，发现脊柱侧弯，呈“S”形，胸13椎以下，腰骶部畸形明显。

【X线表现】　胸、腰、骶椎（正位相）不在一直线上，胸13椎以下致腰、骶骨均向右侧偏离。胸椎与腰骶椎呈“S”形（图7）。

【X线诊断】　胸、腰、骶椎侧弯畸形。

【诊断要点】　原发和继发脊柱侧弯，均导致体形畸形和侧驼背状。常发生在胸椎部，其次为胸腰段。个别发生在腰骶段。

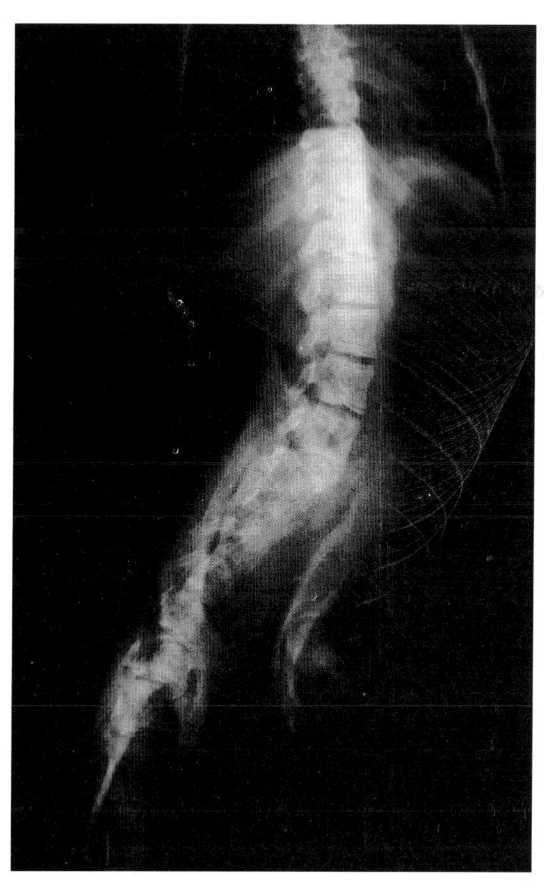

图7

【病例4　黑猩猩先天性髋关节脱位】

【典型病例】 黑猩猩，♀，1岁，体重9kg。刚从国外引进在检疫期发现直立行走时左后肢跛行，髋部外突，下肢不等长。

【X线表现】 仰卧腹背位显示，左髋臼变平，臼窝上下缘残缺、消失。左股骨骺发育不良，变小、轮廓不规整，颈部变短，整个左股骨头向臼外侧移位（图8）。

【X线诊断】 左侧髋关节先天性脱位。

【诊断要点】 ①发育不良性脱位；②股骨头颈变细变小；③股骨头与髋臼脱离；④髋臼变浅或消失；⑤股骨头缺血坏死。

【临床诊断思路】 ①髋关节先天性脱位是一种发育性疾病，是指髋臼结构异常；②该疾病是遗传因素和环境因素的共同作用而引起髋关节发育不良，动物初生时髋关节似乎正常，但随其生长可能形成发育不良；③髋关节发育不良通常为双侧性，但也可见到单侧性病例；④幼龄动物轻微的病变很难确诊，而大于2岁，并缺乏继发性关节病变动物的X线片时，应定期追查确诊。

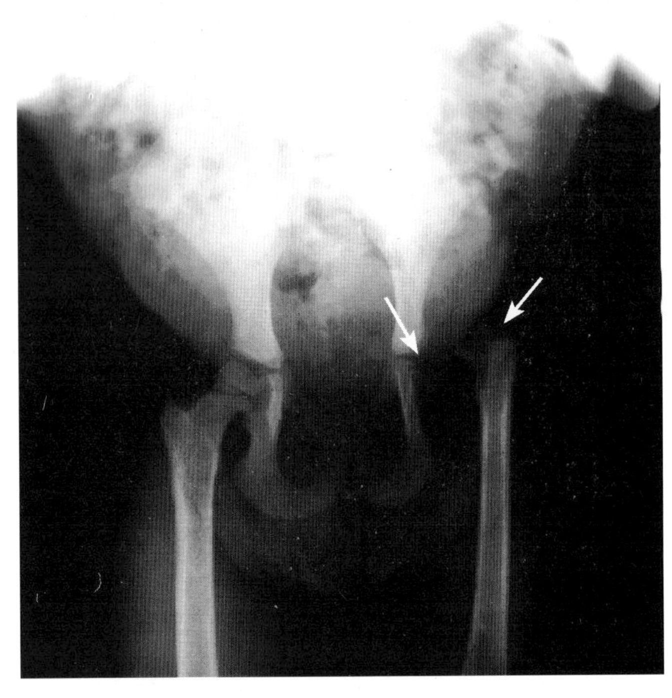

图8

【病例 5　金毛犬双髋关节发育不良】

【典型病例】 金毛犬，♂，5 个月，体重 21kg。

病史：行走时臀部左右摇摆，双后肢减负。

【X 线表现】 双髋关节腹背位相显示：左右髋臼变浅，双关节间隙均增宽，左右股骨头均向髋臼前缘外侧突出，呈半脱位状（图 9）。

【X 线诊断】 左右髋关节发育不良。

【诊断要点】 ①犬髋关节发育不良是发育性与年龄相关的一种疾病，病例均为幼年犬，除生长快速的大型犬易发此病外，小型犬也时有发生；②该病能引起髋关节松动，造成关节不稳，由于髋臼变浅造成股骨头与髋臼不和谐，因此常继发为变性性关节病。

【临床诊断思路】 动物出生时髋关节发育正常，一般在 6 个月至 2 岁时逐渐发病，无性别差异，常为双侧性，单侧性病例也常见。对于小于 6 个月的犬确诊髋关节发育不良仍需跟踪复查。

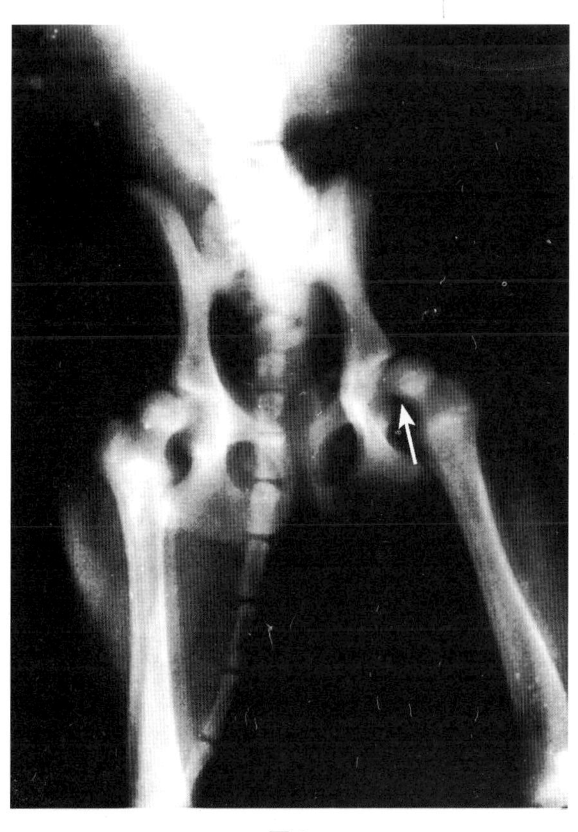

图 9

第三节　骨折、脱位

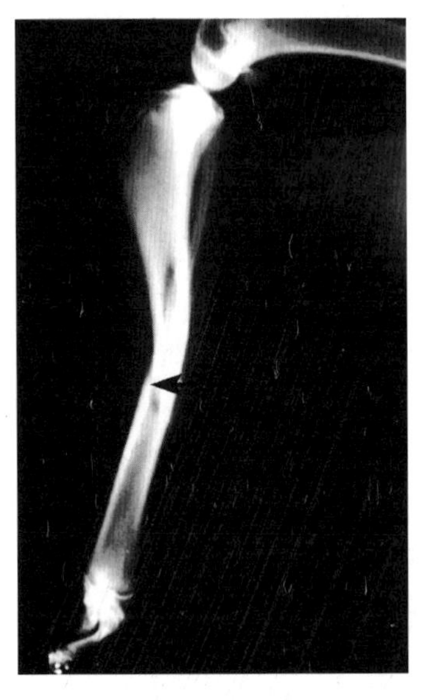
图 10

【病例 6　藏獒犬胫骨青枝骨折】

【典型病例】　藏獒犬，♀，8 月龄，体重 15kg。近日右后肢跛行，触摸有疼痛感。

【X 线表现】　右后肢内外位显示，右胫骨中段有斜形折线，胫骨前可见皱折但未断开，似嫩树枝折曲，右胫骨正面凹形后未见骨折线（图 10）。

【X 线诊断】　右后肢胫骨中段青枝骨骨折。

【诊断要点】　①青枝骨骨折常见于幼年期动物，骨质和骨膜发生部分断裂；②骨皮质多呈劈裂，成角或角不明显，属不完全骨折。

【病例 7　贵妇犬股骨近端撕脱性骨折】

【典型病例】　贵妇犬，♂，1 岁，体重 1.5kg。3 天来右后肢减负，曾从床上摔下。

【X 线表现】　仰卧骨盆＋双后肢腹背位相显示：右后大转子骨外侧缘可见一碎骨片，骨折线下碎骨紧靠大转子骨未完全断裂（图 11）。

【X 线诊断】　右股骨头大转子骨外侧撕脱性骨折。

【诊断要点】　①了解病史后，投照中心选好；②撕脱骨折常发生在骨端及关节周围骨，幼龄动物骨骺也易发生撕裂骨折；③骨碎片往往由腱或韧带附着处撕脱，骨的连续性没有中断。

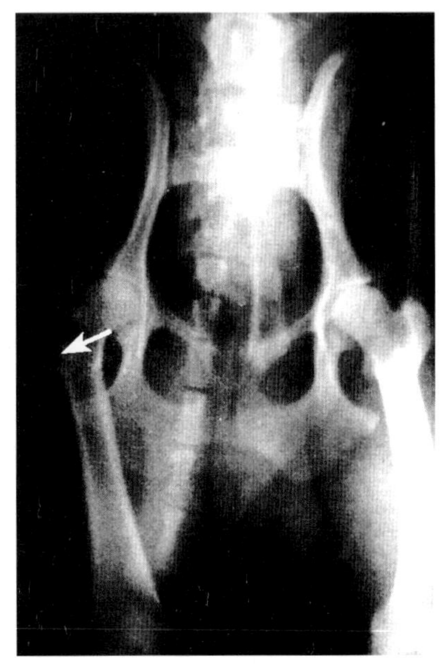
图 11

【病例 8　猫肋骨骨折】

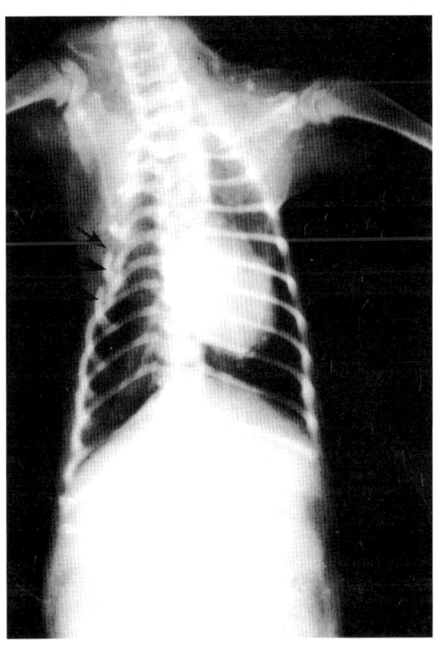
图 12

【典型病例】 猫，♀，3 月龄。该猫被木椅砸伤，不爱活动，呼吸急促。

【X 线表现】 仰卧腹背位胸片显示：右腋下软组织皮下气肿，胸右侧第 4、5、6 肋骨中段不在水平线上，呈断端分离错位。双肺心叶和尖叶呈云雾状均质密高影（图 12）。

【X 线诊断】 胸右侧第 4、5、6 肋骨骨折伴肺淤血。

【诊断要点】 ①一根或多根肋骨骨折，常见于重器砸伤、摔伤、道路交通事故等；②肋骨骨折常伴有软组织损伤或其他异常如胸内或肺出血、皮下气肿、气胸等；③临床常继发呼吸困难、哮喘等。

【病例 9　贵妇犬颈椎半脱位、肋骨骨折】

【典型病例】 贵妇犬，1 岁，♂，体重 2.5kg。3 个月前曾被大型犬扑倒，后颈胸结合部背侧手触摸时有疼感。

【X 线表现】 右侧卧，颈、胸侧位相显示：第 7 颈椎椎体下缘向腹侧塌陷。第 1 胸椎上缘骨密度增高，呈唇样骨增生。第 1 肋骨近端骨折线明显（图 13）。

图 13

【X 线诊断】 第 7 颈椎半脱位伴第 1 肋骨骨折。

【诊断要点】 ①了解病犬有无直接或间接暴力史；②受累的椎体间隙狭窄、变形；③受累的椎板骨质增生，椎间盘钙化。

【病例 10　博美犬双侧股骨颈陈旧骨折伴股骨头坏死】

【典型病例】 博美犬，♂，2 岁，体重 2kg。4 个月前从高处摔下，造成双后肢减负，行动不协调。主人认为是软组织受伤，发病 4 个月仍未愈而就诊。

【X 线表现】 腹背位双髋关节正位相显示：双髋臼变浅，都有唇形骨增生。右股骨颈横断骨折。骨折线已模糊。股骨头失去正常骨密度。左股骨头大转子骨移向左臼窝外侧。股骨头及颈正常外形消失，股骨颈至左臼窝呈条状骨质影，骨密度变低（图 14A、B）。

【X 线诊断】 双侧股骨颈陈旧骨折。右股骨头坏死。左股骨颈畸形愈着。

【诊断要点】 ①了解病犬外伤史，确诊不难；②股骨颈外伤性骨折后因骨的吸收，股骨头又缺乏血液供应致股骨头失去正常的骨密度。

【鉴别诊断】 应与股骨头缺血性坏死症和变性性关节病相鉴别。

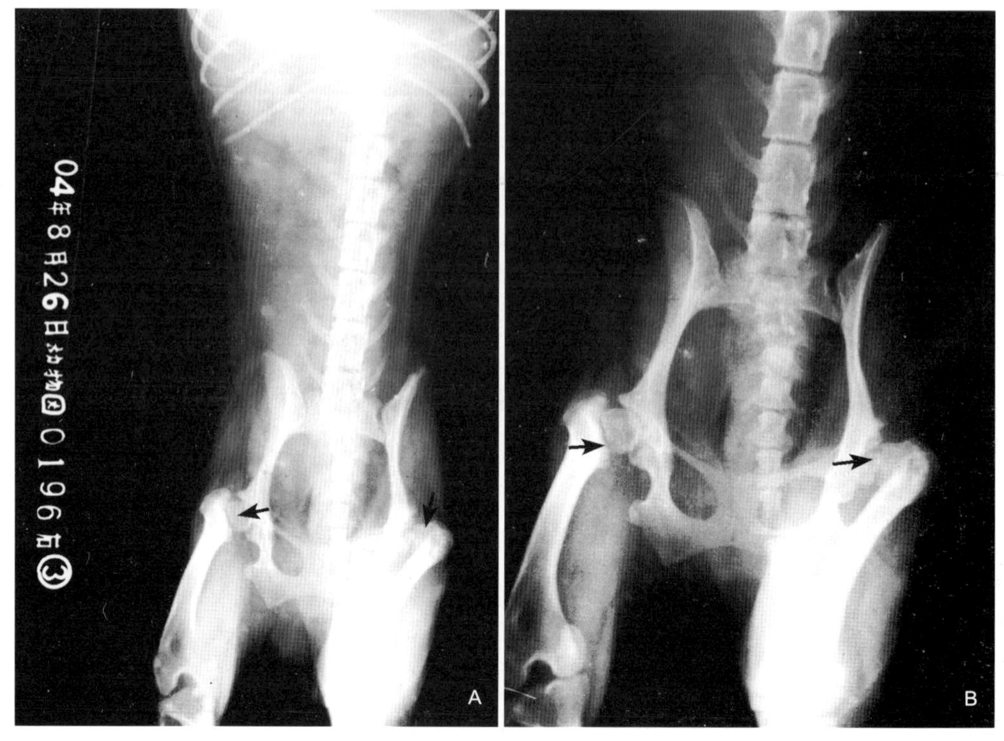

图 14

【病例 11　杂犬胫骨斜骨折，髓内针固定】

【典型病例】 杂犬，♀，9 月龄，体重 16kg。汽车撞伤，致右后肢肿，肢体变形，不能伸曲负重。

【X 线表现】 右后肢内侧位显示：软组织肿胀，皮肤完整。胫骨近端斜骨折，骨断端完全分离移位（图 15A）。

【X 线诊断】 右后肢胫骨闭合性斜骨折。

【临床思路】 ①根据病史，X 线摄片诊断容易；②骨折的治疗原则是紧急救护，正确复位，合理固定，促进愈合，恢复机能；③根据主人要求，该犬做了髓内针固定术及妥马氏护架（图 15B）。

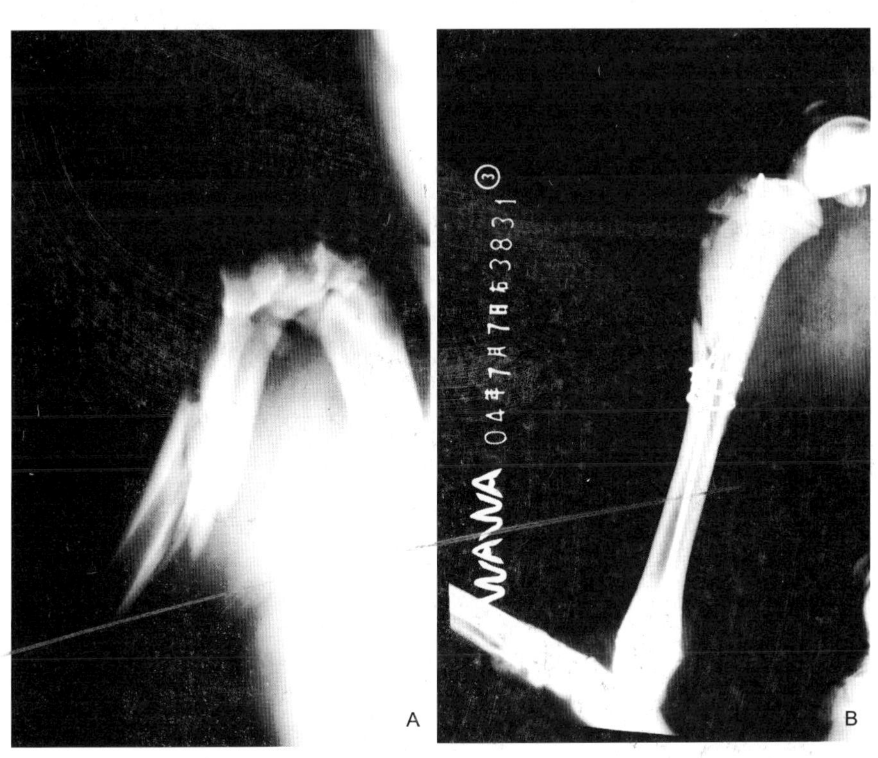

图 15

【病例12 亚洲象尺桡骨骨折】

【典型病例】 亚洲象，呼名“林巴”，♂，1岁，体重300kg。20世纪60年代初从国外引进。某天，自己下台阶时不慎失足，致右前足不负重，前肢呈跛行。当即请积水潭医院专家与动物园兽医会诊治疗。曾用石膏绷带和轮胎片固定均半天即自行拆掉而失败，最后以竹板多块做外固定（腿周围垫棉花，用绷带捆紧），竹板外围用铁丝再捆紧（图16B），4个月完全康复已形成大量骨痂（图16C）。这是北京动物园，也是国内首次对亚洲象前肢骨折治愈成功的首例动物。

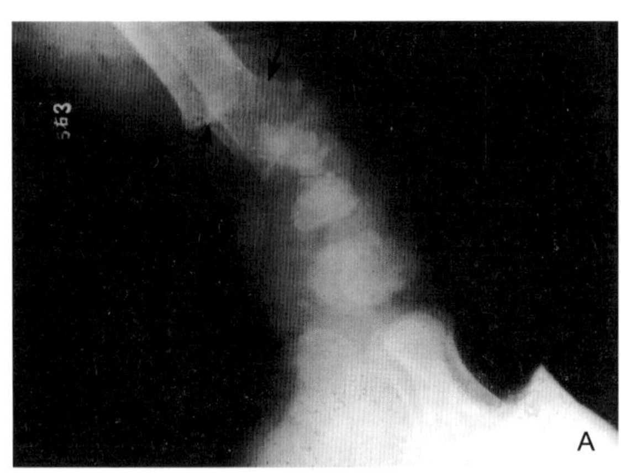

图16A

【X线表现】 象自然驻立右前肢尺桡、腕部外侧位投照。X线显示：右尺桡骨远端软组织肿胀，尺桡骨呈前后移位形骨折（图16A）。

【X线诊断】 右尺桡骨远端骨折。

【诊断要点】 ①因是幼象，人能接近。象自然驻立，可以移动X光机，暗盒放在腿内侧，管球与胶片距离70cm，以适当千伏毫安秒，对体厚20cm均可获得良好的对比度胶片；②动物一旦骨折，尽量减少运动，尽快查清骨折部位，这对较听话的动物的四肢骨折也有希望治愈。

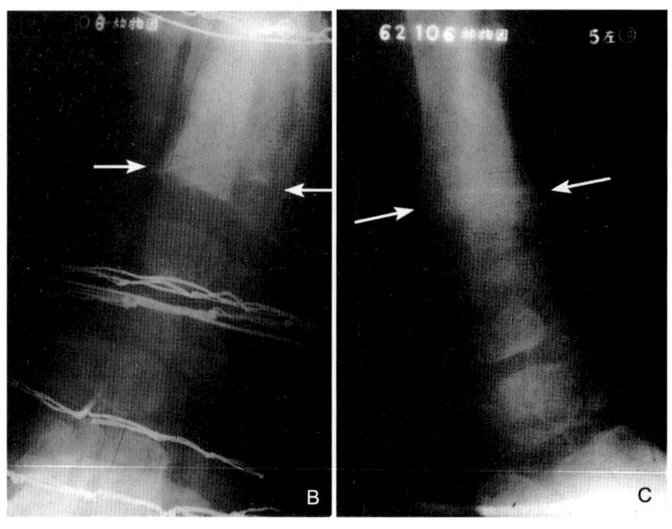

图16

【病例 13　京巴犬腰椎横突骨骨折】

【典型病例】 京巴犬，♂，8 岁，体重 6.5kg。被汽车撞伤，腰部触诊有痛感。

【X 线表现】 仰卧腹背位显示：右侧第 6 腰椎横突骨靠椎体 1/3 处可见骨折线（图 17）。

【X 线诊断】 右侧第 6 腰椎横突骨近中段骨折。

【诊断要点】 ①腰部严重创伤，X 线摄片检查以腹背位为好，对观察两侧椎体横突异常很容易；②如胸腰重度创伤，摄片时应正位加侧位相才不致漏诊。

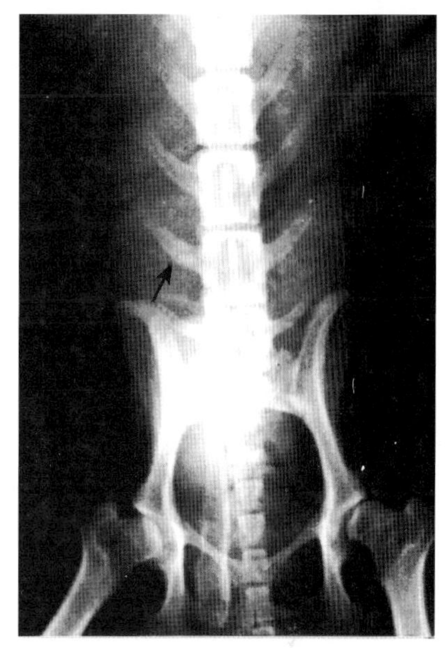

图 17

【病例 14　古牧犬跟骨骨折】

【典型病例】 古牧犬，♂，4 月龄，体重 13kg。左后肢肿胀，负重减，跛行。

【X 线表现】 左侧卧跗关节内侧位相显示：跟骨周围软组织肿胀明显，跟骨中段分离性骨折。

【X 线诊断】 左跟骨横断骨折。

【诊断要点】 根据病史，X 线侧位拍摄跗关节相即可诊断。跟骨骨折治疗前（图 18A），钢丝内固定复位良好（图 18B）。

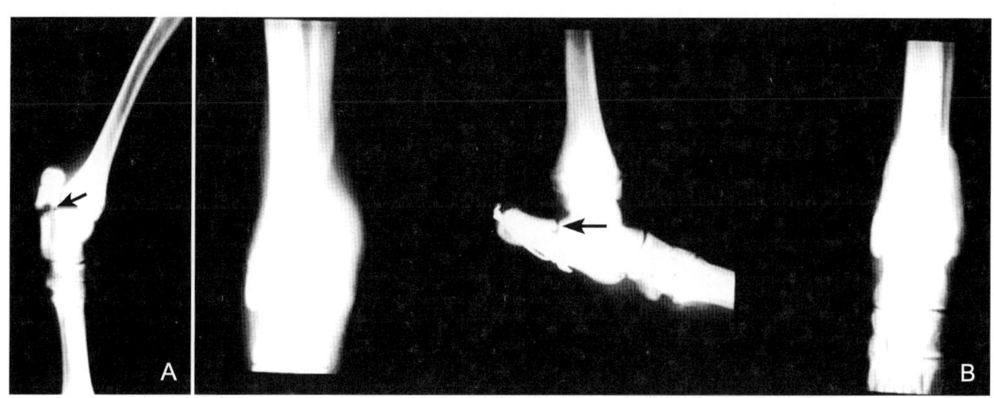

图 18

【病例 15　家马右后肢大蹠骨骨折外固定治愈】

【典型病例】 伊犁马，♀，成年，体重 220kg。20 世纪 70 年代初使役中拉长套不慎，右后蹠骨封闭性斜行骨折，就地支两柱栏半吊腹带，骨折处复位后石膏绷带外固定，妥马氏支架 4 个月康复，仍拉长套使役。

【X 线表现】 蹠骨中下 1/3 处斜行骨折，部分骨皮质断裂，骨折断端移位（图 19A）。

【X 线诊断】 右后肢蹠骨下 1/3 斜型骨折。

【诊断思路】 在使役中马骡骨折发病率较高，危害严重。根据受伤部位尽快 X 线检查，判定骨折部位、性质、程度和移位情况。最好就近搭建立柱栏，以腹带将动物身躯半吊起，对骨折处行外固定，以妥马氏架防止患肢过力负重。预后一般良好。

该马骨折后 3 个月复查时，骨折处已有大量骨痂形成，畸形愈合（图 19B），并能继续使役了。

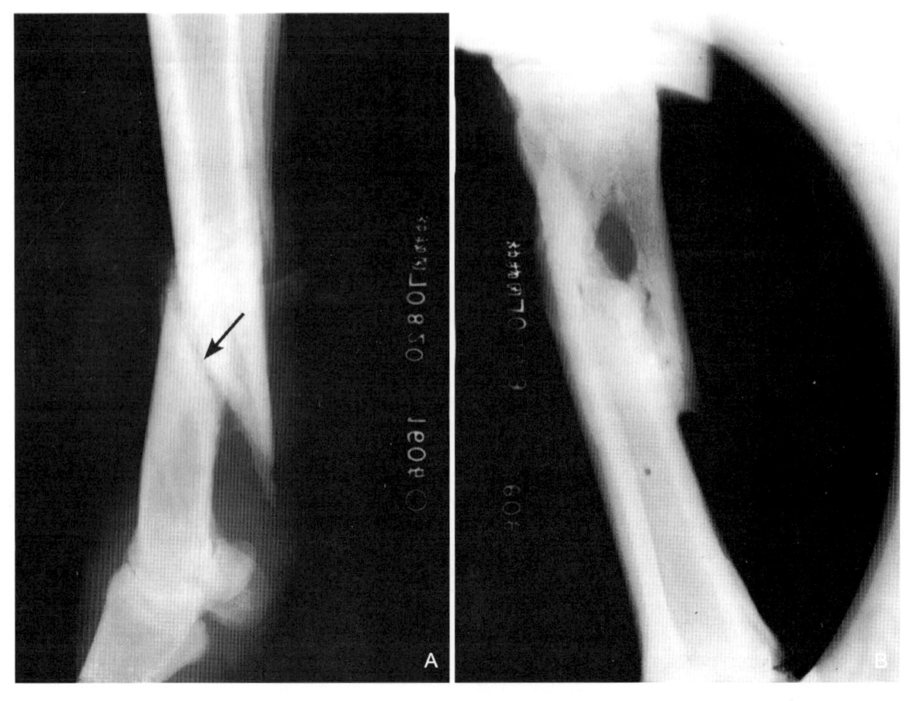

图 19

【病例 16　杂犬阴茎骨骨折】

【典型病例】 杂犬，♂，4 岁，体重 8kg。该犬成年后常有交配动作。经常抱主人的腿部或地毯等处做交配动作。后发生尿后带血。

【X 线表现】 右侧卧膀胱，尿道侧位相显示：膀胱体积不大，膀胱内未见结石。前列腺可见但体积不大。尿道未见阳性结石。阴茎骨中后段可见明显的低密度线，为阴茎骨横断骨折线阴影（图 20）。

【X 线诊断】 阴茎骨横断骨折。

【诊断要点】 ①阴茎骨骨折不多见，结合病史，通过侧位、斜位和腹背位及高质量的 X 线片不难诊断；②阴茎骨骨折常引起尿道狭窄。

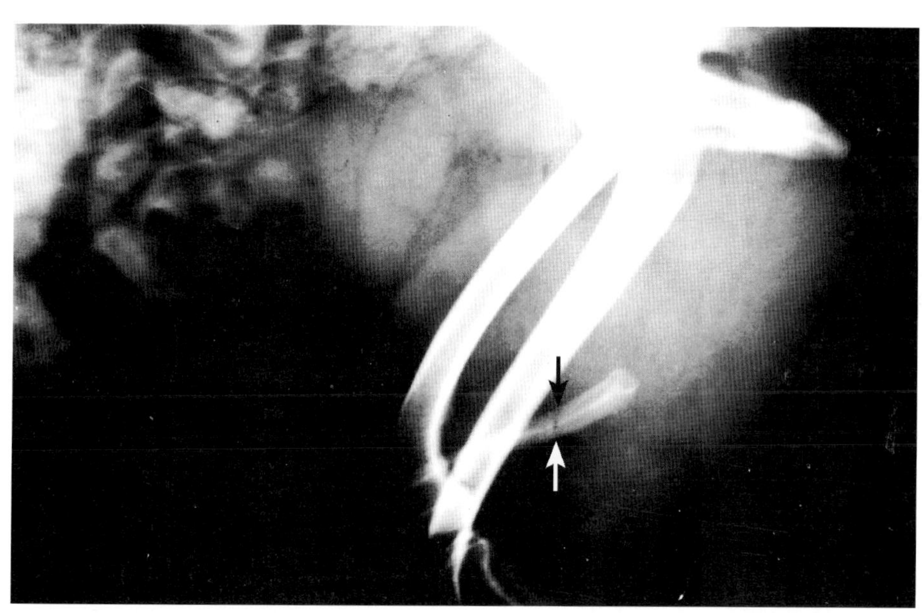

图 20

【病例 17　博美犬肩关节脱位】

【典型病例】 博美犬，♀，5 岁，体重 4kg。畜主用手拽该犬左前肢力过猛致不负重。

【X 线表现】 仰卧腹背位显示：左肱骨头完全脱出肩臼，肱骨头向内上侧移位（图 21A、B）。

【X 线诊断】 左肩关节脱位。

【诊断要点】 ①合理评估移位的程度和方向，仅靠一个摆位的 X 线往往不易诊断，如该犬侧卧位就显示脱位，不如腹背位明显（图 21C）；②除患肢内侧位外，必要时照仰卧，前肢向上或向下拉直，照前后或后前位，对诊断半脱或前脱位有帮助。

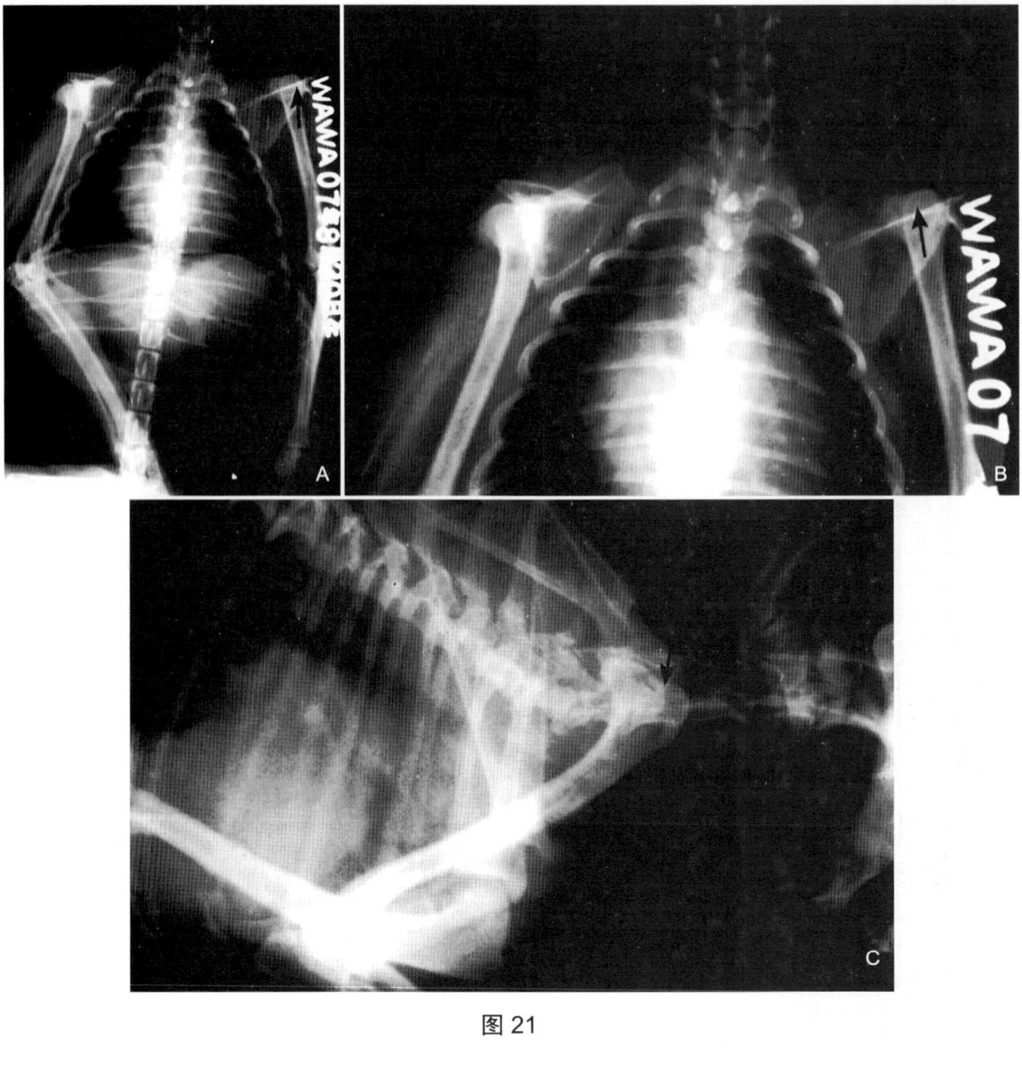

图 21

【病例 18　猫坐骨骨折】

【典型病例】　猫，♀，2 岁，体重 3kg。行走时双后肢无力。

【X 线表现】　仰卧腹背位骨盆正位相显示：左坐骨中段斜形骨折，荐髂结合处分离，左髂翼外展。骨盆骨折造成结、直肠蓄大量质硬粪便。

【X 线诊断】　左坐骨中段和耻骨错位型骨折致结，直肠蓄大量质硬粪便（图 22）。

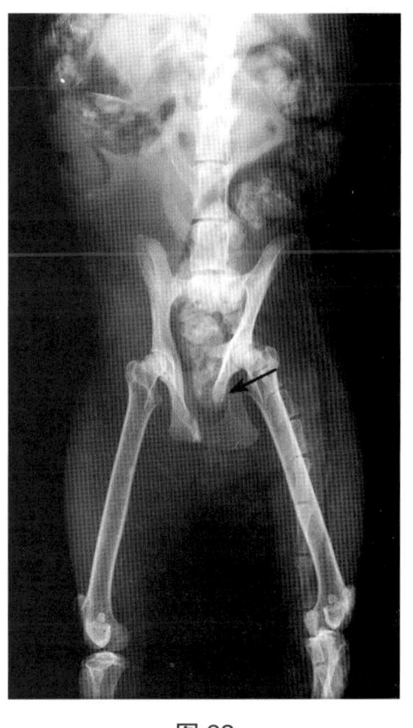

图 22

【病例 19　苏牧犬右髋关节脱位】

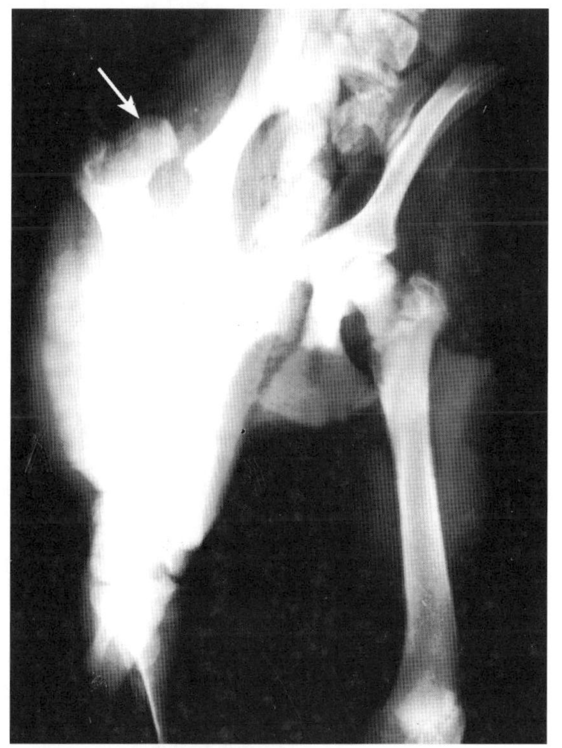

图 23

【典型病例】　苏牧犬，♂，4 个半月，体重 10kg。畜主家小孩突然骑上犬臀部，致右后肢不负重。

【X 线表现】　仰卧腹背位双髋关节相显示：右股骨头自髋臼内完全脱离、错位，股骨头向臼窝背前外方脱出（图 23）。

【X 线诊断】　右髋关节脱位。

【诊断要点】　①髋关节脱位多有损伤引起，应详细了解病史，因为髋关节本身发育异常也可造成脱位或半脱位；②股骨头常向背侧和前侧移位，也可能向腹侧移位，X 线投照需腹背位和侧位成直角摆位的 X 线片，以防漏诊；③投照时双后肢伸展不充分或蛙式位可能漏诊半脱位。

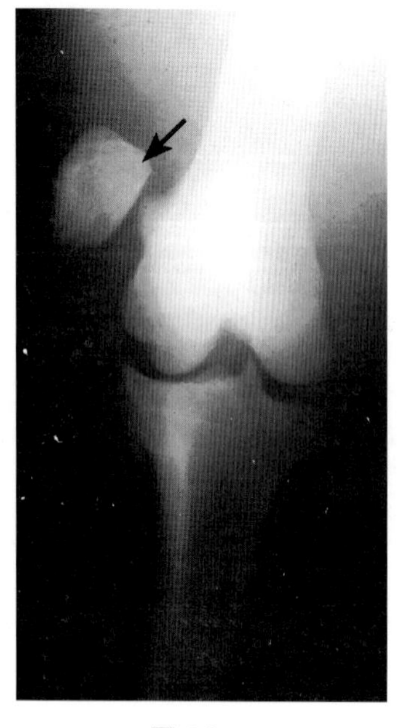

图 24

【病例 20　白长角羚髌骨外脱位】

【典型病例】 动物园内展示的白长角羚，♀，老年，体重约150kg。在群养圈内被公兽顶伤，左后肢不负重。麻醉保定后，X线拍片检查，左膝关节髌骨外脱位。因步入老年未进行治疗，作淘汰处理。

【X 线表现】 左膝关节前后位相显示：髌骨完整，位于股骨远端滑车沟外侧（图 24）。

【X 线诊断】 左髌骨外脱位。

【诊断要点】 ①野生动物疑髌骨半脱或全脱位时，应摄前后位相，可见髌骨位于内侧外侧；②侧位投照时常造成髌骨与股骨髁重叠；③对中小体型的动物，后肢可屈曲对髌轴位投照。

【病例 21　京巴犬膝关节半脱位】

【典型病例】 京巴犬，♀，7 岁，体重 6.75kg。该犬在室外活动时，欲拣食物吃时，主人用脚踢到左后肢，当即不负重。

【X 线表现】 左后肢内侧位相显示：股骨远端与胫腓骨近端呈前后半错位状态，关节腔出现软组织密度阴影（图 25A）。图 25B 为正常犬膝关节相。

【X 线诊断】 左膝关节半脱位伴前十字韧带损伤。

【诊断要点】 ①任何动物都可能发生前十字韧带端断裂；②后十字韧带断裂比较少见；③关节肿胀将使邻近筋膜移位；④可能见到撕脱性碎片；⑤内外位即显示脱位情况。

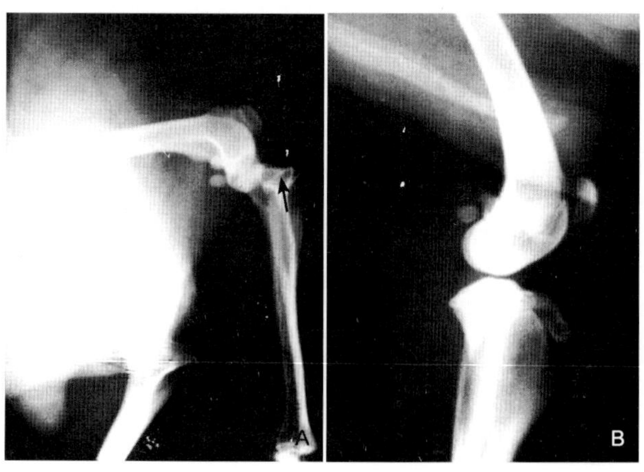

图 25

【病例 22　博美犬髌骨半脱位】

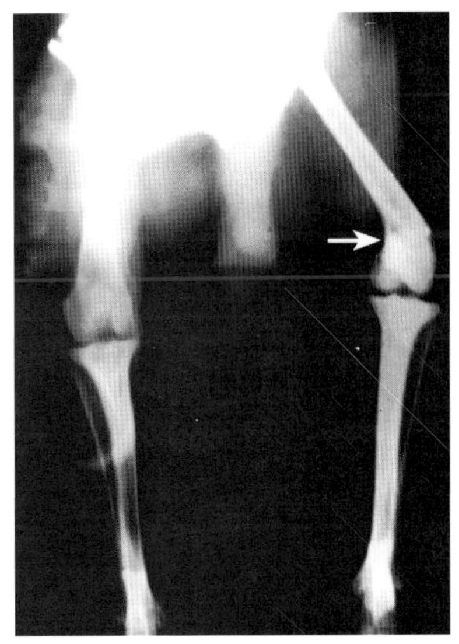
图 26

【典型病例】 博美犬，♂，7 岁。左后肢跛行，呈三脚跳跃前进，驻立时患肢呈弓形腿，膝关节屈曲畸形，触诊髌骨滑动度大。

【X 线表现】 仰卧双后肢，右侧髌骨正常。左膝关节软组织肿胀，股骨远端外展，髌骨位于股骨远端内髁（图 26）。

【诊断要点】 ①详细了解病史；②动物患部畸形、触摸敏感；③最少两个角度投照。

【病例 23　雪纳瑞犬左颞下颌关节脱位】

【典型病例】 雪纳瑞犬，♀，1 岁，体重 9kg。被汽车撞伤后致张嘴和闭嘴受限，下颌向头左侧移位。

【X 线表现】 颞下颌关节腹背位及左侧卧相，腹背位显示左下颌骨向颈侧脱位，右侧颞下颌关节显示正常（图 27A）。左侧位下颌骨的下颌髁突向下和颈椎移位（图 27B）。

【X 线诊断】 左颞下颌关节脱位（后脱位）。

【诊断要点】 ①颞下颌关节是由下颌骨髁状突和颞骨下颌窝形成的关节。应近距离侧斜位投照，利于诊断半脱位或全脱位，并张嘴和闭嘴各分别摄片；②腹背位投照有利于下颌骨髁状突向后移位的诊断。

【临床诊断思路】 颞下颌关节脱位或半脱位，虽说诊断很困难，但只要详细了解病史，触诊检查和按正确摆位，还是可以确诊的。

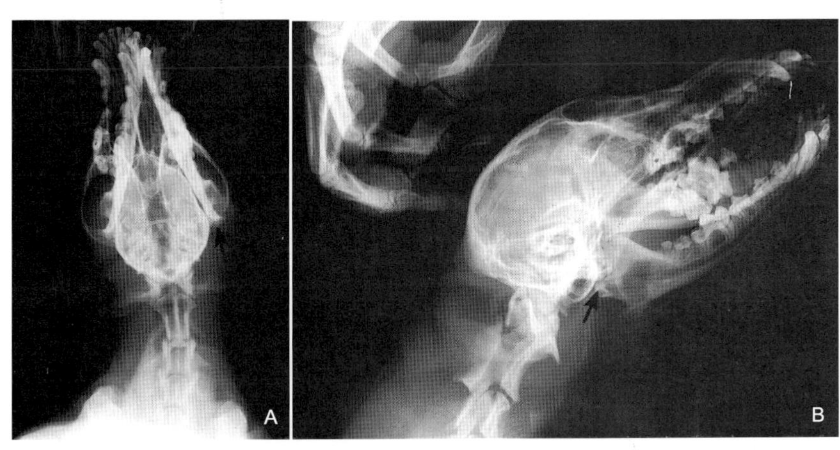

图 27

第四节　骨关节病变

【病例 24　萨摩耶犬尺骨骺板提前闭合】

【典型病例】 萨摩耶犬，♂，8 月龄，重 20kg。右前肢易疲劳，轻度跛行。

【X 线表现】 右前肢内侧位相显示：尺骨远端骺线消失完全骨化，而桡骨远端骨骺线明显可见；桡骨后侧骨皮质增厚，桡骨远端稍显弯曲（图 28）。

【X 线诊断】 右尺骨远端骺板提前闭合（早期）。

【诊断要点】 ①有损伤病史，常引起生长板部分或完全融合，导致骨的生长在骨骺闭合年龄前发生生长速度不一致，这种发育不良，重者会导致前肢角度和长度发生异常；②必要时应拍摄对侧同样部位，进行比较，特别是发病早期；③本病与动物品种特性也有关系。

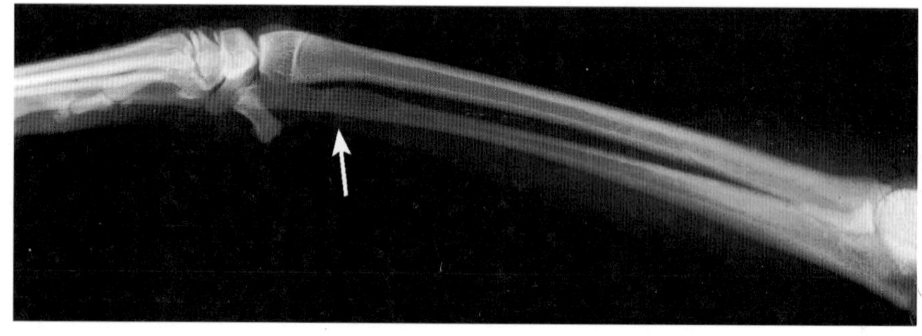

图 28

【病例 25　黑背犬全骨炎（A、B 两例）】

【典型病例】 黑背犬 A，♂，1 岁，体重 33kg，近日右前肢出现无伤史的跛行。黑背犬 B，♂，8 月龄，体重 25kg，左前肢跛行，无创伤史。

【X 线表现】 A 犬：右前臂骨内侧位相显示：前臂骨中远端髓腔内，呈现条状多处骨密度增高区，骨皮质明显变厚，密度增高（图 29A）。

B 犬：左前肢尺桡骨骨皮质内侧呈条状骨密度增高，髓腔不同程度变窄，其桡骨内侧中远端尤甚（图 29B）。

【X 线诊断】 A 犬：右前臂骨全骨炎。B 犬：左前尺桡骨全骨炎，桡骨尤甚。

【诊断要点】 ①临床表现无损伤史的跛行，跛行可能从单肢转换到另外一肢；②好发部位在长骨，髓腔内骨质增生为特征；③常发生在年轻、快速生长的大型或巨型犬体；④最终会自愈，个别病例患肢骨髓腔、骨皮质密度增高、增厚。

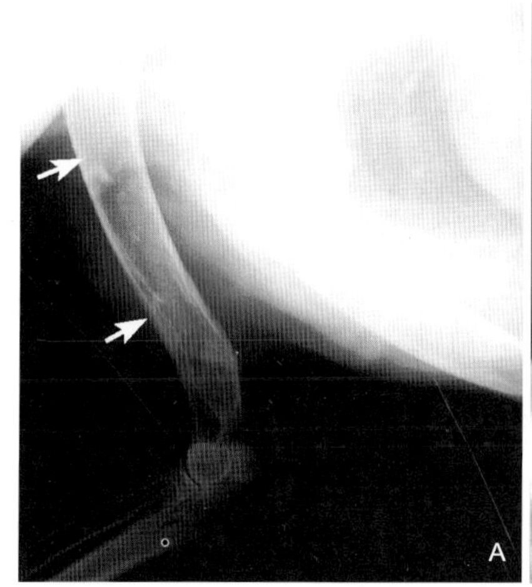

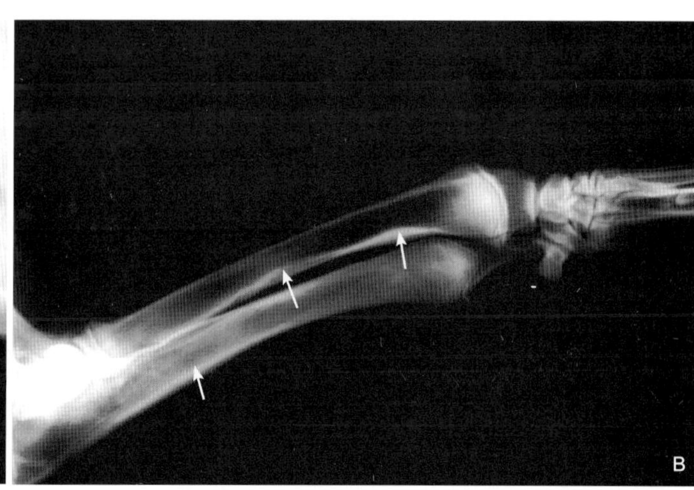

图 29

【病例26　松狮犬肘关节退行性病变】

【典型病例】 松狮犬，♂，1岁半，体重10kg。左前肢持久性跛行数月，不愿活动，触诊时有痛感。

【X线表现】 左肘关节间隙均匀和不均匀性狭窄，关节软骨下骨增生致密，关节面凹凸不平，臂骨头关节面唇样骨质增生（图30）。

【X线诊断】 左肘关节变性性关节病。

【诊断要点】 ①病史和体征具有一定诊断意义；②关节间隙变窄，关节面硬化；③骨赘形成；④关节面下囊变；⑤病久动物可脱位，骨性大量愈着。

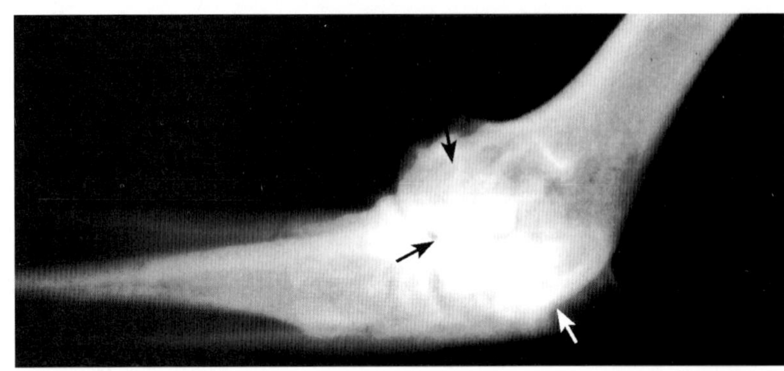

图30

【病例 27 拳狮犬左膝变性性关节病】

【典型病例】 拳狮犬，♂，7 岁，体重 25kg。左后肢 3 个月前有摔伤史，一直不负重，坐姿异常，曾治疗无效，做初次 X 线拍片检查。

【X 线表现】 左侧卧，左后肢膝关节内外位显示，关节间隙变窄，关节面及关节软骨下普遍硬化，骨质密度明显增高。关节边缘见唇样骨增生向外突出（图 31）。

【X 线诊断】 左膝变性性关节病。

【诊断要点】 ①分为原发和继发性；②关节间隙变窄，骨质硬化，骨赘形成；③关节失稳，小关节面模糊硬化，韧带骨化；④伸曲度受限。

【临床诊断思路】 变性性关节病又称退行性关节病、增生性或肥大性骨关节炎，其特点是关节软骨退行性变，继而引起骨质增生的慢性骨关节病。年轻动物多因挫伤关节应力不均引起继发性骨关节病。原发性关节病多见于老年动物，没有明显的病因。继发性关节病往往比原发性病变更严重。

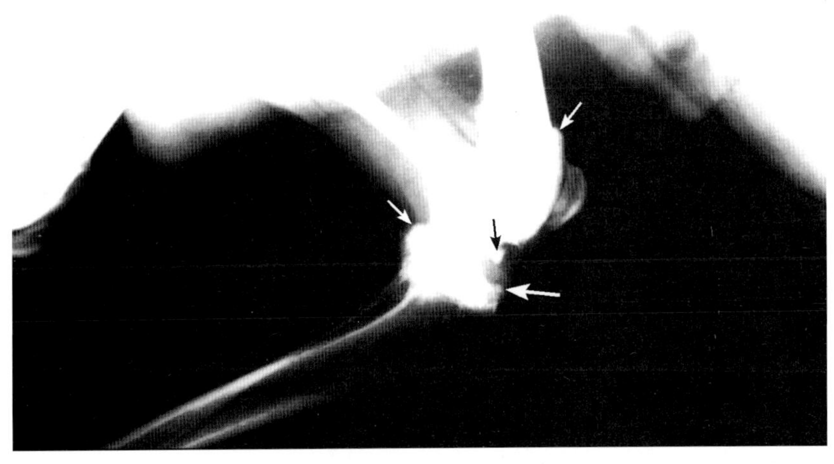

图 31

【病例 28　京巴犬髋关节变性性病变】

【典型病例】 京巴犬，♂，8 岁，体重 6.5kg。双后肢运动障碍，明显跛行。喜卧，触摸双髋关节疼痛。

【X 线表现】 双髋关节腹背位相显示：左右髋臼窝均变浅，双侧臼窝中后缘关节间隙消失，呈现轻度骨性愈着（图 32）。

【X 线诊断】 为双髋关节变性性关节病。

【诊断要点】 ①病例有创伤史；②变性性关节病，分原发和继发。原发多为随年龄增大或关节应力不均，出现骨质异常，提前造成关节退行性改变。而继发性骨关节病，常因有创伤史，发病后使关节不稳或改变其负重功能而引起。

【鉴别诊断】 变性性关节疾病是一种非炎性关节病，主要病变是关节软骨的碎裂或缺损。尽管病变明显，但关节间隙仍存在，一般无关节骨质的侵蚀损坏，这是与其他关节病变的重要鉴别点。

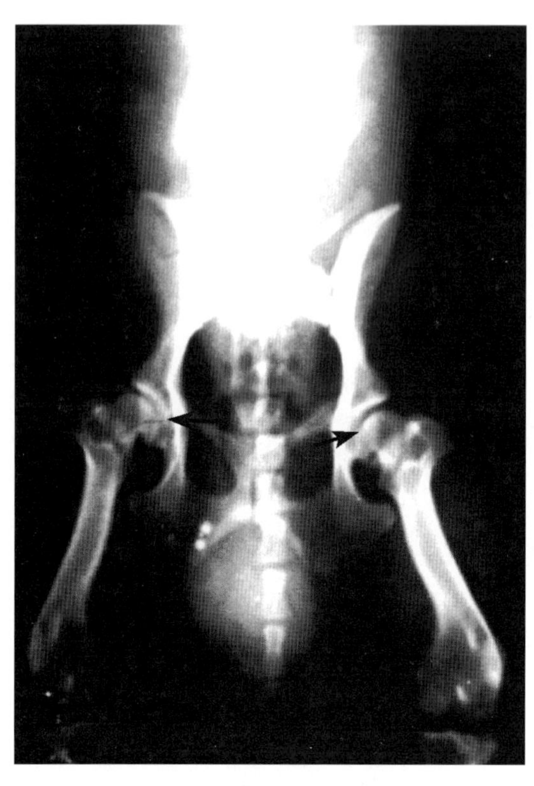

图 32

【病例 29　拳狮犬荐髂关节陈旧骨折畸形愈着】

【典型病例】 拳狮犬，♂，7 岁，25kg。3 个月前曾被汽车撞伤，坐姿异常，吃药打针治疗无效。拍 X 线片检查。

【X 线表现】 腹背位盆骨正位片显示，左髂骨体呈内收状，荐髂结合处骨质高密度阴影。右髂骨与荐椎骨结合处连续性被损坏（图 33）。

【X 线诊断】 右髂骨与荐椎骨陈旧骨裂伴左髂骨与左荐椎畸形。

【诊断要点】 结合临床症状及车祸史诊断不难。

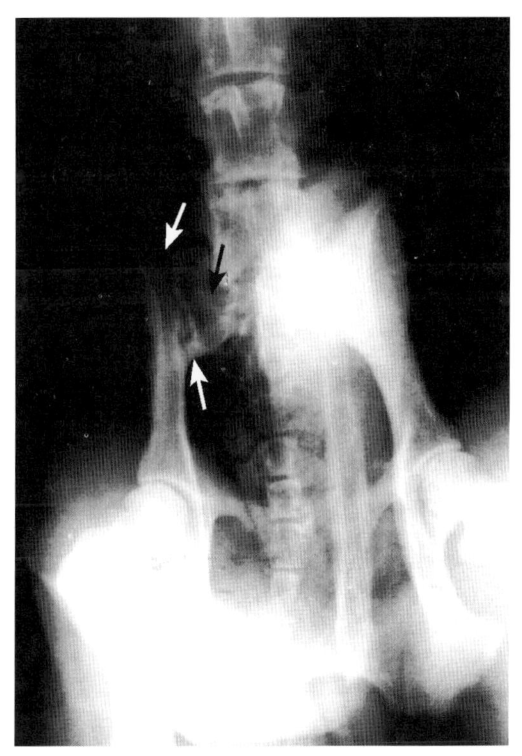

图 33

【病例 30　博美犬右膝变性性疾病】

【典型病例】 博美犬，♀，7 个月，体重 1.7kg。有摔伤史已 3 个月，右后肢一直不负重，三脚跳行动。

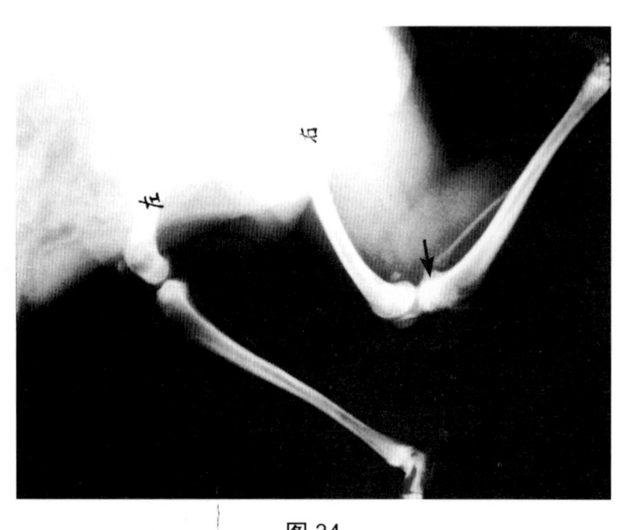

图 34

【X 线表现】 ①右侧卧，右后肢内外位显示：右髌骨移向股骨远端骺板处；②关节间隙狭窄，关节缘骨质粗糙硬化，周围骨赘形成唇样增生；③右髌骨下可见条状矿化密高阴影（图 34）。

【X 线诊断】 右膝变性性关节病（又称退行性关节病）。

【诊断要点】 ①该犬有摔伤史已 3 个月，一直不负重，有明确的病因；② X 线征象，关节间隙消失，关节软骨下及关节面粗糙硬化，均为创伤后继发的变性性关节病。

【临床诊断思路】 ①变性性关节病或骨关节疾病是一种非炎性关节病，其病变表现是关节软骨碎裂或缺损，关节间隙变窄，关节周围新骨生成，从而加剧关节面的塑形变化；②原发性变性性关节病多见于老年动物，常没有明确病因，而继发性变性性关节疾病多有创伤史或过度运动的正常关节。

【病例 31　三例大熊猫肥大性骨病】

【典型病例】 甲例：北京动物园在 20 世纪 70 年代初和 90 年代末曾有两只雄性成年大熊猫掌骨、尺桡骨远端软组织肿胀、跛行，以致不负重。

乙例：2003 年，一只步入老年的雄性大熊猫（29 岁），四肢跛行渐进性加重，以致不爱运动。

丙例：1999 年 9 月，一只人工授精成的大熊猫 10 月龄时发现双前肢腕部肿胀，有压痛感，患部温热，体温偏高。

【X 线表现】 甲例：两只雄性成年（约 10 多岁），一只右掌骨，另一只左掌骨呈膨胀性肿，骨膜形成大量新生骨，呈对侧性分布。新生骨沿骨膜走向，外形不规则（图 35A、B）。

乙例：一只呼名叫“元晶”的大熊猫，雄性，29 岁，已步入老年。前肢背掌位，后肢胫腓及蹠骨均有广泛性新骨增生，呈现“栅栏形”、“花边形”及不规则形。因大量新骨增生遮盖了骨髓腔（图 35C、D）。

丙例：是一只10月龄人工授精的大熊猫。左前肢腕部侧位片显示：软组织肿，桡骨远端骨膜有对称的新生骨呈平行分布，新生骨的致密性不高（图35E）。

【X线诊断】 以上几例大熊猫均疑似肥大性骨病。

【诊断要点】 ①肥大性骨病是一种骨骼的继发性、四肢骨骨膜增生性疾病；② X线均显示：掌骨、长骨均有广泛性新骨增生，而骨皮质、骨髓腔无异常。

【鉴别诊断】 深入了解病史，跟踪病况发展。应与骨化性骨膜炎、骨髓炎、化脓性关节炎相区别。

【临床诊断思路】 肥大性骨病（又称肺性肥大性骨病），据资料介绍，是由胸腔内的慢性疾病引起的骨膜反应。目前，病因尚不清楚。多数专家、学者认为与肺部疾病如原发性肿瘤或转移性肿瘤有关，也可继发于肺炎、肺脓肿、腹部疾病，如膀胱肿瘤、肝脏肿瘤等。

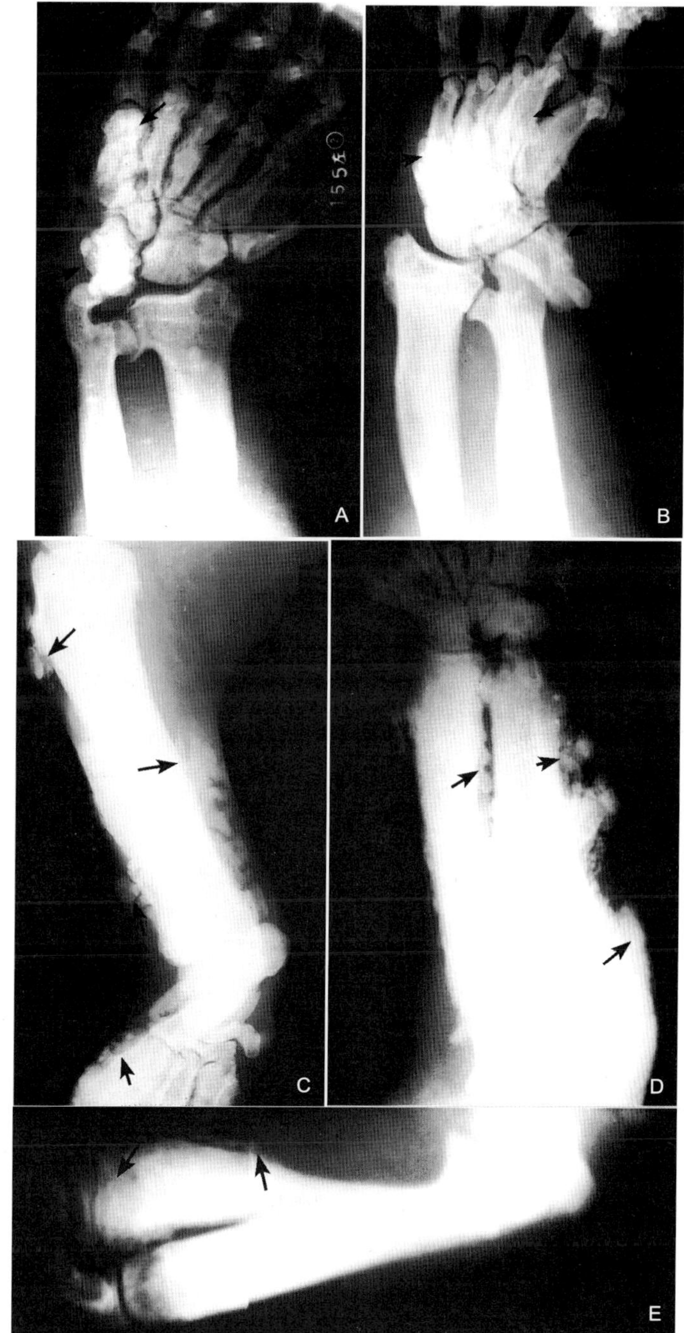

图35

第五节　代谢性骨病及干骺端骨病

【病例 32　非洲狮佝偻病】

【典型病例】　非洲狮，♀，半岁，体重 10kg。该幼狮之母已近老年，体质差，曾产过数胎。此窝共产 4 仔，其中该幼狮产下几个月来四肢发软，不爱活动。临床按佝偻病治疗一个月，加上精心护养而大有好转。

【X 线表现】　左尺桡骨及右胫腓骨远端正侧位相显示：所照骨骼骨质密度普遍减低，皮质变薄，其骨质似与软组织密度相差无几，骨松质的骨小梁稀疏，各干骺端增大呈杯口状变形，中心骺端凹陷（图 36A、B）。

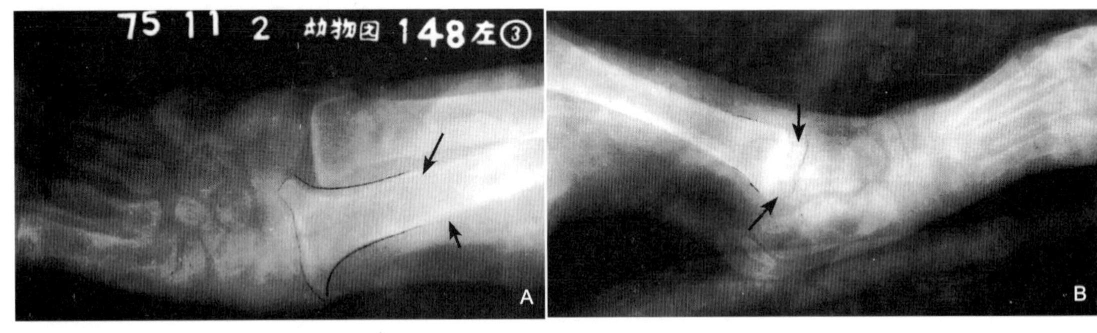

图 36

【X 线诊断】　佝偻病。

【诊断要点】　骨质密度降低，骨小梁稀疏，干骺端宽大，呈杯口凹陷，预备钙化带模糊不清或消失。胸部肋骨端膨大呈串珠状。

【鉴别诊断】　①深入了解病史，结合血象、X 线检查确诊不难；②应与特发性骨营养不良症的 X 线征象相鉴别；③佝偻病骨质疏松，主要表现在骨密度普遍减低，骨小梁变细，骨皮质变薄但边缘清晰，可发展成病理骨折，骨易变形。

【病例 33　蜘蛛猴骨软骨发育不全性骨化障碍】

【典型病例】　蜘蛛猴，♀，2 岁，体重 3.5kg。该猴半岁时从国外引进，即发现两后肢无力，双后肢呈 X 形（图 37A）。曾按佝偻病治疗一年无效果，行动时双后肢不负重，以双前肢及尾（尾能卷曲起攀缘作用）在栖架上活动。在北京动物园生活了 28 年，而双膝关节仍呈 X 形，尺桡骨远端及膝关节上下骨端除骨密度增加改善外，其骨骺线仍未愈着。

【X 线表现】 左右股骨远端弯曲，骨皮质变薄，干骺端及骺板变宽，骨质钙化不全，轮廓不整齐，骨质严重疏松（图 37B）。

【X 线诊断】 双后肢膝关节远端骨软骨发育不全性骨化障碍。

【诊断要点】 ①半岁时发病初期，曾与积水潭医院骨科专家会诊，均认为是佝偻病症，连续治疗一年未见效果，经再次与专家会诊，认定为骨软骨发育不全性骨化障碍，属先天性遗传；②在动物园生活了 28 年时又摄片对照，除双后肢股骨远端及胫腓骨近端骨质密度稍有增加外，骨形仍呈弯曲状，骨端仍为大面积囊腔样低密度骨缺损。

【临床诊断思路】 软骨发育不全很像佝偻病，经治疗无效，确认为骨软骨发育不全性骨化障碍。该蜘蛛猴 28 岁时已步入老年，当临终前，又拍 X 线片仍显示：左尺桡骨、右股骨远端及胫腓骨近端与以前无大改变（图 37C）。

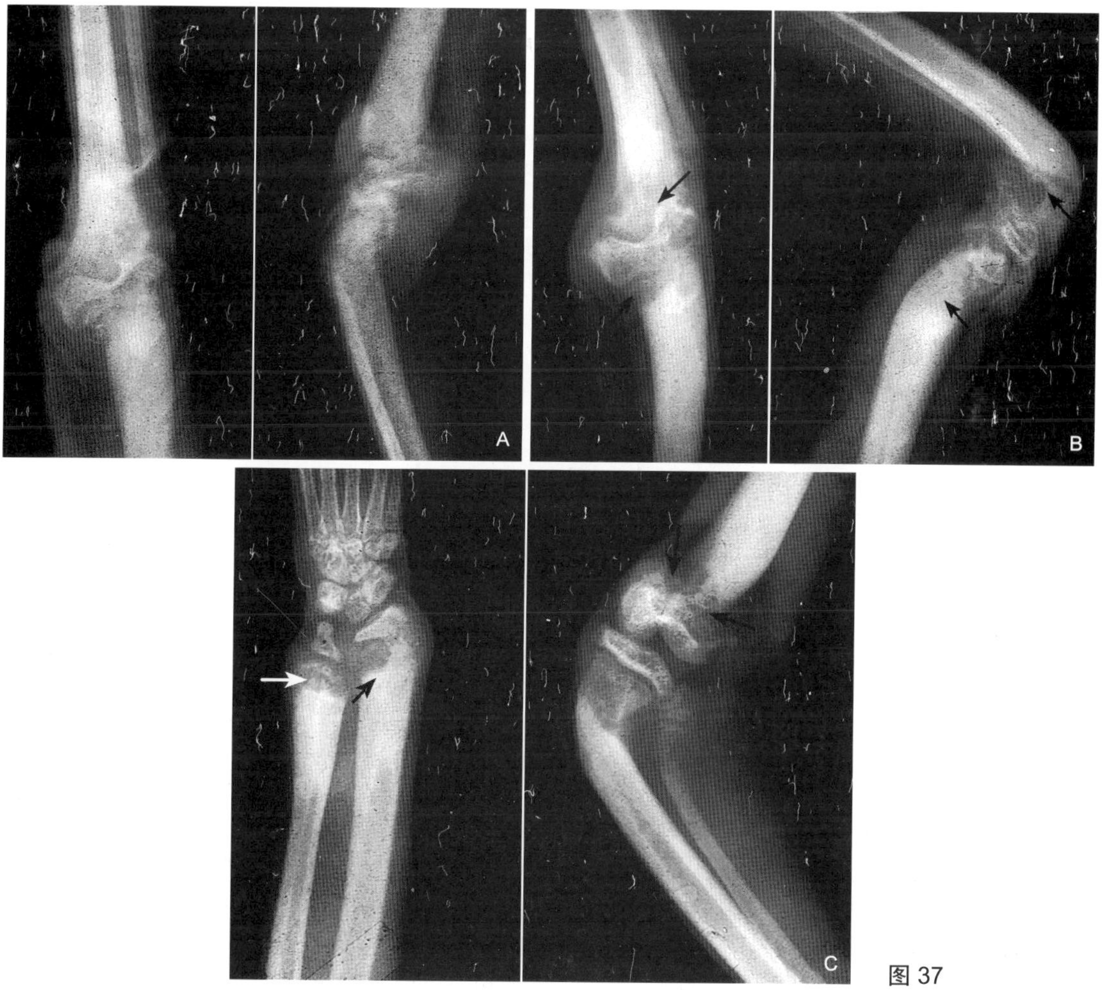

图 37

【病例34　猫纤维性骨营养不良】

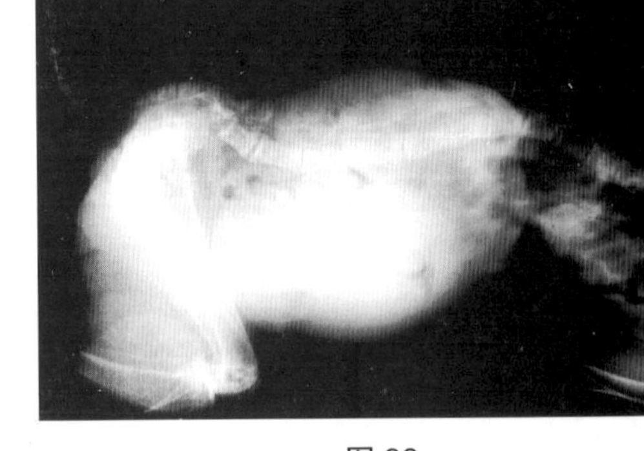

图38

【典型病例】 猫，7个月，♂，不爱活动，腰部塌陷，腹大，四肢软，变形。

【X线表现】 左侧卧胸、腹、臀部显示：脊柱呈“凹”状弯曲，所照胸、腰椎、前肢、双后肢骨皮质呈线状，变薄。骨髓腔均增宽。前后肢、胸、腰椎椎体、骨盆骨密度普遍降低（图38）。

【X线诊断】 纤维性骨营养不良症。

【诊断要点】 ①纤维性骨营养不良症，又称骨软症或营养性继发性甲状旁腺机能亢进症。本病是一种继发于营养不良而使甲状旁腺素升高，引起以骨组织进行性脱钙为主要病理变化的营养性（代谢性）疾病；②该猫自幼以动物肝脏为主食，是发生本病的主要原因。

【鉴别诊断】 佝偻病。

【病例35　灵缇犬干骺端骨病（肥大性骨营养不良）】

【典型病例】 灵缇犬，♂，3月龄，体重7.5kg。不爱活动，食欲差，长骨远端关节肿大，有痛感。

【X线表现】 双前尺桡腕部及双后胫腓跗关节正侧位相显示：尺桡、胫腓骨干骺端，肥大展宽，干骺端及骨骺呈低密度带，干骺端皮质周围骨领骨密度明显增高，干骺端软组织粗大，双侧尺桡、双侧胫腓骨远端病变均为对称性（图39A、B）。

【X线诊断】 干骺端骨病（又称肥大性骨营养不良）。

【鉴别诊断】 干骺端骨病常见于快速生长的大型犬，2～8个月幼年多见，目前病因尚不清楚。骨病变化多侵袭骨的干骺端。通常为双侧性的和自限性。

【临床诊断思路】 详细了解病史。应与佝偻病相鉴别。

图39

第六节　骨与关节化脓性感染

【病例 36　阿拉伯狒狒腕关节化脓性关节炎伴舟骨半脱位】

【典型病例】 阿拉伯狒狒，♂，3 岁，体重 10kg。

病史：被同类咬伤，右腕、掌部软组织肿胀，掌指外展畸形，不能负重。

【X 线表现】 双前肢腕掌部背掌位左侧片为健侧（图 40A），右侧为患侧（图 40B）。患侧显示尺桡骨远端、掌部软组织明显肿胀，骨与软组织呈密高影，掌指骨向外展，桡骨头前的舟骨及尺腕骨各自呈外脱状。各腕骨间隙变窄。

【X 线诊断】 右腕创伤性舟骨半脱位伴化脓性关节炎。

【诊断要点】 ①了解创伤病史及拍摄正常和异常部位容易确诊；②动物群养常发生殴斗，特别是猴类，严重咬伤造成腕关节脱位或半脱位综合症；③经过一段时间常会出现变性性关节疾病。

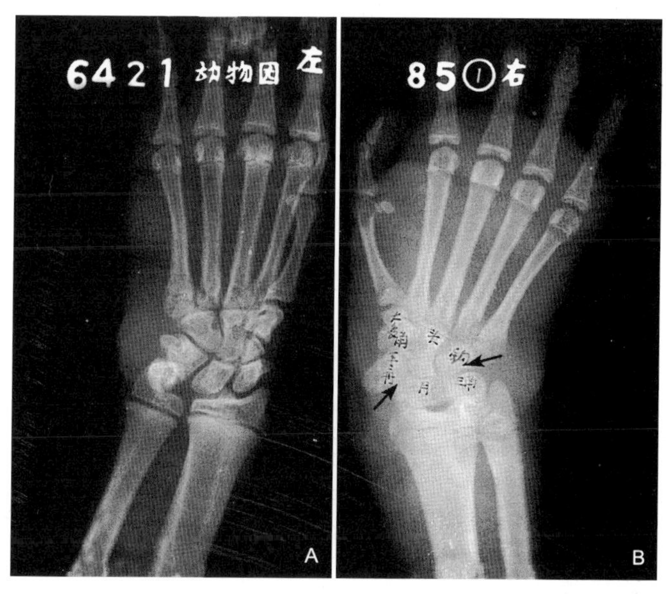

图 40

【病例37 马化脓性蹄关节炎伴指骨疏松】

【典型病例】马，♂，老年，体重约300kg。系北京动物园生产部门的使役马。左前肢蹄部肿胀，后破溃，流出脓汁。

【X线表现】左前腕指骨侧位、蹄部正位相显示：左第1、2、3指骨、蹄骨的骨质密度明显降低，骨皮质变薄，骨小梁稀疏。病骨广泛性呈网状透明，骨质呈严重疏松（图41A、B、C、D）。

【X线诊断】左蹄化脓性关节炎伴第1、2、3指、蹄骨骨质疏松。

【诊断要点】①临床病史表现左前肢剧痛，不敢负重，肢体重度跛行，蹄部肿胀、破溃，常排出脓汁；②化脓性蹄关节炎是一严重的蹄病，家畜中马、骡、牛、羊多见，在动物园内展出的奇蹄、偶蹄类动物也时常发生；③本病多因蹄部感染化脓腐败性细菌所引起，晚期常导致骨密度丢失，使骨质呈严重疏松，见该病例左指（大掌骨）骨标本相（图41E）。

【鉴别诊断】本病属蹄深部组织化脓性炎症，包括化脓性蹄关节炎、化脓性腱炎、化脓性远籽骨滑膜囊炎和关节后脓肿。

【临床诊断思路】①蹄关节、指（趾）部屈腱系统、远籽骨滑膜囊，在结构上非常密接，一旦发生感染，常互相蔓延，临床上很难分清；②保守疗法无效时，采用手术方法引流、搔刮和固定。

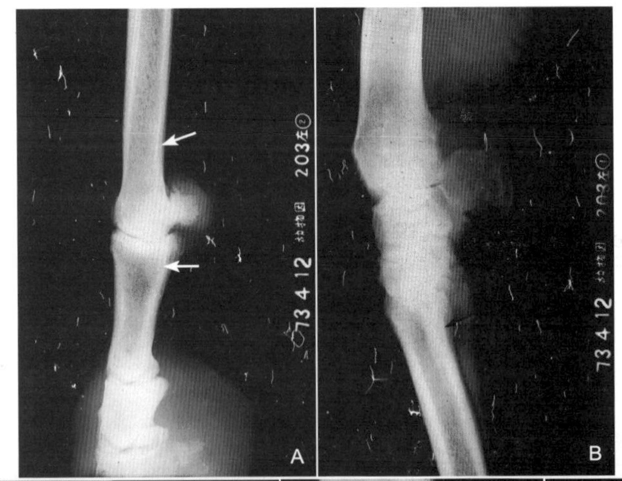

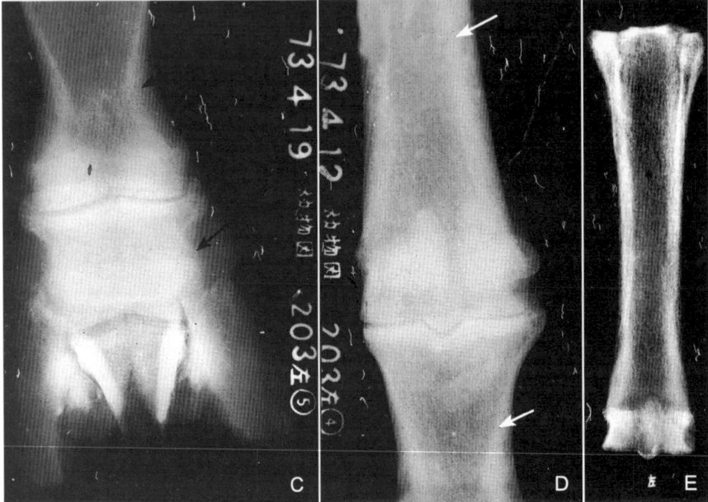

图41

【病例 38　毛耳长角羚右后肢跖、趾骨骨化性骨膜炎】

【典型病例】　毛耳长角羚，♀，1.5 岁，体重 60kg。

病史：园内展出的圈养食草类动物。右后肢跛行，负重减，跖、趾关节软组织肿胀，有悬蹄情况。X 线摄片确诊为右后跖、趾骨骨化性骨膜炎。经 2 个月治疗康复。

【X 线表现】　右后肢跖、趾骨前后及内外位相显示：跖、趾骨骨膜呈花边和骨针样增生，跖骨远端内侧骨赘较重，新生骨赘边界凹凸不平，结构紊乱。跖、趾间隙不均匀，狭窄，骨表面骨样增生明显（图 42）。

【X 线诊断】　右后肢跖、趾骨骨化性骨膜炎。

【诊断要点】　①骨化性骨膜炎是骨外膜的慢性纤维性炎症侵及形成层，引起成骨细胞活动，形成新生骨赘组织的慢性疾病，外伤、肌腱韧带的牵张，持续性刺激和邻近炎症的蔓延均可引起本病；②各种动物均可发生本病，动物园饲养展示的动物多见于偶蹄类，以掌（跖）骨、趾（指）骨、跟骨多见。

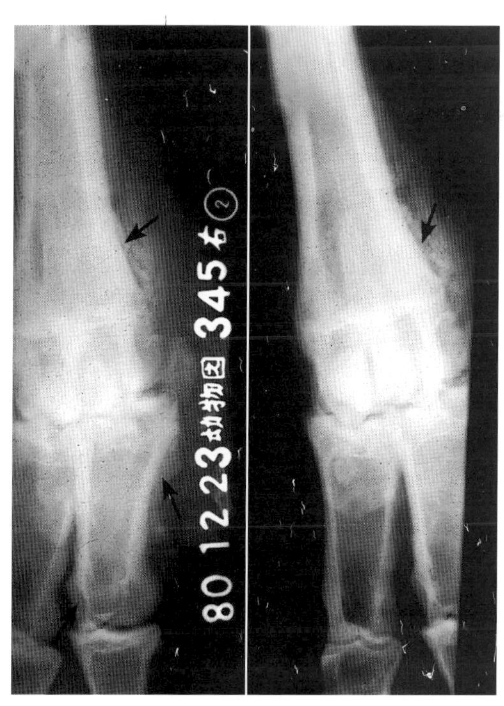

图 42

【病例39　白唇鹿化脓性关节炎】

【典型病例】　白唇鹿，♂，成。右后膝部跗关节软组织肿胀，切开排出绿色脓汁100mL左右。两后肢趾关节肿硬，有炎性渗出物。治疗半年康复，但患部关节仍强直，行走跛行。

【X线表现】　跗关节侧、正位（图43A、B）、趾侧位相显示：软组织肿大，关节间隙消失（图43C）。

骨端及关节面毛糙模糊，新骨增生广泛，使关节部呈不均匀性密度增高。

【X线诊断】　跗关节、趾关节化脓性关节炎。

【诊断要点】　①关节感染病原微生物后所发生的关节炎症，多由创伤或邻近组织感染蔓延引起；②临床表现跛行，关节肿胀，活动受限，关节穿刺术也是诊断方法之一。病程长久，可继发变性性关节病，甚至引起关节骨间和关节周围骨性愈着。

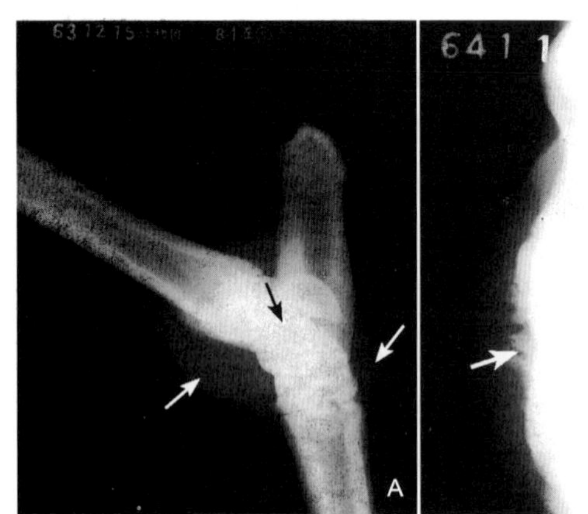

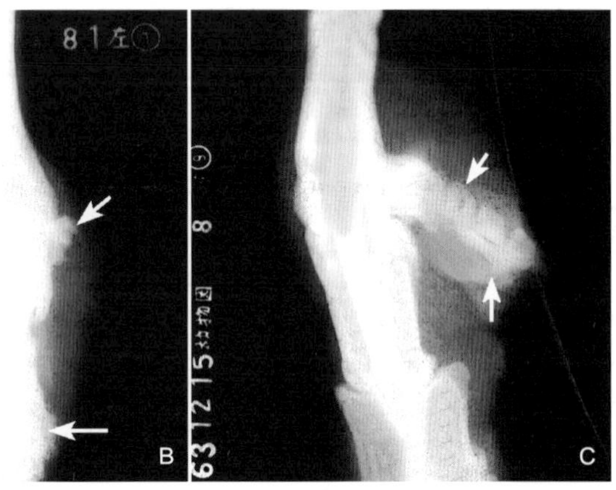

图43

【病例40　灰叶猴急性血源性骨髓炎多发左胫骨】

【典型病例】　灰叶猴，♂，2岁，体重5kg。

病史：左膝部软组织肿，行动减负。X线摄片诊断及专家会诊为急性血源性骨髓炎。经过4个月对症治疗完全康复。这是在20世纪60年代初在北京动物园圈养展出的灵长类动物中发现的首例骨髓炎病例。

【X线表现】　左膝关节上下软组织肿胀，胫腓骨近端尤甚，胫骨近端骨膜增生明显（图44A）。经过半个月临床治疗，摄片复查显示：整个左胫骨骨膜增厚硬化形成骨包壳（图44B）。又经79天临床治疗，摄片复查显示：左胫骨中下段周围广泛增粗硬化（图44C）。

【X线诊断】　左胫骨急性血源性骨髓炎。

【诊断要点】 ①早期软组织肿胀，肌肉间隙模糊；②有骨膜反应；③向骨干发展，一般不累及骨骺；④局限性骨质疏松，骨质破坏不规则，皮质增厚，广泛性硬化，一般无死骨形成。

【鉴别诊断】 ①结合病史，诊断不难；②应与骨瘤相鉴别。

【临床诊断思路】 ①急性起病，有高热，局部肿痛，白细胞增高尤以中性粒细胞为甚；②能得到及时治疗临床恢复快，但X线改变缓慢。

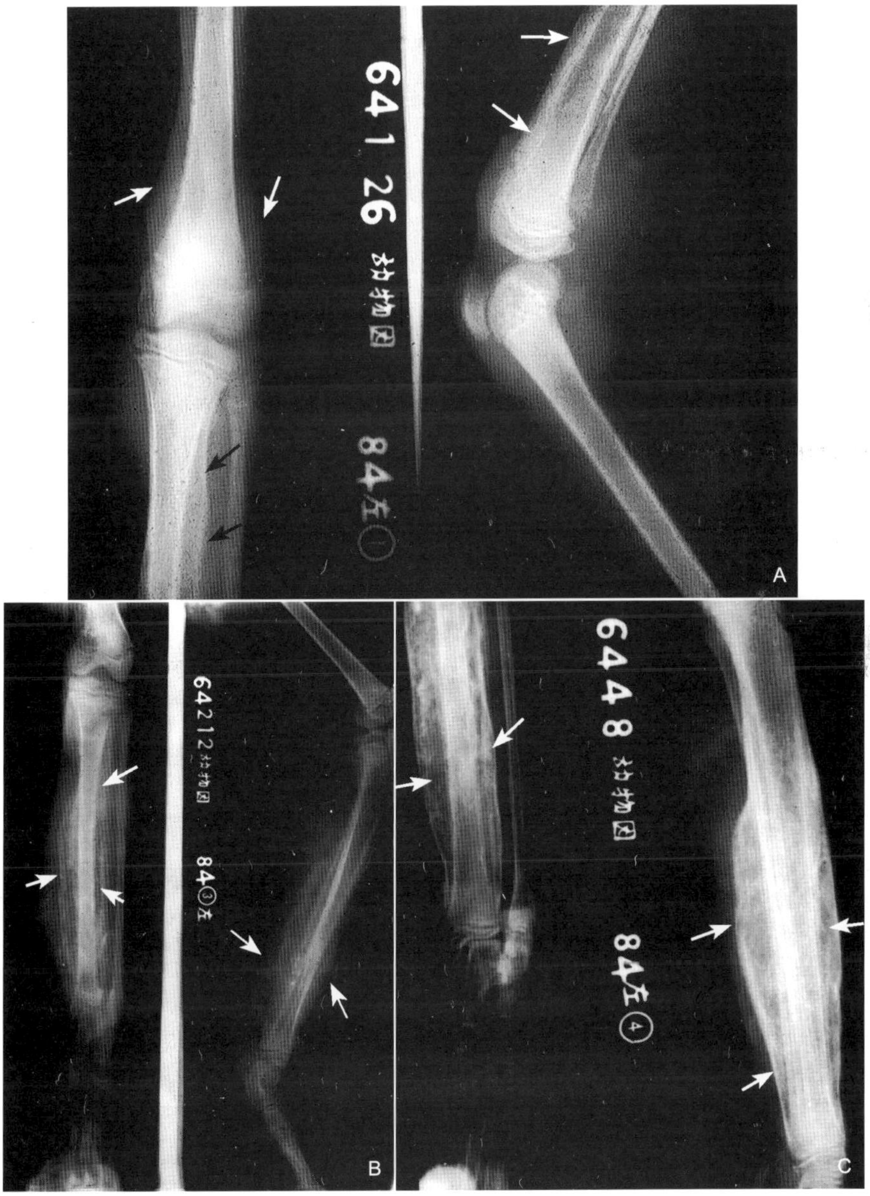

图 44

【病例 41　山魈右股骨远端骨髓炎】

【典型病例】 山魈，♂，成年，体重 15kg。动物园圈养展出的大型灵长类动物。右后肢减负。在未麻醉的情况下，装挤压笼，抻出双后肢摄片。

【X 线表现】 第一片：右后患肢股骨及膝关节侧位显示：股骨远端骨皮质破坏、疏松、增厚，髓腔变窄，骨膜呈条状增生（图 45A）。

第二片：抗菌素治疗 4 个月复查显示：右股骨远端增粗，普遍密度增高，未见骨破坏及骨膜反应（图 45B）。

第三片：为左侧正常股骨及膝关节侧位相（图 45C）。

【X 线诊断】 右股骨远端骨髓炎。

【诊断要点】 ①骨膜增生，皮质增厚，局限性骨质疏松呈小斑块状骨质破坏；②向骨干发展，不累及骨骺。

【鉴别诊断】 ①应与骨瘤相区别；②结合病史，诊断不困难。

【临床诊断思路】 ①急性起病，有高热，破坏皮质。实验室血检可见白细胞增高；②治疗及时临床恢复快，尤其是硬化性骨髓炎。

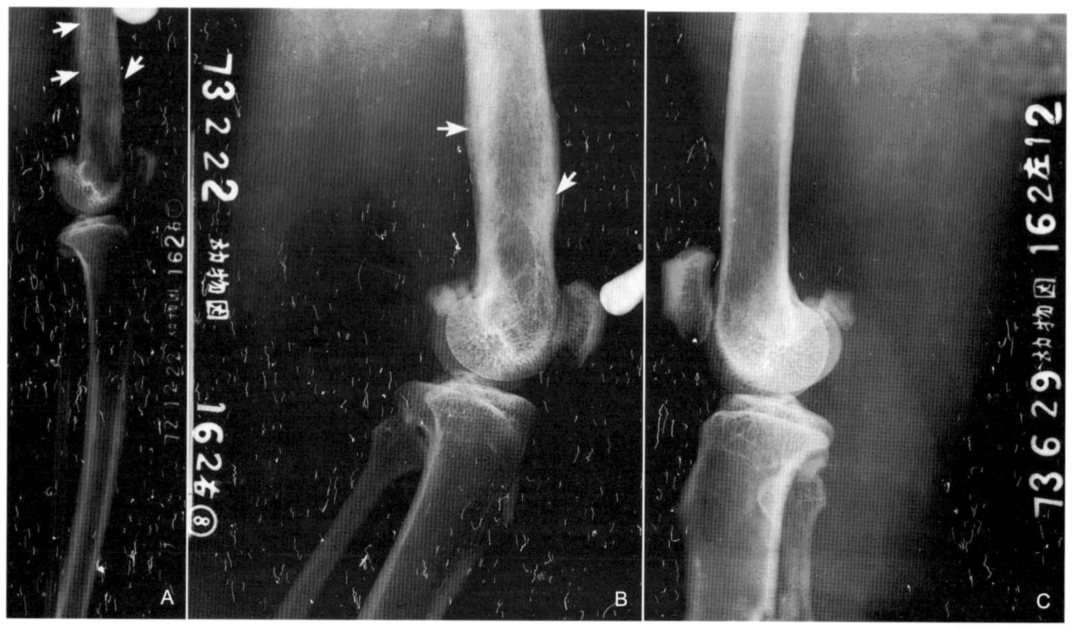

图 45

【病例 42 金丝猴胫腓骨慢性骨髓炎】

【典型病例】 金丝猴，♂，11 岁，体重 14kg。系北京野生动物园圈养，曾借展南方某公园。右后小腿患病时做过排脓及治疗。近一个月右后肢小腿仍肿胀，到北京动物园兽医院摄片诊断。

【X 线表现】 右后腿前后位相显示：小腿外侧软组织明显肿胀，软组织内有多条透明区。胫腓骨远端周围有大量骨膜增生，新生骨与骨干平行，边缘凹凸不平，密度与骨皮质相等，呈小块溶解破坏的低密区（图 46）。

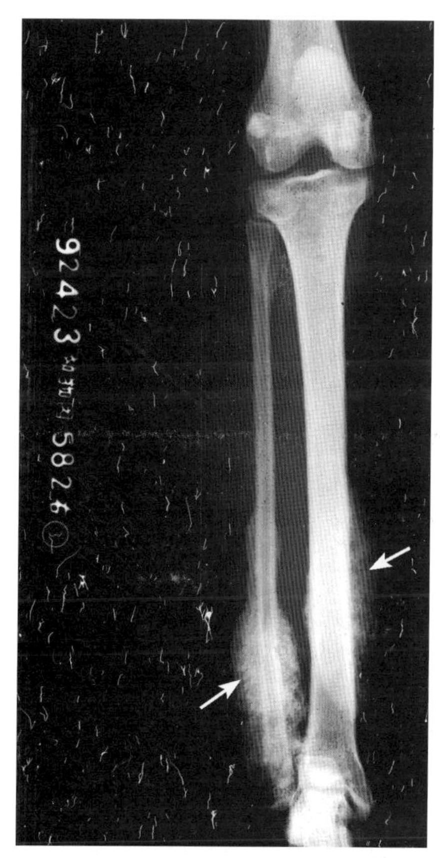

图 46

【X 线诊断】 右胫腓骨慢性骨髓炎伴软组织瘘道。

【诊断要点】 ①骨髓炎早期仅见软组织肿胀，可有骨松质局限性骨质疏松现象，骨小梁模糊消失；②随病情发展，可有多种形式的骨膜反应或新骨形成，出现考德曼三角；③病灶出现硬化或出现骨包壳、骨内死骨低密度区时通常提示为慢性疾病过程。

【鉴别诊断】 ①骨髓炎的 X 线征象极其多变，常与骨肿瘤征象类似，因为二者都引起骨膜反应和骨质破坏，需追查鉴别；②骨髓炎分急性期和慢性期，急性期患病动物发病急、高热、局部肿，患肢活动障碍，全身反应剧烈，慢性期形成排脓一个或多个瘘管，长时间有脓汁排出。

【临床诊断思路】 ①有急性化脓性骨髓炎的病史，局部肿胀、脓肿或窦道形成；②寻找慢性骨髓炎中的残留病灶是诊断的主要问题；③在 20 世纪 70 ～ 80 年代，北京动物园野生动物山魈、灰叶猴等都曾患过急性血源性骨髓炎，都因及时发现、诊治而得到控制，后康复。

第七节 骨结核

【病例43 山魈骨干骨结核（长骨多发囊性）】

【典型病例】 山魈，♀，5岁，体重12kg。一对山魈曾赴外地借展，雄性因结核病死于外省。雌性山魈回动物园后发现咳嗽，X线诊断肺有阴影病灶。3个月后左肘上软组织肿。X线片显示：整个左肱骨及桡骨近端骨溶解呈囊状破坏区。X线诊断左肱骨及桡骨近端骨结核。临床按结核治疗4个月后X线摄片复查，骨质修复囊状破坏区消失。半年后患骨复发，致多处病理性骨折，实施安乐死。尸检：左肱骨多处病理骨折，骨内大量脓汁及骨渣块。肺、脑、脾均有0.2cm×0.6cm结核灶。肝、双肾未见异常。此病例为北京动物园首例，实为罕见。

【X线表现】 左前肢内外位显示，整个肱骨、桡骨近端广泛锥形骨破坏区几乎融为一体，骨质呈囊状疏松，多处皮质病理性骨折，骨皮质变薄（图47A）。图47B片是治疗4个月后拍片显示，骨破坏区大大缩小、消失，骨质普遍硬化，呈修复状。

【X线诊断】 左肱骨及桡骨近端骨结核。

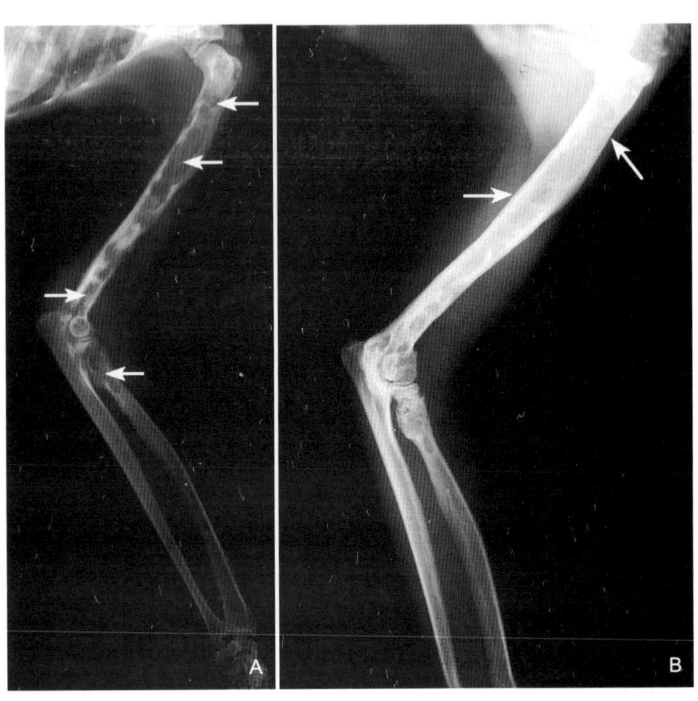

图47

【诊断要点】 ①病变发展缓慢者以骨质增生为主，发展迅速者以骨质破坏为主；②骨干髓腔内单个或多个圆形或椭圆形破坏，边缘清晰；③局部骨质疏松；④修复后骨破坏区消失硬化。

【鉴别诊断】 ①化脓性骨髓炎：病变较广泛，骨膜随病变大面积条状反应，软组织肿；②硬化型骨髓炎：骨质增生硬化，髓腔消失。

【临床诊断思路】 动物长骨骨干结核发病率低，多见于幼年，有结核中毒症状，体温升高，继发于肺结核。

第八节　骨肿瘤与骨瘤样病变

【病例 44　猫左下颌骨骨原性肉瘤】

【典型病例】 猫，♀，9 岁半，体重 2.5kg。左下颌局部硬固肿胀，已数月。现精神沉郁、消瘦。

【X 线表现】 左下颌骨软组织肿硬。骨膜呈浸润性骨化，兼有不规则增生，新骨呈放射状突入周围软组织，界线不清，下颌骨骨皮质广泛破坏，骨病变呈大面积的骨质溶解和破坏（图 48）。

【X 线诊断】 左下颌骨混合型骨原性肉瘤。

【诊断要点】 分为溶骨型、成骨型、混合型。

溶骨型：以局限性溶骨性破坏为主。

成骨型：以瘤骨为主，呈磨玻璃硬化区、斑片状骨硬化区、象牙质样硬化，瘤骨针状放射。

混合型：骨破坏和骨成长同时存在，肿瘤为不规则的侵蚀性外观。此类型为常见。

该猫步入老年。曾患牙病长期未愈，近几个月左下颌骨硬肿胀，发展迅速。

【鉴别诊断】 应与颅下颌骨病、骨髓炎相鉴别。

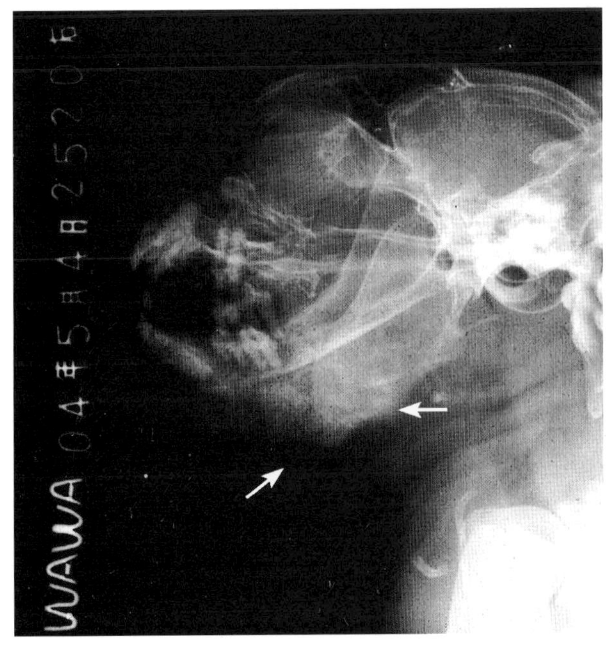

图 48

【病例45　杂犬右下颌骨骨肉瘤】

【典型病例】杂犬，♂，13岁。曾做过拔牙手术，后来术部常少量出血，下颌骨肿胀。

【X线表现】头颅及胸前部正侧位相显示：正侧位下颌骨骨质增生，增生骨边缘不齐，增生新骨多处透明区。右下颌臼齿缺如。所照胸部前（侧位）肺部有多个散在粟粒状边齐硬结或钙化影（图49A、B）。

【X线诊断】右下颌骨骨肉瘤肺转移。

【诊断要点】①该犬步入老年，结合病史及X线等征象诊断不难；②该犬为单侧下颌骨病变，骨破坏和骨生成同时存在，瘤骨为不规则的侵蚀性外貌，为混合型骨肉瘤；③骨肉瘤是犬常见的恶性骨瘤，发展迅速，该犬已有肺转移病灶。

【鉴别诊断】 骨肉瘤主要应与急性骨髓炎鉴别。后者急性发病，全身症状明显，骨质破坏范围广泛，软组织内无肿瘤骨或肿瘤软骨及其钙化或骨化。

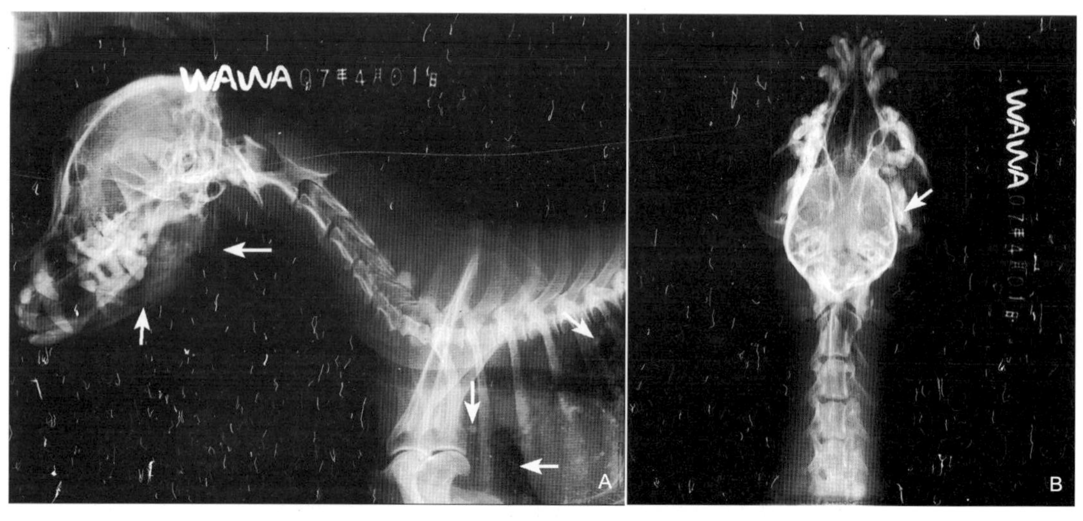

图49

【病例46　猫右肱骨骨肉瘤（溶骨型）】

【典型病例】　猫，♀，曾为流浪猫，后被人收养。右前臂软组织肿胀严重。

【X线表现】　右肱骨内侧位显示：软组织呈巨大肿块，边界较齐，呈均质密高影。肱骨中段呈病理横断骨折，骨质溶解，骨皮质变薄（图50A）。

剖检肺部观察：双肺各叶呈多量圆形紫红色结节瘤体（图50B）。

【X线诊断】　右肱骨溶骨型肉瘤，肺转移。

【诊断要点】　①骨质破坏明显，病理碎骨片散在其中；②溶骨现象可使骨皮质、骨髓腔发生无定向破坏，甚至引起病理性骨折；③溶骨型早期骨皮质破坏，并侵及周围软组织，一般转移扩散较早，以骨质破坏溶解为特征。

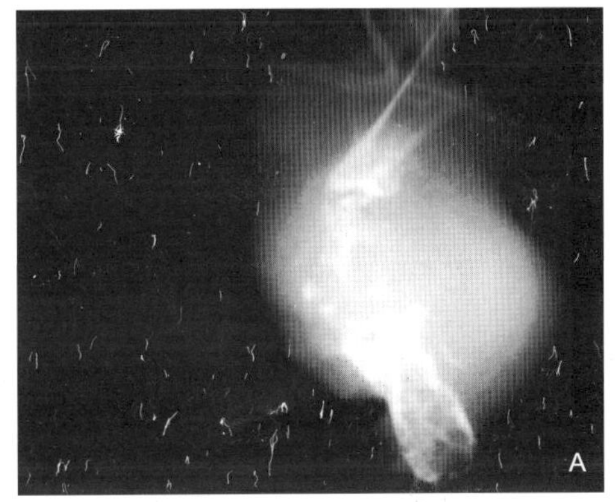

图50A

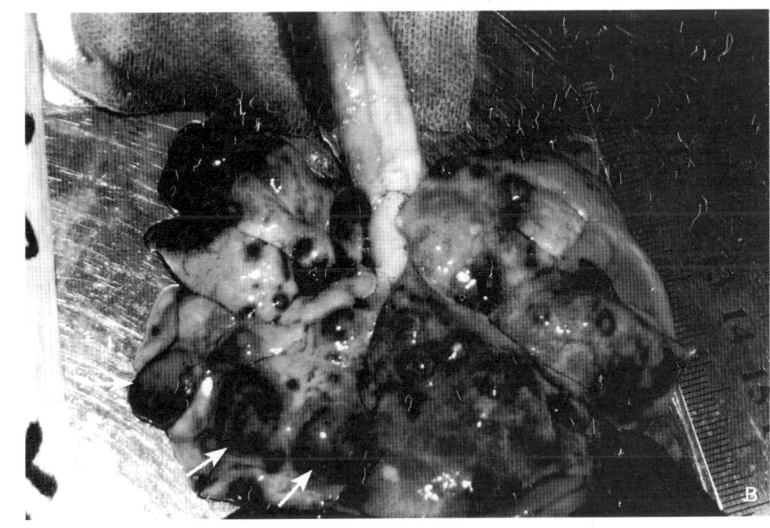

图50B

【病例 47　大丹犬左尺桡骨远端骨肉瘤（混合型）】

【典型病例】 大丹犬，♂，8 岁，体重 15kg。2 个月前曾与其他犬打闹而受伤。近日发现肿硬，治疗数次无效来摄片检查。

【X 线表现】 左前肢尺桡骨、腕部正侧位相显示：尺桡骨远端软组织形成硬化肿块。尺桡骨远端及干骺端髓腔及骨皮质呈不规则的骨质破坏和骨质增生，骨膜呈不规则隆起（图 51A、B）。

【X 线诊断】 左尺桡骨远端混合型骨肉瘤。

【诊断要点】 骨肉瘤是犬最常见的恶性肿瘤。分溶骨型、成骨型、混合型。

溶骨型：以骨质溶解或破坏为特征。

成骨型：首要特征以新骨生成和病变骨密度增高，表现为磨玻璃样硬化区。

混合型：以骨质破坏和骨生成相互混杂，肿瘤呈不规则的侵蚀性外观。也是最常见的类型。

【临床诊断思路】 ①全身症状早期不明显，有疼痛、肿胀及运动障碍；②该病可发生在任何年龄的犬，但在 5 ~ 9 岁的犬发病率最高；③大型犬如德国牧羊犬、黑背、大丹、圣伯纳等易感。

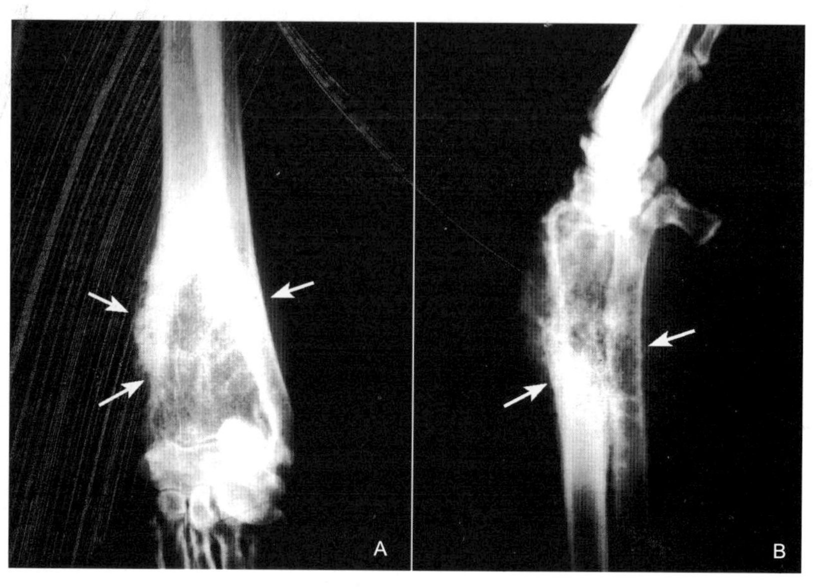

图 51

【病例 48　白头叶猴左胫骨骨肉瘤（成骨型）】

【典型病例】 白头叶猴，♀，5 岁，体重 6kg。白头叶猴是中国特有的珍稀物种，属国家一级重点保护野生动物。北京动物园从国内引进刚半个月，发现其左股骨远端肿胀。2 周后长成拳头大，质硬（图 52A）。当时做截肢术，一期愈合，术后 3 个月转移，实施安乐死。

图 52A

【X 线表现】 左膝关节内侧位显示：左胫骨远端周围形成巨大的边缘整齐的骨样组织。呈现出无结构的骨质硬化，位于股骨远端骨瘤中央。胫骨远端骨髓腔变宽，骨皮质变薄，病灶未侵及邻近股骨（图 52B）。

【X 线诊断】 左胫骨远端成骨型骨肉瘤。

【诊断要点】 ①成骨肉瘤生长快，其骨形成超过骨破坏，形成大量无结构的骨质硬化，并位于肿瘤中央；②软组织肿胀、质硬，融合成骨样组织，骨膜增生明显而骨质破坏不明显。

【鉴别诊断】 ①骨肉瘤主要应与急性骨髓炎鉴别；②成骨型骨肉瘤骨膜反应明显，有时呈现大块新骨形成，其密度增高硬化；③病变好发于长骨，生长快、破坏性强，但很少侵及关节，累及其他骨。

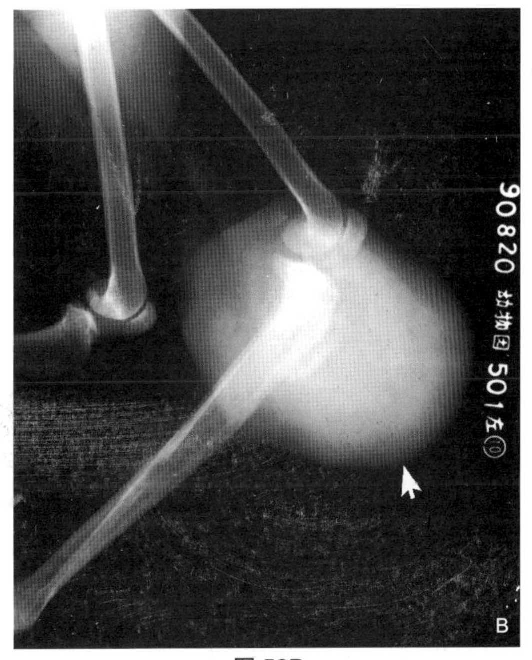

图 52B

【病例49 灵缇犬左桡骨骨肉瘤伴病理性骨折（成骨型）】

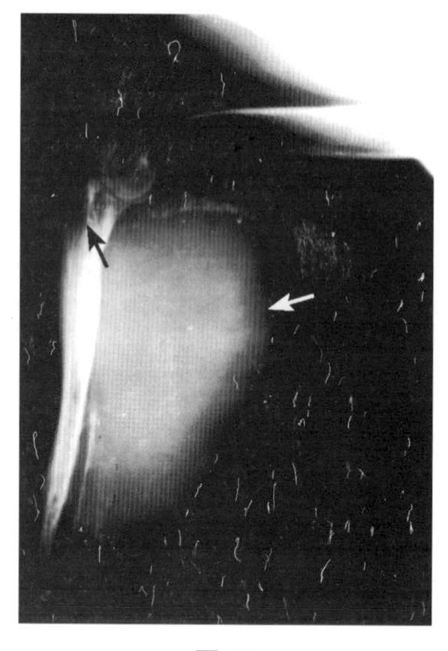

图53

【典型病例】 灵缇犬，♀，7岁，体重20kg。近2个月左前肢局部肿胀、质硬，曾有创伤病史。

【X线表现】 左前肢内侧位显示：左桡骨近、中段大面积新生骨呈梨形状肿胀，瘤骨密度甚高，似磨玻璃样硬化区。桡骨呈网状破坏致病理骨折（图53）。

【X线诊断】 左桡骨近中段成骨性骨肉瘤，伴病理骨折。

【诊断要点】 ①成骨型骨肉瘤首要特点是新生骨生长和病变骨密度增高；②骨肉瘤常发生部位是桡骨、胫骨、股骨、肱骨，很少侵及肘关节、膝关节。

【临床诊断思路】 ①骨肉瘤常见于5～9岁的犬，发病率较高，大型犬较多见如黑背犬、大丹犬、灵缇犬等；②肿瘤病变发展迅速，预后不良；③犬比猫多见。

【病例50 黑背犬左胫骨远端骨肉瘤（混合型）】

【典型病例】 黑背犬，♂，7岁，体重45kg。数月来左后肢跛行、肿胀。

【X线表现】 左后肢胫腓骨内侧位显示：胫腓骨远端软组织肿胀，呈浓密阴影。其骨膨胀性骨破坏明显。骨髓腔消失，伴不规则的轻度透明区。

骨膜新骨增生呈放射状反应。骨病变未侵及跗关节（图54）。

【X线诊断】 左胫远端混合型骨肉瘤。

【诊断要点】 ①骨肉瘤在野生动物和犬、猫中可时而发现；②骨肉瘤绝大部分属恶性肿瘤，常出现肺转移，骨病变多发于长骨干骺端；③骨病变多是浸润性生长，多呈放射状花边状骨化影或考德曼三角型骨化，一般不累及邻近关节。

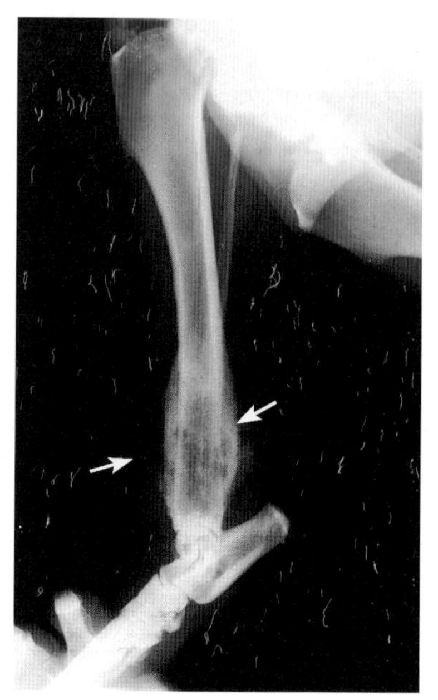

图54

【病例 51　梅花鹿掌跖骨骨瘤（良性）】

【典型病例】 梅花鹿，♂，3 岁，体重 25kg。系北京动物园自然繁殖、圈养展示之鹿。半年来发现双前掌骨及左后肢跖骨长出，多呈半圆形的骨疣，生长缓慢。

【X 线表现】 右后跖骨（图 55A）、左右前掌骨（图 55B），骨质膨胀性突起，根茎较宽，边缘整齐光滑。致密骨瘤隆起于骨表面，与骨皮质无法区别。骨质、骨膜无破坏反应（图 55）。

【X 线诊断】 左右掌骨、左后肢跖骨良性骨瘤。

【诊断要点】 ①骨瘤来源于骨组织，呈现孤立的致密团块突出于骨表面，生长缓慢；②瘤体在骨皮质范围内，边缘光滑整齐，内部结构为密度均匀影；③受害骨的骨质改变为膨胀性，周围软组织无肿胀，无骨化性骨膜反应。

【鉴别诊断】 ①骨瘤是一种良性骨肿瘤，与骨赘有本质区别；②应与骨髓炎、骨结核、骨肿胀相鉴别。

【临床诊断思路】 ①当今主要是根据肿瘤的组织来源，形态特点和良、恶性质，以及 X 线所见对骨肿瘤进行分类；②骨瘤、骨赘性纤维瘤、骨样骨瘤，都是一种生长缓慢的良性肿瘤，多来源于骨和软骨组织。

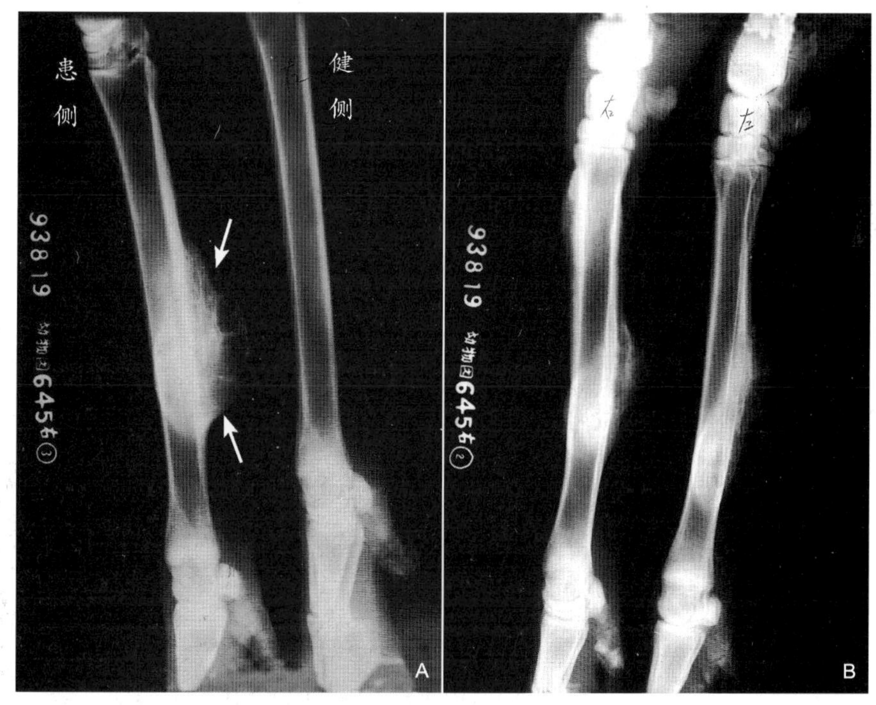

图 55

第九节　头与脊柱病变

【病例 52　猩猩耳道异物（金属圆钉）】

【典型病例】 猩猩（呼名：杜尔），♂，4 岁，体重 65kg。

猩猩是高大的类人猿之一，仅次于大猩猩。身高 120 ～ 150cm，体重 75 ～ 120kg。全身为赤褐色毛。猩猩只产于印度尼西亚，是世界珍稀观赏动物之一，已列为世界濒危物种。

20 世纪 60 年代初北京动物园首次引进一对猩猩。其中雄性猩猩“杜尔”在 60 年代末发现异常表现，常用手指捅自己的右耳，饲养员不在场观察时，还拣拾草棍、木屑等往耳内捅。临床疑为中耳炎。经 X 线拍摄头颅相，发现耳内有金属钉。请同仁医院专家会诊并手术，耳内除有圆钉、木屑、草棍外还患有胆脂瘤，术后 10 天康复。

【X 线表现】 右卧头颅侧位相显示：耳道内有一约 2cm 长，一头较粗的密度甚高金属阴影，金属影周围呈网眼状透明区（图 56A、B）。

【X 线诊断】 右耳内异物为金属圆钉 1 枚；慢性中耳炎不除外。

【诊断要点】 注意观察患病动物的异常表现，结合病史和 X 线等项目的检查，必要时请对口专家会诊及早确诊。

【临床思路】 灵长类动物，特别是大猩猩、猩猩、黑猩猩与其他哺乳动物相比，它们有着更大的大脑和十分灵活的手指和脚趾，并会用细枝作工具用，如有用手指或异物捅耳朵就应想到患有耳部疾患。

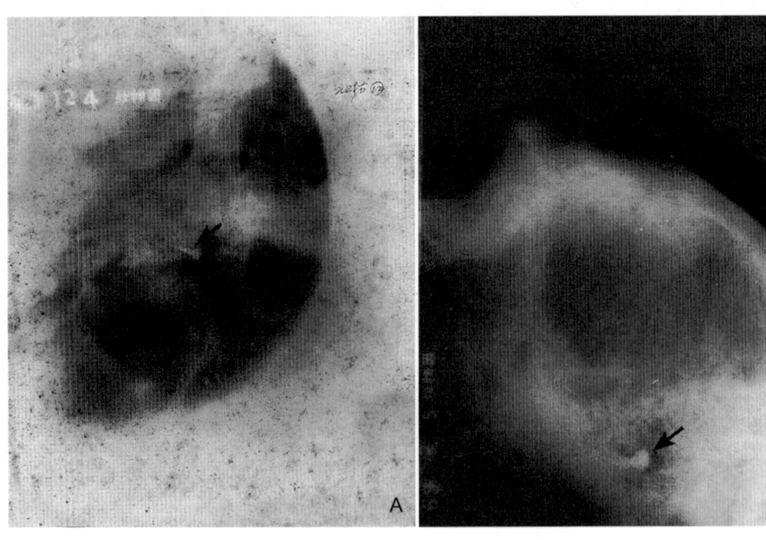

图 56

【病例 53　可卡犬慢性中耳炎并发耳道壁增厚闭塞】

【典型病例】 可卡犬，♀，4 岁，体重 7kg。两年来常用前爪抓双耳，摇头，蹭耳，听力下降严重。临床检查，双侧耳道壁增厚硬结，软组织占据耳道造成耳道消失、闭塞。

【X 线表现】 ①头颅背腹位＋右侧卧显示：左右双鼓泡及内耳道气影尚可，但周围变厚增大；②双耳道呈大面积硬结及钙化影（图 57A、B）。

【X 线诊断】 慢性中耳炎并发耳道壁增厚闭塞。

【诊断要点】 根据临床症状及 X 线检查确诊不难。

【临床诊断思路】 ①中耳炎常因耳道感染，形成慢性后常伴有渗出、恶臭和疼痛，触诊耳朵敏感，常表现抓挠耳朵、摇头；②慢性病例耳道壁会出现增厚、钙化，严重病例可见增厚的软组织完全将耳道堵塞，影响听力；③该犬经两次手术将左右耳道增生组织切除而康复。

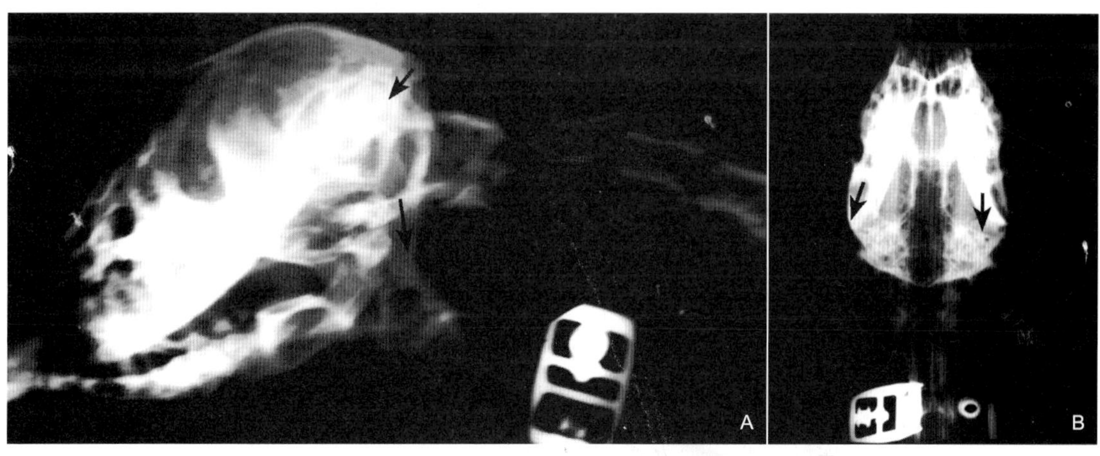

图 57

【病例54 藏野驴左下颌骨急性化脓性骨髓炎】

【典型病例】 藏野驴，♀，6岁，体重300kg。数天表现精神沉郁，草料及饮水量均减少。观察发现左侧下颌中段肿胀。全麻后X线摄片。

【X线表现】 左侧卧左下颌切位显示：左下颌软组织明显肿胀，左前两处臼齿牙根下呈囊性透明区3cm×4cm大小，囊区下颌骨骨膜未见穿破，骨膜也无反应（图58A、B）。

【X线诊断】 左下颌骨急性化脓性骨髓炎。

【诊断要点】 ①颌骨及软组织肿胀是发生于下颌骨的骨质、骨髓和骨膜的炎症变化，并可波及齿龈和相应的牙齿；②草食类动物，病初症状较轻时，常表现流涎，空口咀嚼，摄食缓慢，好似总在吃食，病程稍久，动物消瘦，颌骨变粗甚至破溃，流脓性分泌物；③草食兽颌骨化脓性骨髓炎多为牙源性感染，病灶起始部常在牙根附近骨质，常形成局限性骨坏疽，有的出现骨松质骨髓炎，有的出现骨皮质骨髓炎。

【鉴别诊断】 本病应与牛放线菌病鉴别，后者为软组织显著肿大，骨质破坏和周围骨质反应性新骨增生，患骨体积增大，呈粗糙多孔海绵样。

【临床诊断思路】 该病例系北京动物园圈养展示的藏野驴，发病后观察、诊治及时，后完全康复。

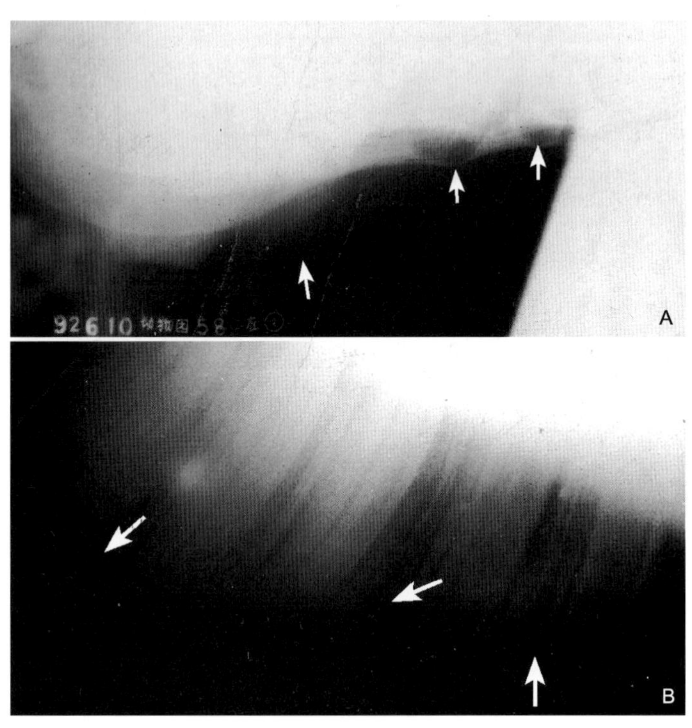

图58

【病例 55　苏门羚齿槽骨骨髓炎（两只）】

【典型病例】 苏门羚 2 只（1 ♂，1 ♀），均为成年，体重（♂50kg、♀40kg）。♂，左下颌皮肤破溃，流脓性分泌物；♀，右下颌骨肿胀，皮肤破溃，曾冲洗治疗，但长期不愈。

【X 线表现】 ♂，左下颌后臼齿根消失，呈囊性腔，臼齿下颌骨呈囊状透明区，骨皮质破溃（图 59A）；♀，右下颌前齿根下可见一小的圆形囊状区，囊下骨皮质变薄（图 59B）。

【X 线诊断】 两只苏门羚均为齿槽骨骨髓炎。

【诊断要点】 ①草食动物患齿槽瘘时有发生，轻者齿龈受损，发生感染，重者齿根受损，甚至发生骨髓炎、囊肿，最后穿透下颌骨破溃流脓；②齿根受损，牙齿脱落，牙根齿槽骨受损，下颌骨呈单房或多房透明区。

【鉴别诊断】 造釉细胞瘤。

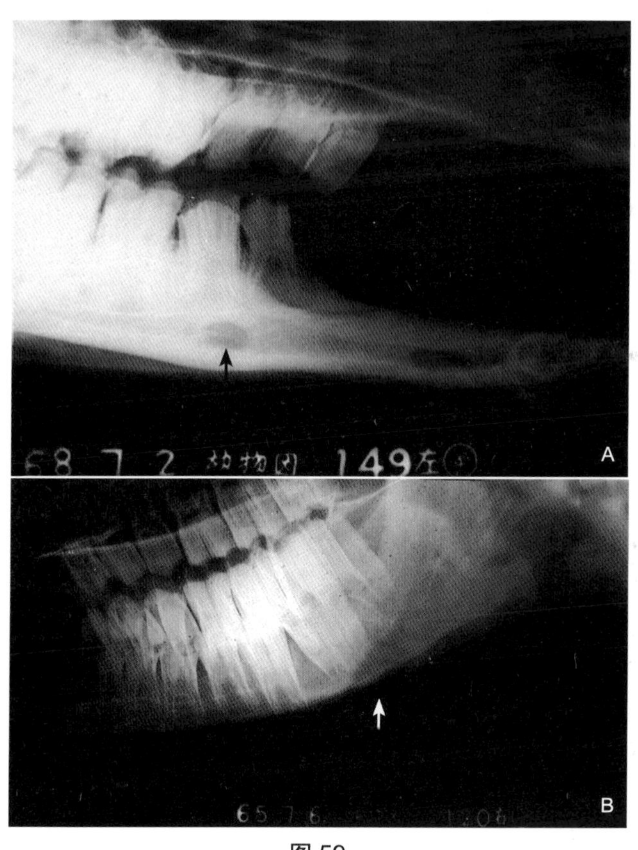

图 59

【病例 56　袋鼠颌骨化脓性骨囊肿】

【典型病例】 袋鼠（尤氏袋鼠），♀，3 岁，体重 20kg。空口咀嚼，常流涎，进食缓慢。左下颌骨肿大。

【X 线表现】 头侧卧位，左下颌骨前段骨松质消失，骨内囊状透亮。颌骨骨皮质变薄，其内牙根处骨质密度增高，骨纹路紊乱，呈不规则致密块（图 60A、B）。

【X 线诊断】 左下颌骨化脓性骨囊肿。

【诊断要点】 ①袋鼠常以青草、树枝、树叶为食，尤其是粗硬的干草，常造成口腔黏膜损伤，重者感染，引起齿龈肿胀、溃烂，牙齿松动脱落，致使发生骨膜炎、骨髓炎或骨质坏死、骨折；②上下颌骨膨胀、变形，重者颌骨处皮肤破溃，渗出脓性物。

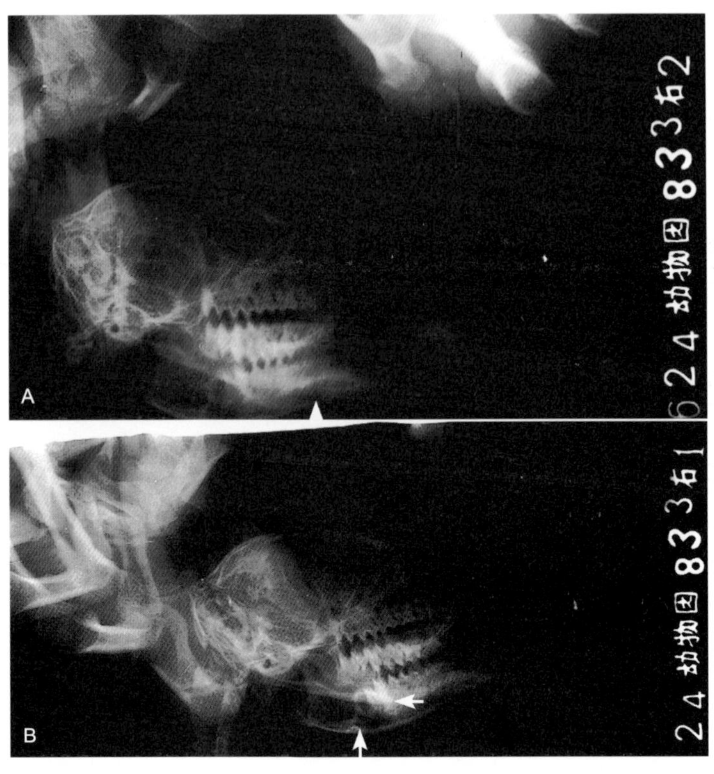

图 60

【病例 57 京巴犬颈椎变性性关节病】

【典型病例】 京巴犬，♀，7 岁，体重 2.5kg。颈肩部发硬，抬头受限，颈肩部触摸有疼痛感，阵发呻吟。

【X 线表现】 右卧颈椎侧位显示：颈椎 2 ～ 3、3 ～ 4 椎体间隙变窄，相邻椎间隙腹侧形成钩状骨影，骨赘越过椎间隙几乎融合成骨桥。

颈椎 2 ～ 6 椎间孔变窄，脊椎体及终板骨面模糊硬化（图 61）。

【X 线诊断】 颈椎变性性关节病。

【诊断要点】①分原发性和继发性；②关节间隙变窄，骨质硬化，骨赘形成；③脊椎体模糊硬化，韧带骨化；④椎间孔变形。

【鉴别诊断】 ①与弥漫性特发性骨肥厚相鉴别；②与颈椎畸形、关节连接不良、半脱位相鉴别。

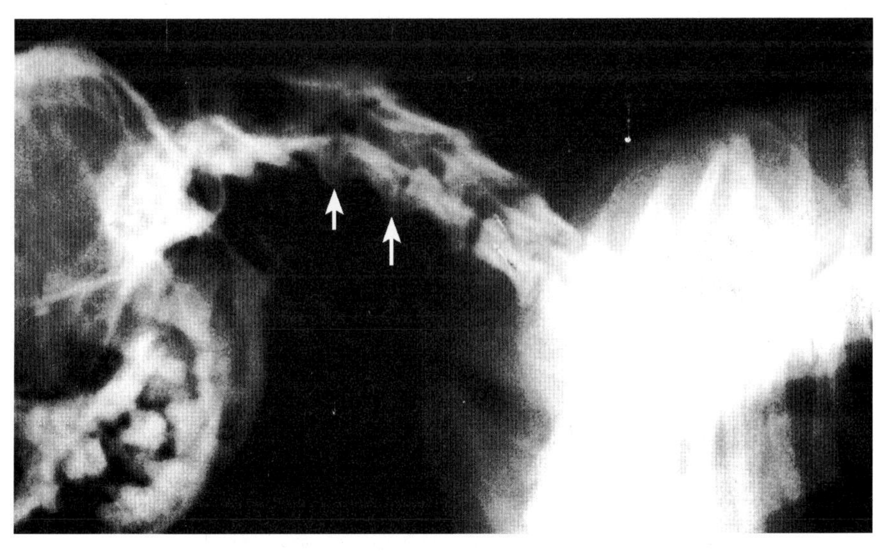

图 61

【病例58　杜宾犬（甲）、西施杂犬（乙）腰椎变形性关节硬化】

【典型病例】　甲犬：迷你杜宾犬，♂，6岁，体重4kg。乙犬：西施杂犬，♂，2岁，体重6kg。共同症状：不爱活动，上高处困难。

【X线表现】　甲犬第1～7腰椎腹侧椎体上下缘骨质呈钩状增生，受累的腰椎分别向相邻的椎体延伸，第4、5腰椎、第7腰椎与荐椎似乎形成骨桥（图62A）。而乙犬第4～5、5～6、6～7腹侧腰椎新生骨赘完全形成骨桥（图62B）。

【X线诊断】　腰椎变形性关节硬化（又称脊椎关节强直）。

【诊断要点】　①变形性脊椎关节病很少表现临床症状，年龄越增长，发病率越高；②骨赘主要在椎体腹侧和两侧面生长，很少压迫神经和脊髓，所以多数无临床表现；③除犬、猫外，北京动物园圈养的野生动物金猫等也有此病发生。

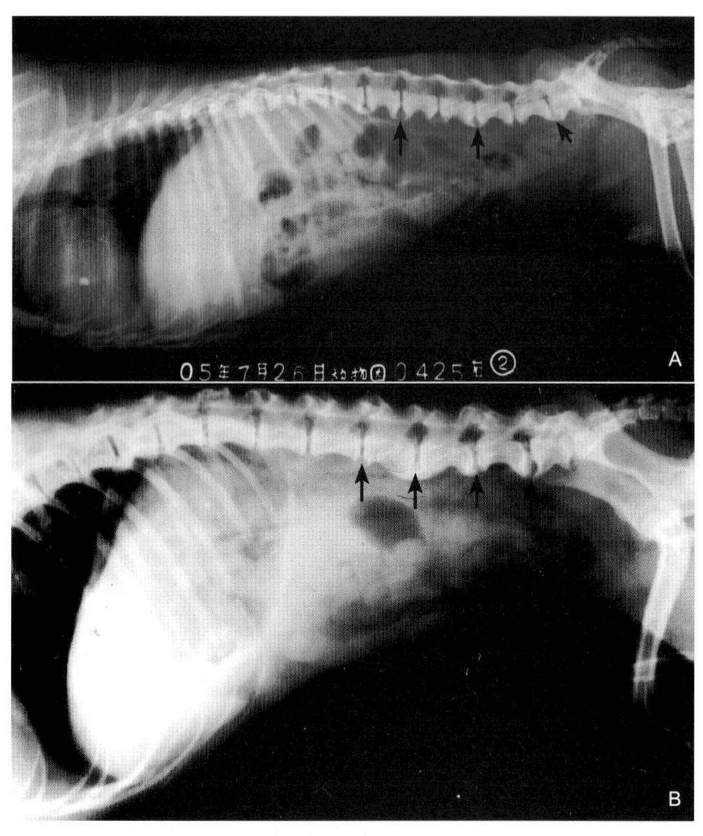

图62

【病例 59　金猫胸腰椎变形性关节硬化症】

【典型病例】 金猫，♂，15 岁。

目前世界上约有 31 种野猫。北京动物园所有的荒漠猫和金猫都是十分珍贵的猫科动物。体型大小似家猫，但金猫较家猫体型大，约重 8 ～ 15kg。此金猫在北京动物园生长了 15 年，步入老年后不爱运动，后拒食。X 线检查发现胸腰椎呈竹节状，尤其是腰椎腹侧骨赘已搭桥。

【X 线表现】 胸腰椎正侧位示：胸椎 12 ～ 13 及腰椎 1 ～ 7 椎体间隙处骨质增生，形成骨赘样突起，腹侧及两外侧均已融合成骨桥。椎体呈“竹节状”（图 63）。

【X 线诊断】 胸腰椎变形性关节硬化症。

【诊断要点】 ①以椎体前腹侧和后腹侧间盘边界新生骨形成为特征，可形成骨刺或骨桥；②常见于胸、腰椎和腰荐结合部；③脊椎关节患病椎体腹侧及左右椎边缘增生硬化椎间隙变窄。

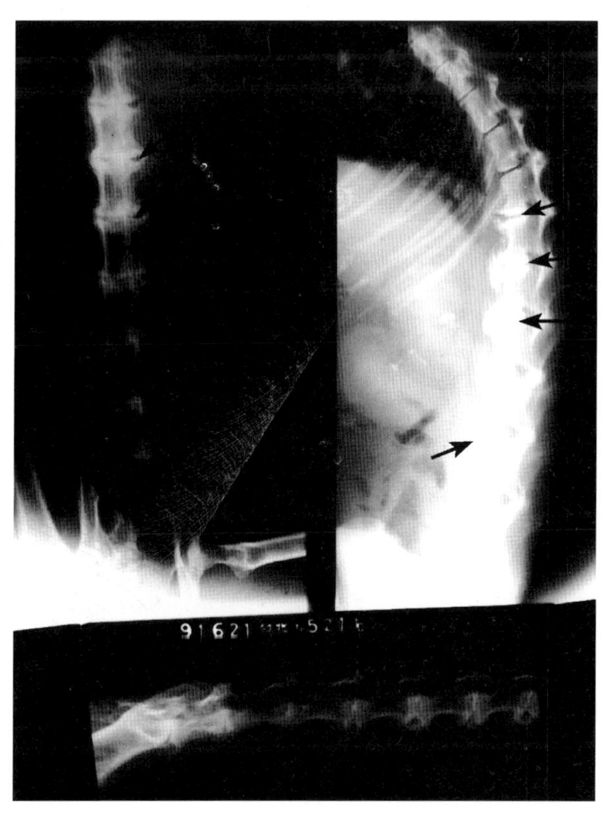

图 63

【病例60　京巴犬腰椎间盘疾病致双后肢瘫痪症】

【典型病例】 京巴犬，呼名：乐乐，♂，9岁半，体重2.5kg。5年前进行性共济失调，双后肢神经功能缺失。虽然双后肢瘫痪，但精神、食欲正常，大小便自如。几年前曾以多种方式治疗，但收效甚微。近几年腹部、双后肢肌肉呈萎缩状态。运动时只能以双轮车代步行走（图64A）。

【X线表现】 右侧卧胸腰部侧位显示：下腹部纤细、消瘦、肌肉萎缩。胸椎12及腰椎间隙变狭窄，椎间孔形状变形变小。腰椎终板硬化，腰椎体背侧缘唇样骨增生，其椎间隙不同程度的呈斜形（图64B）。

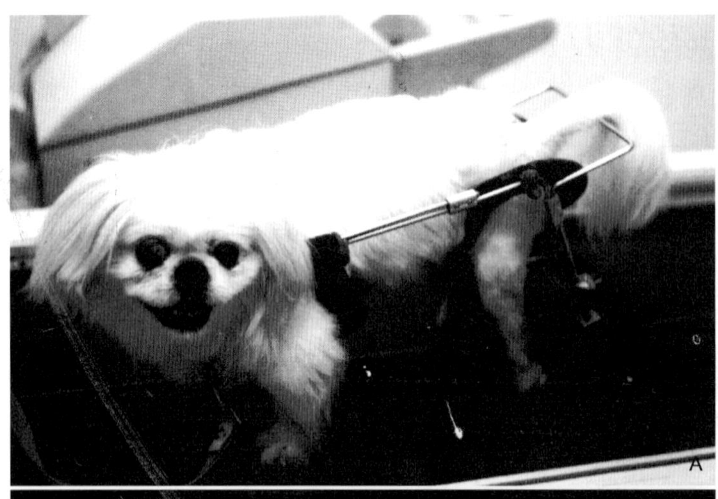

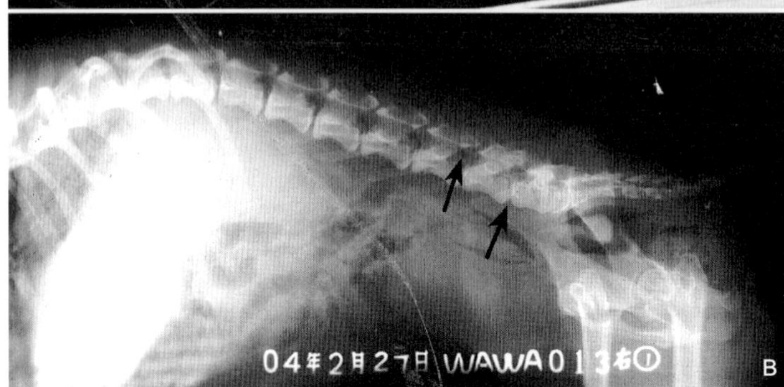

图64

【诊断要点】 该犬从发病诊疗至今一直跟踪追访。病史有6年之久，虽经数次住院治疗，病情却无改变，但食欲、精神正常，能自行排大小便。

【X线诊断】 胸腰椎间盘突出症致双后肢瘫痪。

【鉴别诊断与临床思路】 ①平片虽不能做出肯定性诊断，但可确定椎间盘狭窄、变形及椎体的骨质改变而排除其他骨病；②据有关资料报道，结合临床症状及X线征象，平片对椎间盘疾病诊断准确率也在69.2%，但如果有必要或条件具备，做脊髓造影和CT检查更能做出肯定性诊断。

第十节 软组织病变

【病例 61 岩羊跗关节屈肌腱断裂】

【典型病例】 岩羊，♀，半岁。右后肢跛行 3 天，不负重，跗关节肿胀。X 线诊断：右跗关节屈肌腱损伤，手术做深肌修复，3 周后康复。

【X 线表现】 右后跗关节显示：软组织肿胀，跟骨与胫骨间软组织正常透明区消失，跟骨头软组织范围增大。患侧见图 65A，健侧见图 65B。

【X 线诊断】 右跗关节屈肌腱断裂。

【诊断要点】 ①腱断后立即出现跛行，负重困难或不能；②断裂部经过一定时间后，腱内溢血及炎性溢出，使断裂处肿胀明显；③附着跟骨屈肌腱正常曲线消失，跟骨处肿胀，屈肌腱与蹠骨软组织间正常透明区消失。

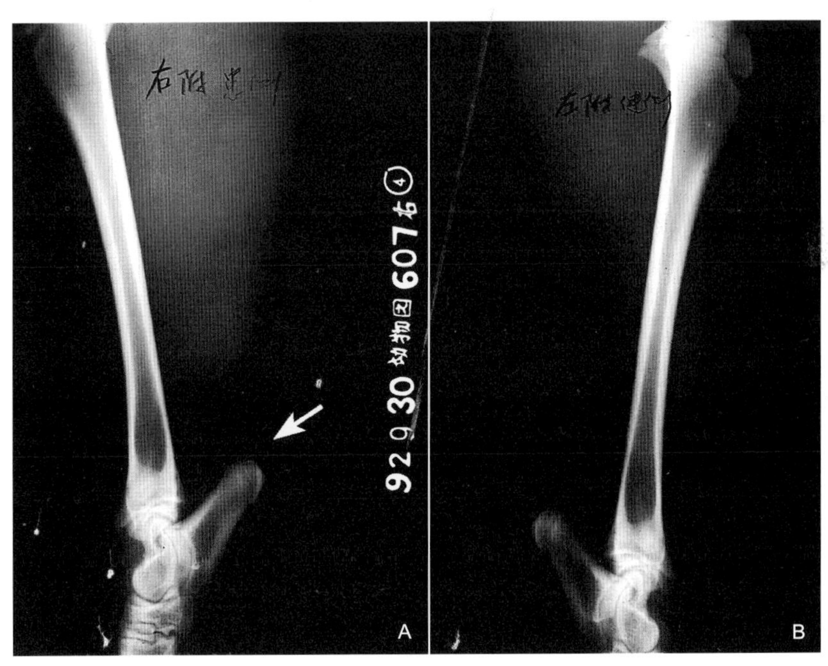

图 65

【病例 62　贵妇犬趾间软组织肿胀】

【典型病例】 贵妇犬，♀，6岁，体重2.6kg。右后肢1～2趾处软组织呈圆形肿大，质较硬，温热，有波动感。

【X 线表现】 右后肢跖趾内正侧位显示：第 2 趾内侧软组织隆起肿大，约 3cm × 3cm 大小，边缘整齐，肿块呈密度稍高均质阴影。肿块与趾骨无联系（图 66）。

【X 线诊断】 右后第 2 趾软组织良性脂肪肉瘤。

【诊断要点】 ①该犬右趾处软组织肿块已数月，生长缓慢，肿块内未见囊性气影及钙质沉着；②软组织肿块与趾骨间并无联系，可排除骨瘤。

【鉴别诊断】 软组织肿块应与皮肤内钙化沉着症、血肿、肿瘤钙化及黏液脓肿相鉴别。

【临床诊断思路】 该犬右后趾软组织肿块已手术切除。诊断为脂肪肉瘤。

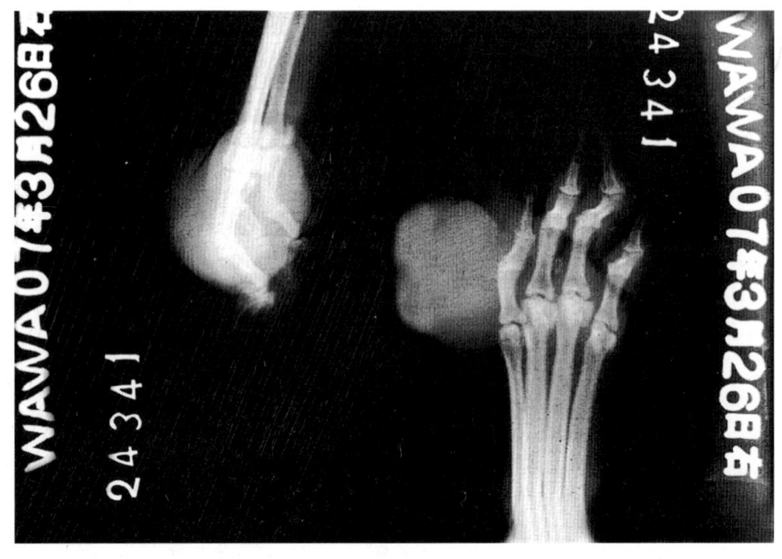

图 66

第四章

呼吸循环系统疾病

第一节 胸部正常X线解剖

一、胸廓

正常动物X线影像是胸腔内外各种组织和器官重叠的复合影。不同种类的动物其结构基本一样，均以软组织、骨骼、纵隔、肺及胸膜组成，但由于动物种类及年龄之间存在着解剖形态、位置和大小比例上的不同，所以也存在着差异。

胸部正常影像正位观：两侧胸廓对称，纵隔气管居中，两肺纹理行走自然，两侧肺门影不大，心脏大小、形态正常，膈肌光滑，肋膈角锐利。雌性动物胸膈可见致密小块状乳房影（图67A为雌性黑叶猴正常胸片）。

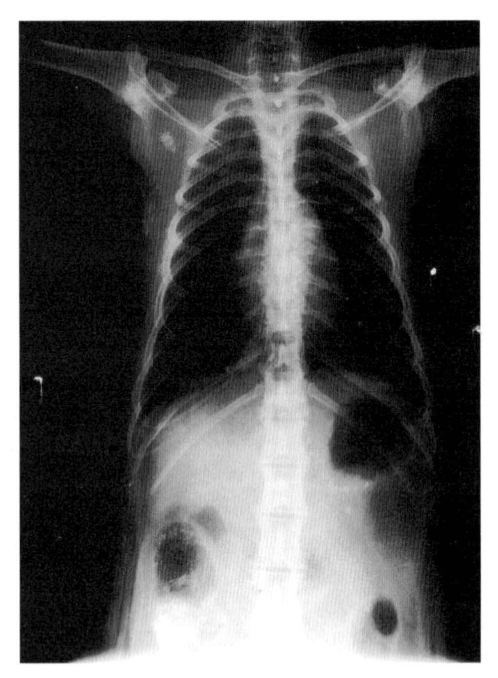

图67A

二、气管与支气管

气管是一条从枢椎至第五胸椎的管状结构，在侧位X线片上显示更清楚。其管内的空气是自然造影剂，气管与软组织密度及颈部肌肉和纵隔内结构形成鲜明的对比。但腹背位或背腹位因与脊柱、胸骨重叠，气管难辨认。

支气管分成左右主支气管。左主支气管分成前、后二级支气管。左前二级支气管分支分布到肺前叶的前部（尖叶）和后部（心叶）。左后二级支气管分布到肺后叶（膈叶）。右主支气管分成4支二级支气管，分布到右侧4个肺叶，分别为前叶（尖叶）、中叶（心叶）、后叶（膈叶）和副叶（中间叶或单叶）（图67B是黑叶猴正常肺标本支气管和支气管墨汁稀钡造影相）。

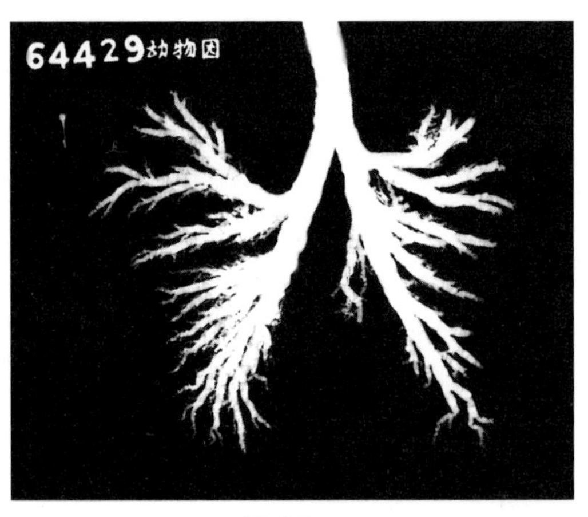

图67B

三、肺

肺野是许多组织（包括肺血管、支气管、细支气管、肺泡管、肺泡、肺间质、淋巴管、胸膜和胸壁）在 X 线胸片上的综合影像。而最明显的影像结构是心脏和肺血管，肺血管又包括肺动脉及其分支和肺静脉。支气管的肺动脉看不到。肺血管的清晰度是随着吸气程度、动物年龄、姿势、有无疾病等以及曝光技术的变化而变化的。侧位 X 线胸片上，左右肺的血管互相重叠。腹背或背腹位的 X 线胸片在肺门周围和肺野中带容易看到肺血管。而肺动脉比肺静脉清楚得多。

四、膈

膈是分隔胸腔与腹腔的肌腱组织,它以凸顶形向胸腔突出。膈的中央和腹侧是腱质的顶，左右是肌性膈角。膈的正常影像变化不定，影响因素有：动物体位、呼吸、胸廓形态、肥胖度、年龄、胃的容量、摆位及 X 线束指向。

纵隔影像内含有多种器官影像复合影，除了气管、心脏和一些大血管外，纵隔内的其他结构在 X 线片上不能被区分开，它们均为液体或软组织密度而且位于胸膜之外。侧位片前纵隔含有腔静脉、头臂动脉干、左锁骨下动脉、淋巴管和神经，它们都位于气管的腹侧，呈软组织密度影。脂肪可以使气管移位,肥胖老年动物,脂肪与肿块产生的 X 线征象相类似，但脂肪的密度低于心脏，脂肪可将心脏与胸骨分开。

五、胸膜

胸膜为被覆在肺和胸腔的薄膜，在胸腔内形成两个囊，每个囊覆盖一个肺，这个囊叫作胸膜腔或胸膜间隙。它附在肺的表面，附在叶间裂隙中。正常时胸膜不显影，但偶尔位于叶间隙的胸膜呈高密度线状。

六、心脏与大血管

正常心脏是圆锥形的，位于纵隔内，在胸廓内倾斜放置，心基部或门部朝向前背侧，心尖朝向后腹侧。横着弯曲的中纵隔倾斜地将心脏分为前腹部和后背部。通常前腹部指右心，后背部指左心。

心脏的形态大小和轮廓因动物种类、年龄的不同其变化很大。以犬为例，深胸犬心脏影像在侧位片上长而直，正位片上心脏显得较圆小；圆筒状宽胸动物心脏影像在侧位片上右心显得扩大而圆，与胸骨接触面更大，气管向背侧移位更明显。心脏宽度均为 3 ～ 3.5 肋间隙宽，正位片上右心显得扩大而且更圆。

幼年动物的心脏与胸的比例比成年动物的大。动物处于吸气状态摄片时，心脏较小；呼气时则右心与胸骨的接触面增加，气管向背侧提升，心脏显得增大。

胸内血管有 3 组：主动脉、后腔静脉和肺动脉、静脉。在高龄猫，侧位片主动脉纡曲是常见征象。在侧位或腹背/背腹位片中，后腔静脉位于右胸后腹侧。侧位观片，后腔静脉直径的正常上限为降主动脉直径的1.3倍、为中段胸椎长度的1.5倍即为异常。特别是当血容量减少、休克或脱水情况下，可能显得比较少。

胸部的肺血管是联系心、肺改变的重要纽带，在阅读X线胸片时不能忽略。图67C为野生动物食草动物狍子正常侧位胸片，图67D为雌性比格犬正常胸部侧位片。

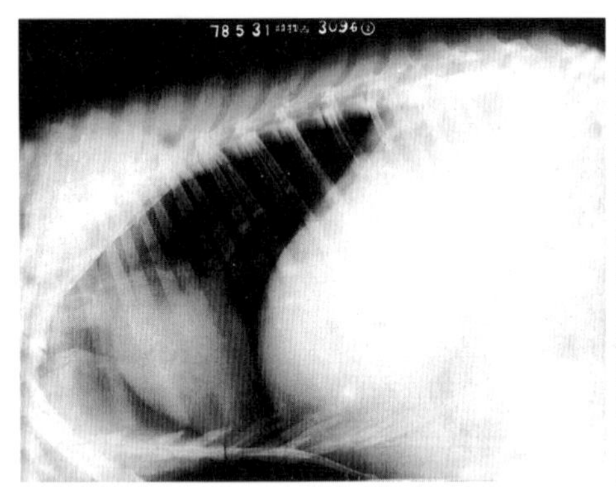

图67C

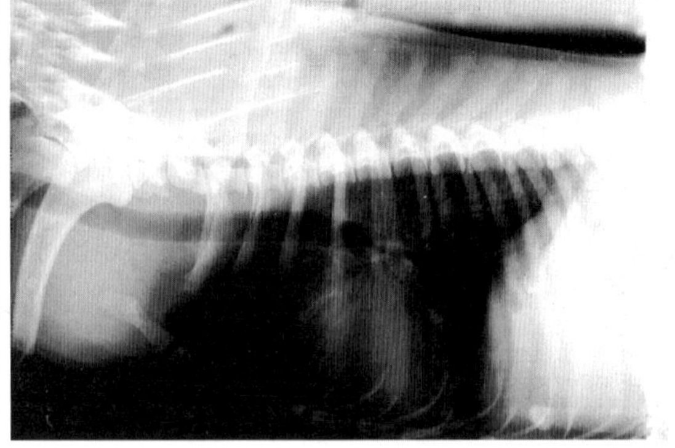

图67D

第二节　气管与肺部病变

【病例63　博美犬气管塌陷】

【典型病例】博美犬、♀、4岁、体重4kg。喘，口腔黏膜发绀，体过肥胖。

【X线表现】右卧胸侧位显示：颈部至胸部气管压扁性狭窄，胸腔入口处尤甚。颈、胸、软组织及脂肪过度丰满，说明体肥超重（图68）。

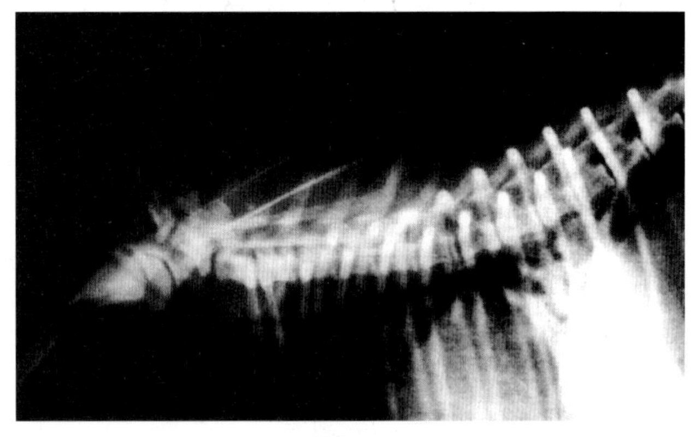

图68

【X线诊断】肥胖症获得性气管塌陷。

【诊断要点】①侧位片诊断意义最大，但摆位需准确；②必要时可用胸腔入口处的轴位或正切位投照；③气管塌陷主要发生在中老年的小型犬。

【病例 64 黄金蟒蛇小叶肺炎】

【典型病例】黄金蟒蛇，鼻孔分泌物多，呼吸不好。

【X 线表现】背腹位，盘绕于 12 吋 ×15 吋暗盒上摄片。显示：两肺上段呈云雾状密度均匀阴影，右肺上段尤甚。下段左右肺透明度尚可。腹腔上段有较多气体，腹部后段有 3 ～ 4 块边缘整齐质硬粪块（图 69）。

【X 线诊断】两肺上段小叶肺炎。

【蛇类知识】在所有的蟒蛇类中，体躯呈长的圆筒状，下颌骨的左右之间没有骨质结合，仅以韧带连着，嘴开得很大，没有可动情的眼睑，也没有外耳孔。周身生有光泽一致的鳞片。其脊柱多达 180 ～ 400 个以上，除了接近尾端的少数脊椎外其余均生有一对细长弯曲的肋骨，肋骨的末端直到腹鳞。其脊柱可以屈挠。蛇类没有胸骨、肩胛骨、乌喙骨和锁骨，为适应伸长其身躯，内脏诸器官非常狭长。游蛇、蝰蛇通常左肺比右肺小或者完全没有左肺，呼吸方式除口底运动吞气外，还借助肋骨及肋间肌肉的协调运动完成呼吸运动。

爬行动物通常是冷血或变温动物，依赖阳光或地表的散热来保持体温。

爬行类是在两栖类的基础上首次成为真正陆生脊椎动物的类群，它既有似两栖类适于两栖生活的原始特征，又有许多真正陆生脊椎动物的特征。

图 69

【病例65 巴西翠龟肺炎】

【典型病例】巴西翠龟又名七彩龟、红耳龟、秀白锦龟、麻将龟等。年龄8岁，体重1.2kg，拒食1周，呼吸音粗，频频伸颈喘气。

【X线表现】右侧卧胸腹侧位相显示：肺上、中部呈大片斑片状密高影，边缘模糊（图70）。

【X线诊断】肺炎。

【诊断要点】①龟的呼吸系统包括呼吸道和肺两部分，呼吸道由鼻、喉头、气管和支气管组成，肺较发达，左右各一叶，呈海绵状，紧贴于背甲的内侧；②正常肺囊因肺泡含气而成透明均匀阴影，肺部一旦感染，肺门或肺叶纹理增粗，出现块状边缘模糊炎性渗出密高影，完全失去透明度。

【龟类知识】动物分类学上，龟属于爬行动物。龟的特征：躯体扁平宽大，一般在背腹两面生有坚固的甲；头、颈、四肢和尾均能有甲孔随意的伸缩，上下两颚无牙齿，嘴有角质鞘组成；龟类动物的肋骨组成了龟壳的一部分，因此，和其他的爬行动物不同，龟类不能通过移动肋部来带动肺部呼吸空气。龟类的背甲和腹甲由角质板组成。

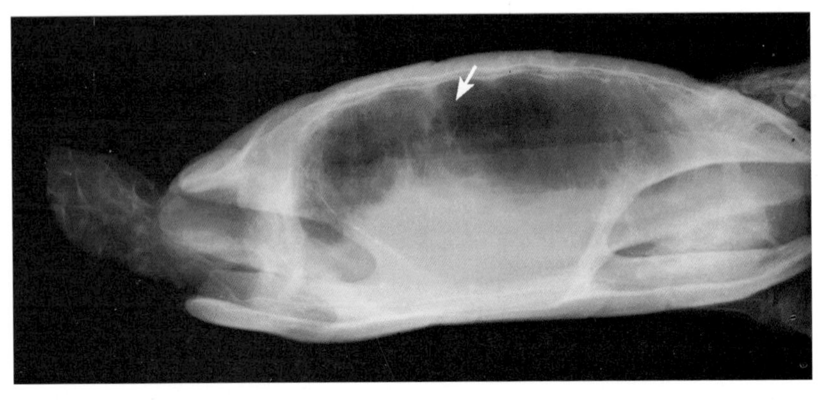

图70

【病例 66　鹩哥霉菌性肺炎】

【典型病例】鹩哥，♂，3 岁，体重 0.4kg。个人笼养观赏鸟。嗓音沙哑，不能鸣叫，食欲差，精神体质尚可。10 天前发病，治疗不见效，X 线摄片检查。

【X 线表现】腹背位及右侧胸腹正侧位片显示：双肺及支气管周围可见散在云雾状边缘不齐的高密度阴影，双肺上、中部渗出性阴影明显，肺其余部分尚清晰可见（图 71A、B）。

【X 线诊断】曲霉菌性肺炎，气囊炎。

【诊断要点】①鸟类的肺、气囊炎多因吃了霉败饲料而感染霉菌性肺炎；②胸部正侧位 X 线显示：肺、气囊中、上部区域均失去肺、气囊的正常透明度影像。

【临床诊断思路】①霉菌病是一种常见病，多种禽类和哺乳类动物均可感染。②本病一般由多种霉菌混合感染引起，其中致病力最强，起主要作用的是烟曲霉。曲霉菌广泛存在于环境中及铺垫物中（如稻草）、霉败饲料、发霉粒料，储存不当的鱼肉等均可能被曲霉菌污染；③饲料中缺乏硫胺也可使鸟类抗菌能力下降。

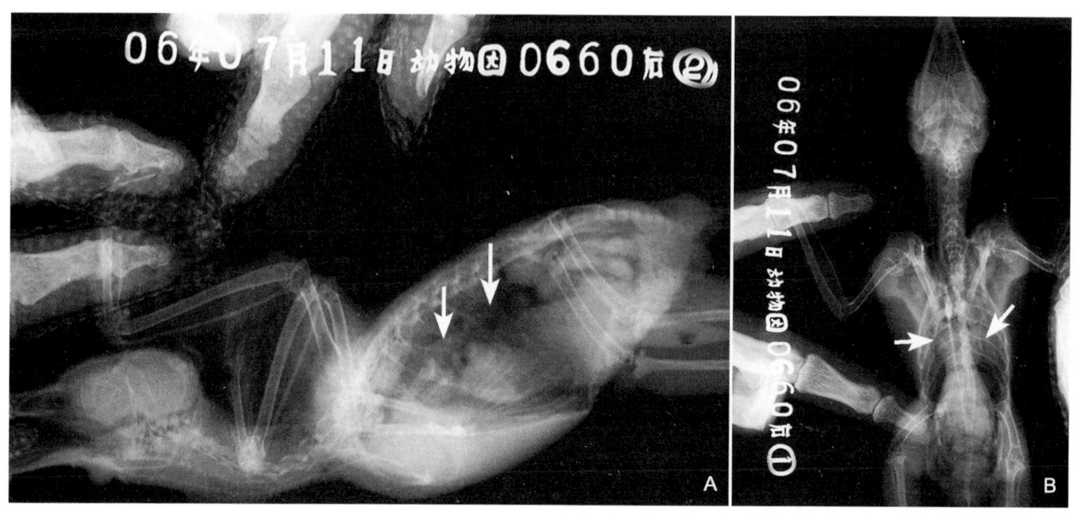

图 71

【病例67　丝毛㹴犬（甲）和吉娃娃犬（乙）的小叶肺炎】

【典型病例】甲例：丝毛㹴犬，♂，3月龄，体重0.75kg，精神不振，食欲下降，流鼻涕，咳嗽，支气管罗音。乙例：吉娃娃犬，♂，2月龄，体重0.5kg。主人诉：发病1周，鼻镜干，咳嗽加重。

【X线表现】甲例：腹背位显示心尖肺门下，膈叶为斑片，云絮状密高影，沿肺门支气管分布，边缘不清，右侧较重（图72A）。

乙例：腹背位胸片显示，左肺门中下沿支气管融合大片边缘较整齐的云絮状渗出性阴影，沿左肺门支气管向中下肺弥漫分布（图72B）。

【X线诊断】甲例（丝毛㹴犬）为左右肺膈叶融合型支气管肺炎。乙例（吉娃娃犬）为左肺门中下融合型支气管肺炎。

【诊断要点】两例小叶性肺炎均为肺泡融合型，均为沿支气管和血管周围弥散性分布。

【鉴别诊断】应与大叶性肺炎、异物性肺炎、肺水肿、肺淤血相鉴别。

【临床诊断思路】支气管肺炎易发于幼年和老年动物。病变通常发生在肺中叶和前叶靠下部分。疾病不同阶段也可能侵袭不同的肺叶。如果治疗不佳可形成脓胸、慢性炎症及支气管扩张等。

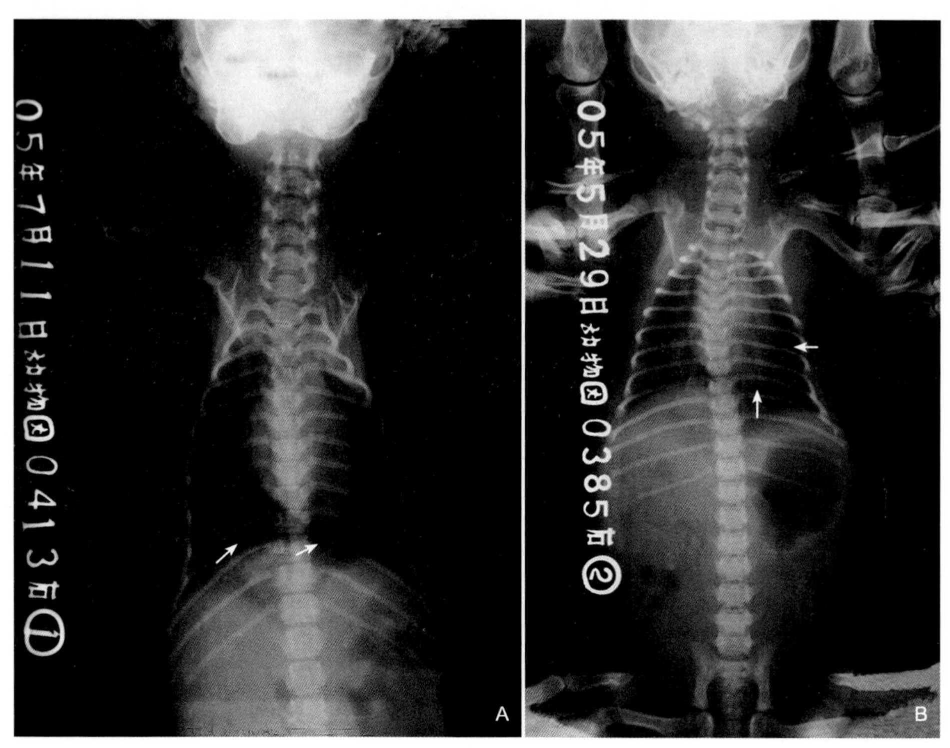

图72

【病例 68　可卡犬两肺门上中叶支气管肺炎】

【典型病例】可卡犬，♂，3 月龄，体重 5.4kg。慢性咳嗽 1 个多月，虽经治疗未见好转。

【X 线表现】腹背仰卧位胸片显示：心肺界限消失。两肺门上中部沿支气管或细支气管可见多发大小不等点状渗出阴影向肺门外延伸成大片斑点状弥漫性分布。两肺门纹理增多、增粗和模糊，斑片弥漫渗出阴影边缘不清（图 73）。

【X 线诊断】两肺门上中叶融合性支气管肺炎。

【诊断要点】该犬以两肺门上中叶呈大面积斑片状，近乎融合呈大面积密度不均，中央浓密，边界模糊不清的渗出性阴影。

【鉴别诊断】应与大叶性肺炎、肺水肿、肺结核相鉴别。

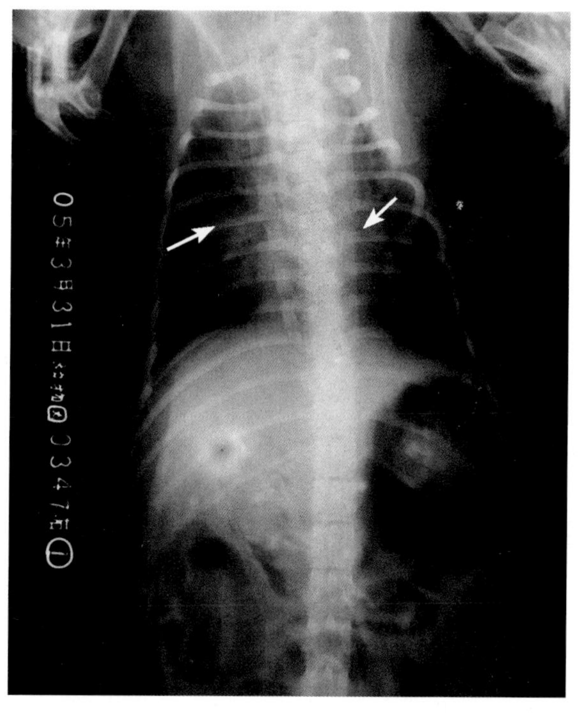

图 73

【病例 69　黑猩猩支气管肺炎】

【典型病例】黑猩猩，♂，9 月龄，体重 5kg。呼吸急促，鼻腔分泌物血色，食欲不佳，腋下体温 38.1℃。

【X 线表现】驻立背腹位胸片显示：沿两肺支气管可见多发大小不等斑点状和云絮状渗出性阴影。阴影沿肺纹理走向成散在密度不均，中央浓密边缘模糊不清，病灶几乎融合成大片阴影（图 74）。

【X 线诊断】两肺融合性大面积支气管肺炎。

【诊断要点】两肺门沿支气管至肺门两侧可见多发大小不等的点状和云絮状肺泡型渗出性阴影。大量的小叶病灶融合成大片浓密阴影。是较严重的融合性大面积支气管肺炎。

【鉴别诊断】应与大面积实变性大叶性肺炎和肺结核相鉴别。

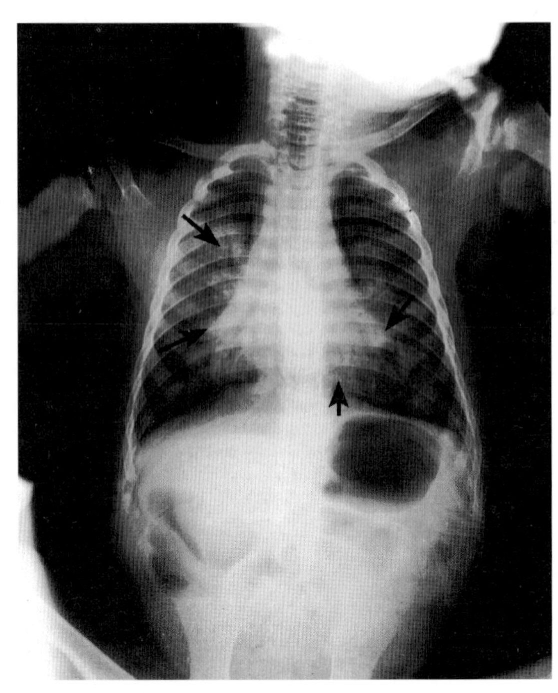

图 74

【病例 70 白头叶猴大叶性肺炎】

【典型病例】白头叶猴，♀，成年，体重 6kg。近 10 天腹胀，精神、食欲不好。鼻孔有脓性分泌物，喘，听诊有湿性罗音，白细胞总数 12500。印象：肺炎。

【X 线表现】驻立胸部后前位片显示：左肺中下部大面积密度增高，边缘模糊阴影（图 75）。

【X 线诊断】左肺中下大叶性肺炎。

【诊断要点】大叶性肺炎又称纤维素性肺炎，是以支气管和肺泡内充满大量纤维蛋白渗出物为特征的急性肺炎。通常侵袭一个大叶、一侧肺甚至全肺。各种动物均有发生。X 线表现与临床肺部病理变化有密切联系。

（1）充血期：发病数小时至 1 天，X 线常无明显征象，仅可见肺纹理增粗、增浓，肺部透明度稍微降低。如果临床上怀疑本病，应定期复查。

（2）肝变期：病程约 4 ～ 5 天，在病理上分红色肝变期和灰色肝变期，肺泡内充满大量纤维蛋白、红细胞、白细胞、脱落上皮等渗出物，使肺发生突变。肝变期的片显示大片均匀致密的阴影。

（3）消散期：发病 6 ～ 8 天可进入消散期，此时体温下降，一般情况好转，X 线表现实变阴影密度逐渐减少，原大片实变阴影稀疏变淡，呈散在的、大小不均、形状不规则的斑片或条索状。

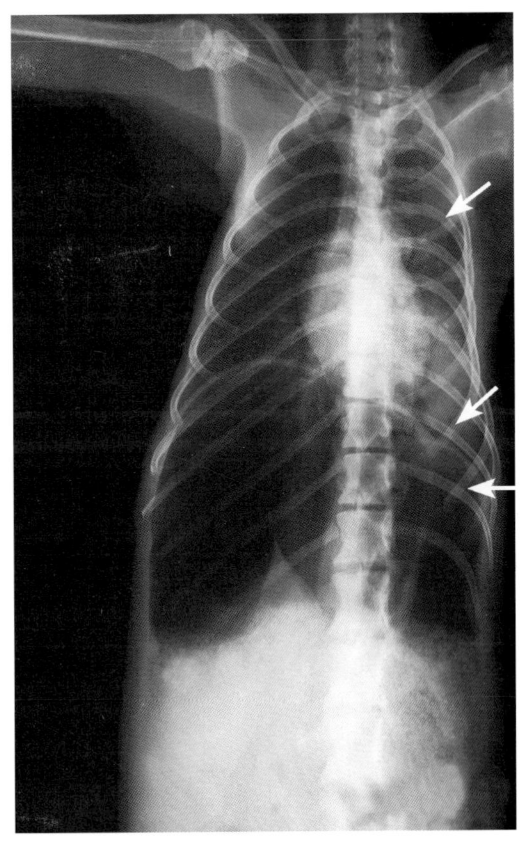

图 75

【鉴别诊断】由于大量抗生素的广泛应用，往往使大叶性肺炎的发展受到抑制，不易发现典型的临床经过和 X 线表现，故应进行综合诊断。大叶性肺炎的突变期应与肺结核干酪样肺炎、肺不张鉴别。消散期应与浸润型肺结核相鉴别。应重视结合临床症状和病史。

【病例 71　大熊猫大叶性肺炎】

【典型病例】大熊猫，♂，42 日龄，体重 250kg。该幼年大熊猫为人工哺育，一直发育良好，到 40 日龄突发呼吸系统疾病，呼吸窘迫，口腔黏膜发绀，拒食水。体温 41℃。

【X 线表现】背腹位胸腹平片显示：整个右肺透明度低，成渗出性密高影，融合范围达到整个右肺叶。左肺上叶尚可，中下叶肺透明度消失。胃内气性扩张严重（图 76）。

【X 线诊断】整个右肺及左肺中下肺野大叶性肺炎。

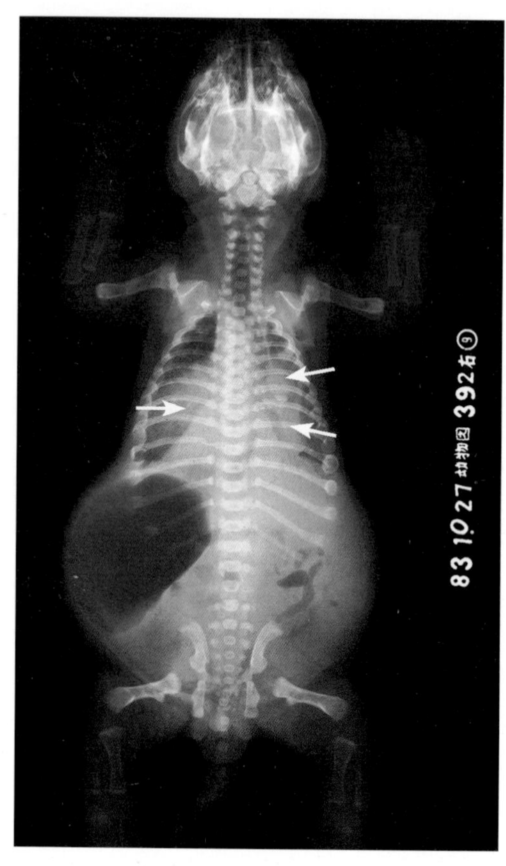

图 76

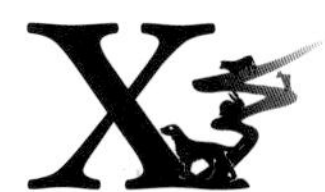

【病例 72　恒河猴间质性肺炎】

【典型病例】恒河猴，♀，老年，体重 3.5kg。咳嗽，呼吸急促。听诊双肺湿性罗音。结核菌素皮试阳性，经 30 天治疗康复。

【X 线表现】①发病初胸片正位显示：双肺野对比度广泛性降低，肺间质组织密度增高，双肺野可见大小分布各异的结节状阴影，肺内隐约可见非血管性线状纹理（图 77A）；②经一个月治疗，复查胸片正位显示：心脏轮廓清晰，双肺野空气透亮区显著改变，但肺间质阴影仍然明显可见（图 77B）。

【X 线诊断】双肺间质性肺炎。

【诊断要点】①肺间质是支撑结构，包括肺泡壁、肺泡管、肺小叶间隔、毛细血管、细支气管和肺血管的组织；②肺间质组织异常，并不直接影响肺内气室，但是间质组织密度增高也会使肺脏含气量减少；③患间质性肺炎时没有云絮状的肺泡型阴影。

【鉴别诊断】应与真菌性肺炎和急性粟粒型肺结核相鉴别。

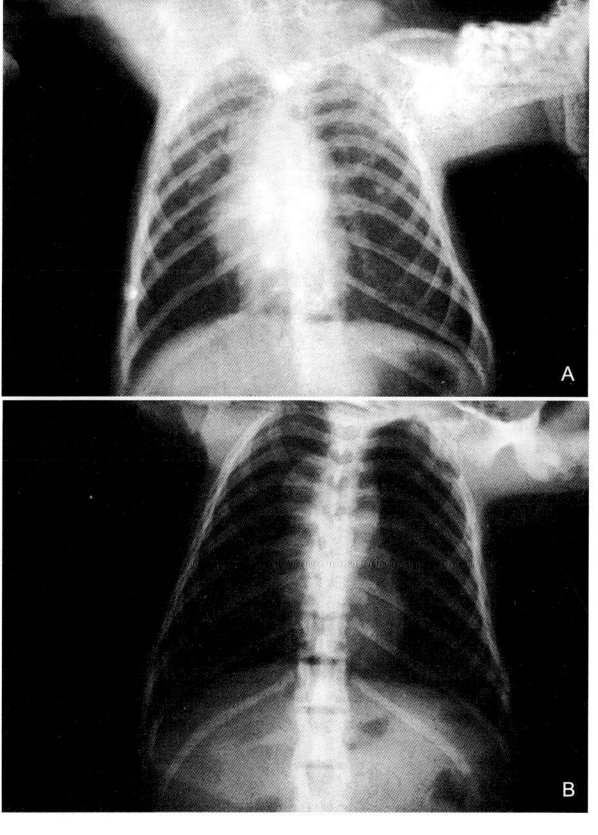

图 77

【病例 73　猫肺水肿】

【典型病例】家猫，♂，2 岁，体重 2kg。做完去势手术第二天呼吸急促，达 118 次 / 分，鼻孔流出少量粉红色泡沫状鼻涕，拍片显示肺水肿。吸氧，给予利尿药等，第二天呼吸为 98 次 / 分，第三天呼吸数为 40 次 / 分。

【X 线表现】治疗前胸片正侧位显示：两肺门内带血管影像模糊不清，并有大量散在细微的颗粒状和结节状密高影，范围广泛；胸部缺乏层次，可能是胸腔少量积液所致（图 78A、B）；治疗第三天侧位胸片显示：心脏轮廓基本正常，肺内异常阴影基本消失（图 78C）。

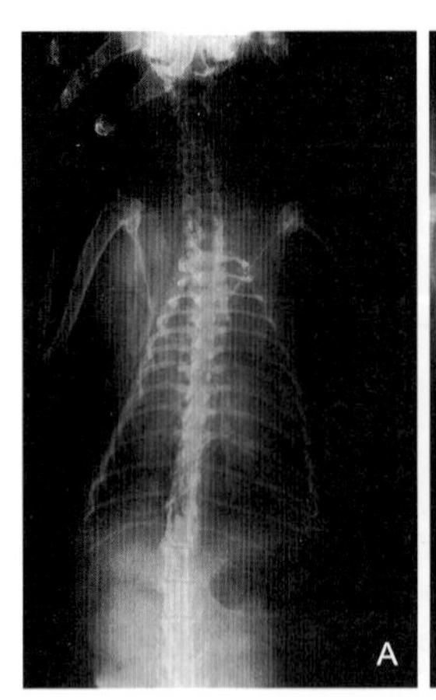
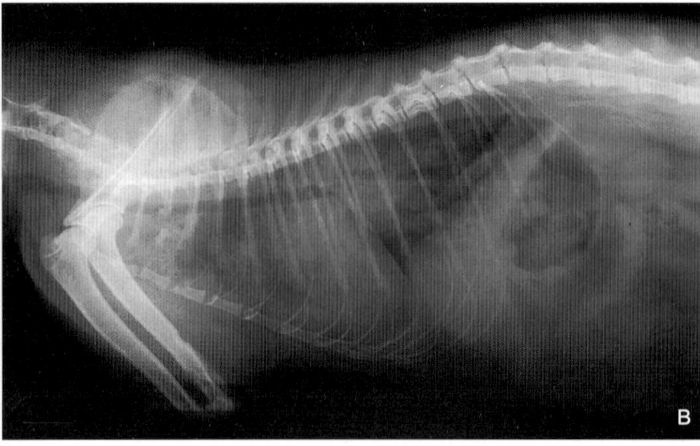

图 78A、B

【X 线诊断】肺水肿。

【诊断要点】①间质型肺水肿：其 X 线有特殊征象，因肺血管周围的渗出液可使血管纹理失去锐利的轮廓而变得模糊，并使肺门阴影也不清楚；②泡性肺水肿：小叶间的积液可使间隔增宽，叶间裂缝变得明显；③肺水肿发生快，动态变化快，无肺炎的临床表现；④应与肺出血、弥漫型支气管炎相鉴别。

【临床诊断思路】心肾功能异常多见，间隔线是区别肺淤血的重要征象。本病例造成肺水肿的原因可能是因做去势手术时麻醉药过敏有关。

【鉴别诊断】应与肺炎相鉴别。

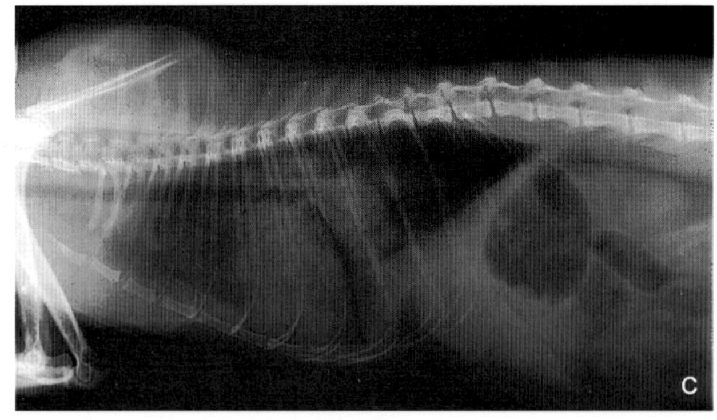

图 78C

【病例 74　迷你杜笃犬肺出血】

【典型病例】迷你杜宾犬，♂，一岁半，体重 3kg。一天前被汽车撞伤。呼吸困难，心跳加快，湿性罗音重。

【X 线表现】右侧卧位加仰卧胸部正侧位平片显示，右肺整叶及侧位均呈广泛性的斑片状浸润，右肺失去透明度（图 79A、B）。

【X 线诊断】右肺肺出血。

【诊断要点】根据病史及 X 线表现诊断不难。

【鉴别诊断】应与肺炎、肺水肿相鉴别。

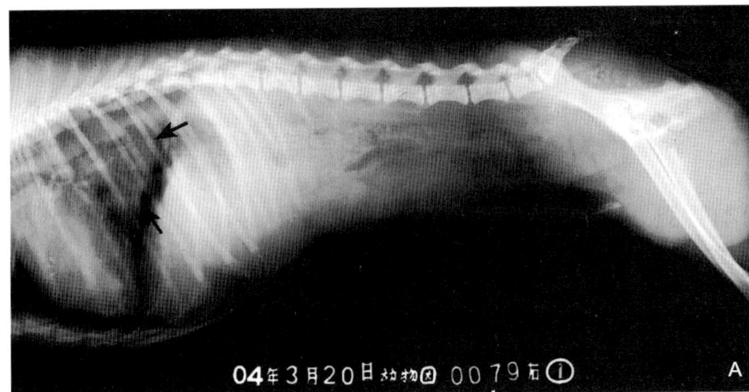

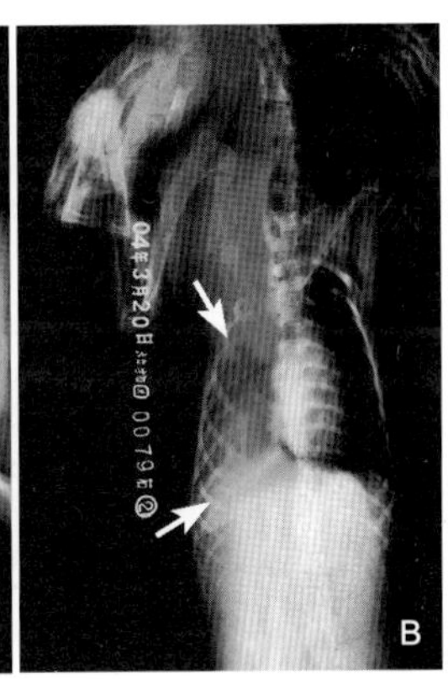

图 79

【病例 75　卷尾猴肺不张】

【典型病例】卷尾猴，♂，老年，体重 2.5kg。食欲差，不爱运动，呼吸困难。

【X 线表现】胸部后前位相显示：右肺内中外带肺野呈斑点状密度增高阴影。左肺中外带纹理消失，透明度增加。萎缩的肺叶靠近左肺门呈斑块密高影（图 80）。

【X 线诊断】老年性萎缩性肺不张。

【诊断要点及剖检证实】①该猴在动物园饲养展出 20 多年，已步入老年，临床表现长期呼吸困难，体消瘦；②尸检发现左右肺布满大量碳末样沉积病灶，以至肺丧失功能；③左肺整个肺叶萎缩成块状退缩于肺门处。

【鉴别诊断】①深入了解病史；②与支气管肺炎和肺结核相鉴别。

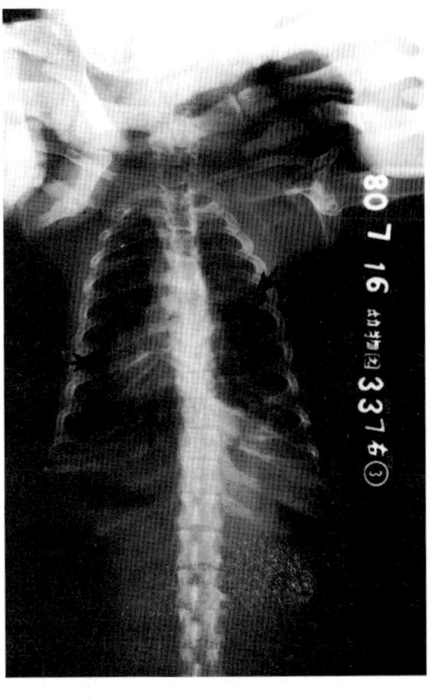

图 80

【病例 76　蛮羊肺脓肿】

【典型病例】蛮羊，♂，8 岁，体重 40kg。食欲减少，消瘦、咳嗽。半月前因瘤胃异物，实施手术取出塑料包装袋（湿重 2.5kg），术后一期愈合，3 周后死于肺脓肿。肺脓肿病灶见图 81A。

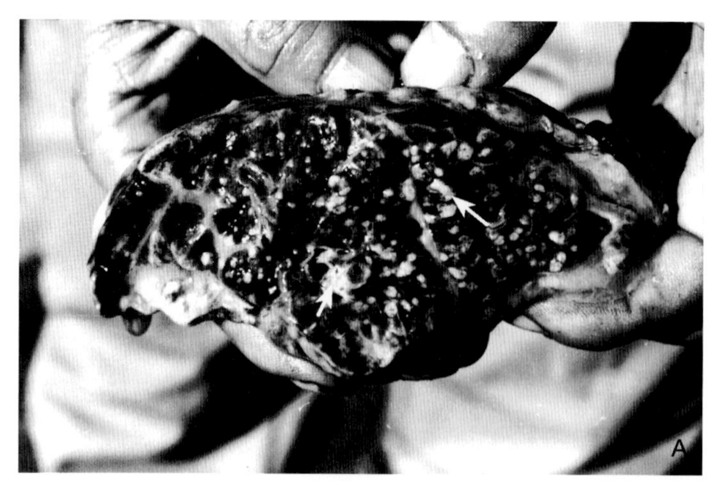

图 81A

【X 线表现】胸部侧位显示：肺膈叶大面积炎性浸润密高影，其间不规则的透亮区及液面，病变位于肺下野边缘广泛性的炎性浸润，阴影边界模糊不清（图 81B）。

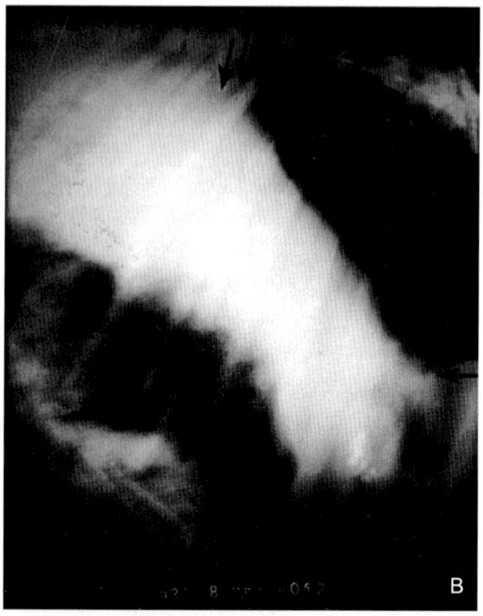

图 81B

【X 线诊断】肺脓肿伴瘤胃异物。

【诊断要点】①肺脓肿是因化脓性细菌感染所引起的肺组织局限性化脓性炎症；②肺脓肿时，在肺组织处于化脓阶段或因脓肿未与支气管相通而脓汁尚未排除时，X 线征象为局限性密度较高阴影，边缘模糊，这是肺脓肿的典型表现；③肺脓肿常伴发有少量反应性胸腔积液，也可因肺脓肿向胸膜腔破溃引起脓胸或脓气肿。

【鉴别诊断】应与肺坏疽、肺结核、霉菌性肺炎相区别。

第三节　肺结核

【病例 77　豚尾猴浸润性结核】

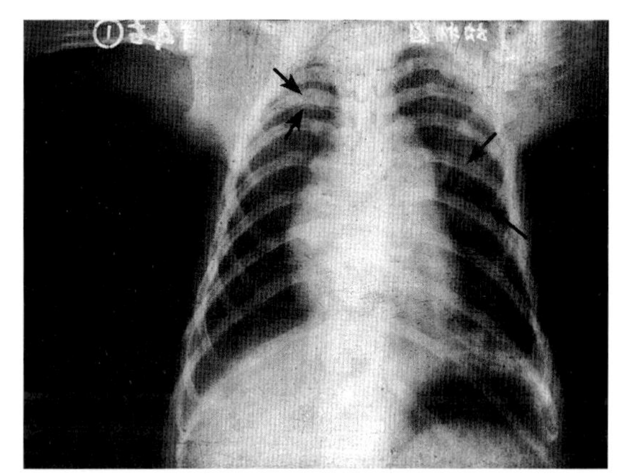
图 82

【典型病例】豚尾猴，♀，成年，体重 6kg。长期体弱消瘦，有时咳嗽。X 线拍片确认肺结核。因无治疗价值，安乐死后尸检，结果两肺上叶有结核灶 3 块。

【X 线表现】驻立背腹位显示：左右肺上叶有斑片状阴影，部分融合成片状，心脏形态正常，两肋膈角正常（图 82）。

【X 线诊断】两肺上叶浸润性肺结核。

【诊断要点】其特点是 X 线表现多种多样，小斑片状、云絮状，边缘模糊病灶，球形病灶及纤维化钙化性质病灶。

【鉴别诊断】应与小叶和大叶性肺炎的吸收消散期相鉴别。

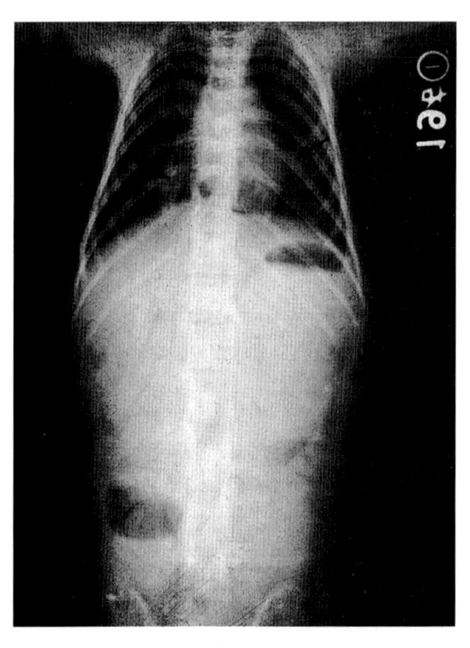
图 83

【病例 78　食蟹猴原发性肺结核】

【典型病例】食蟹猴，♀，3 岁，体重 3kg。渐进消瘦，咳嗽，食欲不振。体检拍胸片：两肺有浸润病灶；安乐死后尸检：两肺门有小块结节结核灶，其他器官未见异常。

【X 线表现】驻立背腹位显示：左右肺门小片阴影明显，成云絮状模糊影；两膈面光滑，心影正常（图 83）。

【X 线诊断】两肺门原发综合症。

【诊断要点】机体初次感染结核菌所引起的肺结核病称为原发性肺结核，多见于幼年动物，又分为原发综合症和胸内淋巴结核两种。

【鉴别诊断】与非结核性肺炎、急性肺脓肿、淋巴结病相鉴别。

【病例 79　彩貂急性粟粒型肺结核】

【典型病例】彩貂，♂，3 月龄，体重 1.2kg。在貂场笼舍饲养。咳嗽，消瘦，X 线拍片后住院治疗，后死亡。尸检双肺布满小米粒大小结核灶。

【X 线表现】双肺肺野散在大小相等的点状密高影。粟粒周围伴发反应性渗出和相互融合、边缘较模糊阴影，使肺纹理几乎不能辨认（图 84）。

【X 线诊断】双肺急性粟粒型肺结核，晚期融合型。

【诊断要点】①血行播散型分为急性粟粒型肺结核和亚急性或慢性血行播散型肺结核；②急性粟粒型肺结核表现“三均匀”，即病灶分布均匀、大小均匀、密度均匀。

【鉴别诊断】常发生在幼龄动物。成年动物应与支气管肺炎相区别，还应与患癌症的犬、猫肺转移相鉴别。

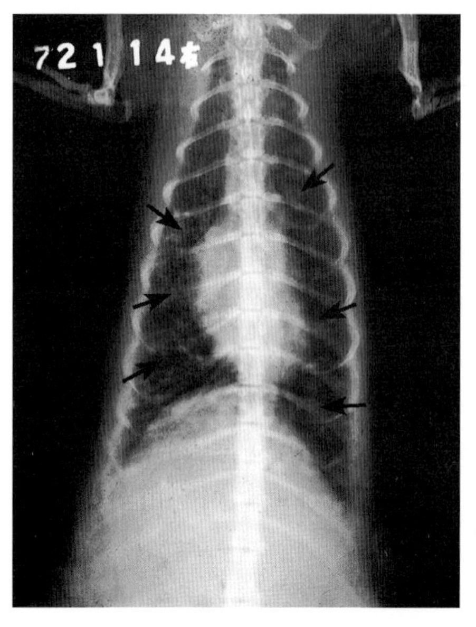

图 84

【病例 80　恒河猴亚急性血行播散型肺结核】

【典型病例】恒河猴，♀，成年，体重 6kg。做常规体检透视，疑似肺结核。但结核菌素呈（－），其精神不振，活动少，未见咳嗽。听诊音远（似隔一层膜），体温 39℃。半月后拍胸片追查，诊断似血行播散型肺结核。拍胸片一年后死亡。剖检见：两肺布满黄色结节，最大 1.8mm × 4mm × 2.5mm。肝脾胃肠系膜淋巴结肿大，均有干酪样结节。

【X 线表现】双肺布满针帽大小斑点密高阴影，其形状和密度均不等，以中下肺野为重。心脏肥大，两膈角尚锐利（图 85）。

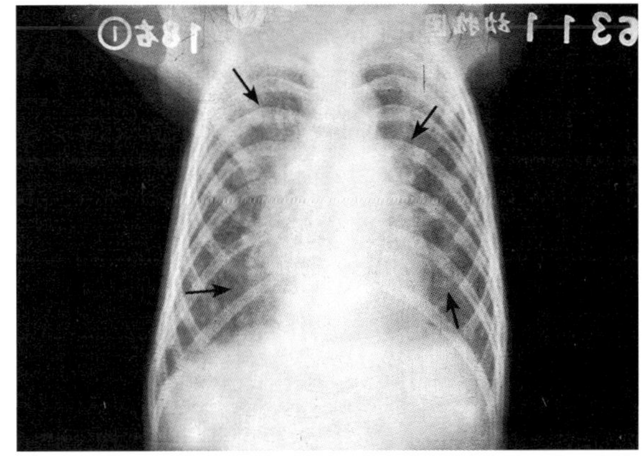

图 85

【X 线诊断】亚急性血行播散型肺结核。

【诊断要点】亚急性或慢性血行播散型肺结核分布不均，大小和密度也不均匀。

【鉴别诊断】如发生在成年动物应与支气管炎和犬、猫的间质型肺炎相区别。

【病例 81　恒河猴慢性纤维空洞型肺结核】

【典型病例】恒河猴，♀，老年，体重 5kg。体弱，消瘦，咳嗽。X 线诊断，慢性纤维空洞型肺结核，小的如小米粒大，最大的 5mm。

【X 线表现】两肺可见片状条索状致密影，空洞，两肺门纹理呈垂柳状扩散。心影不清。两肺气肿（图 86）。

【X 线诊断】慢性纤维空洞型肺结核。

【诊断要点】①病灶呈片状、网状、条索状致密影；②纤维空洞；③两肺门支气管播散灶；④胸膜肥厚；⑤肺气肿。

【临床诊断思路】预后不良，安乐死处置。

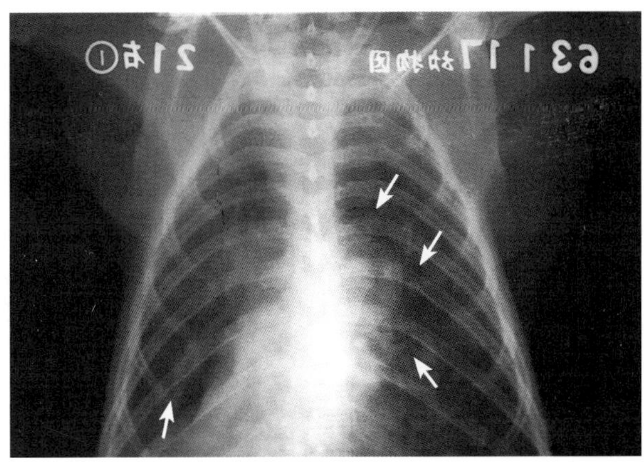

图 86

【病例82　两例恒河猴干酪性肺炎】

【典型病例】甲例：恒河猴，♀，2岁半，体重1.5kg。消瘦，食欲减少，咳嗽，X线例行体检，发现两肺干酪性肺炎。尸检证实。

乙例：恒河猴，♂，成年，体重2.5kg。该猴为某医院实验动物，精神沉郁，消瘦，长期咳嗽。

【X线表现】甲例：左肺中内带，右肺上下肺野见大片状阴影，密度不均匀，隐约可见虫蚀状透明区，心膈影不清，边缘不甚整齐（图87A）。

乙例：右肺上中下肺野连成大片密高影，肺外带因肺回缩呈现过度透明区，左肺除膈叶尚好外其余呈大片增殖性密度不均匀影，心脏轮廓不清（图87B）。

【X线诊断】甲乙两例均为干酪性肺炎。

【诊断要点】①大片渗出性结核性炎干酪化所形成，也可由多个小的干酪性病灶融合而成；②范围在一个肺段以至一个肺叶的致密的实变阴影，轮廓模糊；③其内虫蚀状小洞；④支气管播散灶。

【鉴别诊断】应与大叶性肺炎相鉴别。

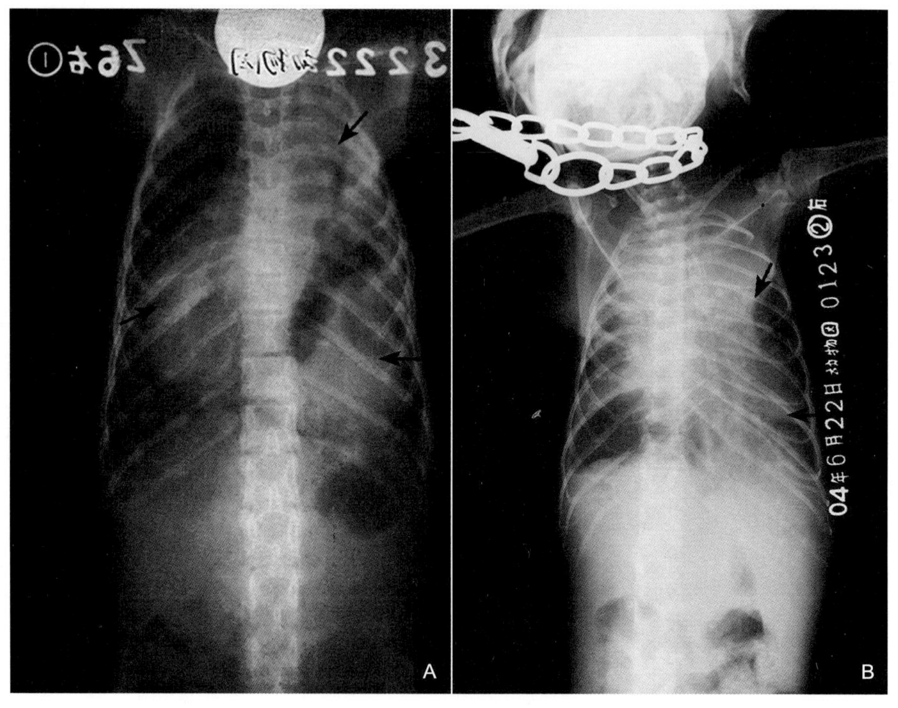

图87

【病例 83　小弯角羚肺结核继发纤维样病变】

【典型病例】小弯角羚，♀，成年，体重 28kg。乳房肿大，质硬，体温 41℃，结核菌素点眼（±），皮试（+）。听诊呼吸音粗，局部无呼吸音。X 线拍片疑似肺结核，治疗半年后死亡。

尸检：左肺有一个 15cm × 15cm 硬块，内为脓汁，其他为散在肺叶上 4cm × 2cm，1cm × 1cm 大小结核灶。右肺散在 2.5cm × 2.5cm 硬块 4 个，刀切为干酪样质硬结节。剖检诊断，双肺原发干酪样肺结核。

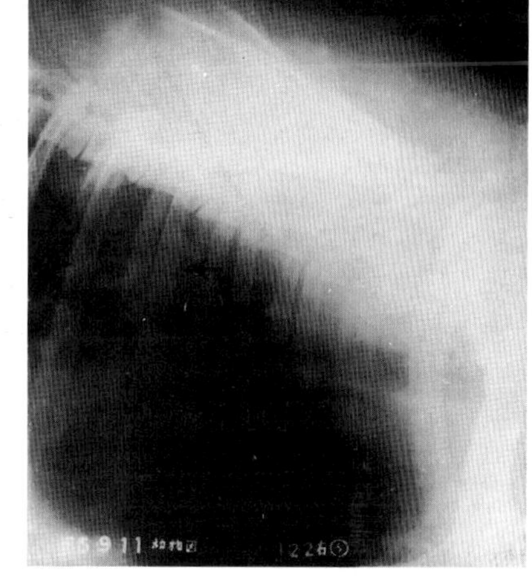

图 88

【X 线表现】左侧位胸部显示：心影与背侧肺界限不清，肺门及椎膈叶呈大片纤维化或结节或小斑片状的不规则致密阴影，条索状致密影粗细不一，走向较乱（图 88)。

【X 线诊断】肺结核继发纤维样病变。

【诊断要点】①因肺结核引起纤维化是由于增值性病灶愈合而成，纤维化病灶表现形成可有颗粒状、结节状、斑片状、条索状；②该动物曾患有乳房结核，皮试、点眼均为阳性；③肺部病变纤维样变是肺结核后期常见的征象。

【鉴别诊断】应与慢性支气管炎，小叶性肺炎相区别。

【病例 84　马熊肺结核】

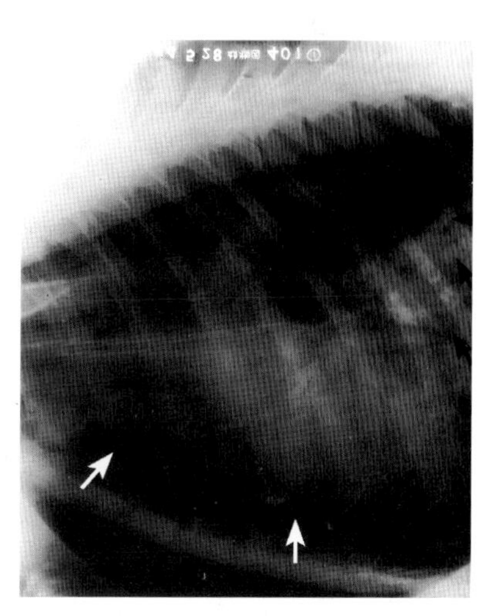

图 89

【典型病例】马熊，♀，成年，体重 60kg。半年间 3 次呼吸困难，消瘦加快，X 线诊断：肺结核。3 天后安乐死。剖检：两肺布满黄豆及花生米大病灶，大部分为硬结节，少量钙化。心脏及纵隔部分粘连。肝横膈无变化。剖检诊断：肺结核。

【X 线表现】右侧卧胸部显示，心脏轮廓模糊。胸腔心叶、椎叶肺部透明度高，说明肺叶萎缩所致。肺门与心影重叠处呈大面积纤维化条索状伴随有钙化斑块状边缘不齐密高阴影（图 89)。

【X 线诊断】肺结核晚期纤维化病变伴肺回缩。

【诊断要点】①了解病史诊断不难；② X 线征象为肺结核后期常出现的纤维化病变、粗细不一、条索状方向不定的密高影。

【鉴别诊断】应与慢性支气管炎、大叶性肺炎吸收期相鉴别。

第四节 胸部寄生虫

【病例85 金丝猴肺腹包虫病】

【典型病例】金丝猴，♂，成年，体重18kg。咳嗽，不爱活动，精神沉郁，食欲差。

【X线表现】胸部正位显示：左肺中下部，靠近肺门与左胸壁，有7cm×8cm类圆形边缘整齐密高影；右肺10～11肋间有4cm×4cm卵圆形致密影（图90A）。腹部侧位显示，腹腔内有十数个圆形或椭圆形大小不一、边缘锐利而陈旧的囊壁钙化影（图90B）。

【X线诊断】左右肺及腹腔包虫囊肿。

【诊断要点】①包虫囊肿一般呈圆形或卵圆形，其直径有2～3cm和10cm不等，边缘光滑，密度较高而均一，囊肿的周围没有任何炎性变化，这是主要特征；②此前曾遇3例金丝猴患肺和肺腹包虫病，囊肿均为多发，其大小不一而且陈旧的囊壁在腹肺部可形成钙化阴影状。

【鉴别诊断】应与肺肿瘤相鉴别。

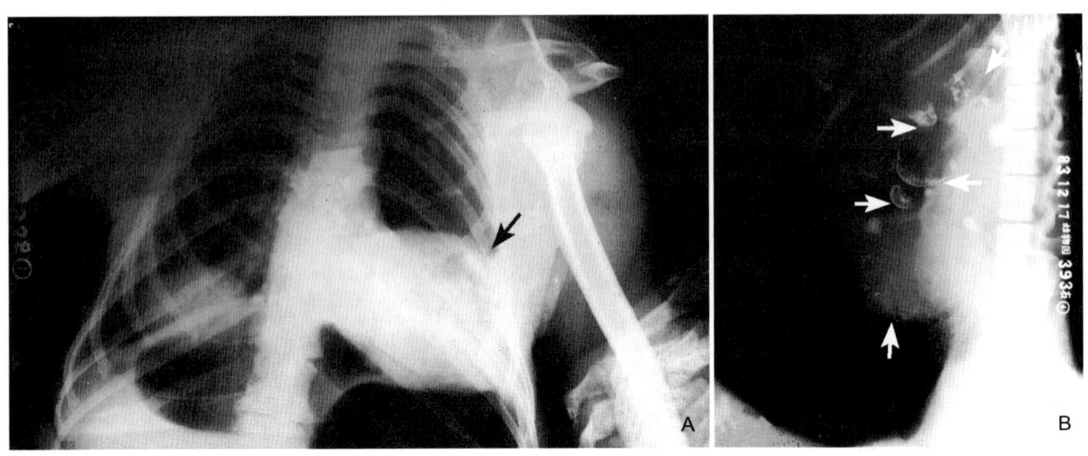

图90

第五节　肺肿瘤

【病例 86　德国牧羊犬肺内肿瘤】

【典型病例】德国牧羊犬，10 岁，♀，体重 15kg。3 个月前因患有乳腺肿瘤（2 个为拳头大）而手术切除。先咳嗽，喘有半个月，体温 39～40℃。

【X 线表现】右侧胸片显示，肺内散在多个 1.5cm×4.5cm 大小、边缘整齐密度均匀、类圆形密度增高阴影（图 91）。

【X 线诊断】肺转移瘤。

【诊断要点】①肺转移瘤的分型有血行转移、淋巴转移、直接侵犯；②该病例为血行转移，表现两肺多发结节及肿块阴影，边缘清楚，密度较均匀；③结合病史有助于诊断。

【鉴别诊断】①该病应与肺结核相鉴别；②寻找原发病灶。

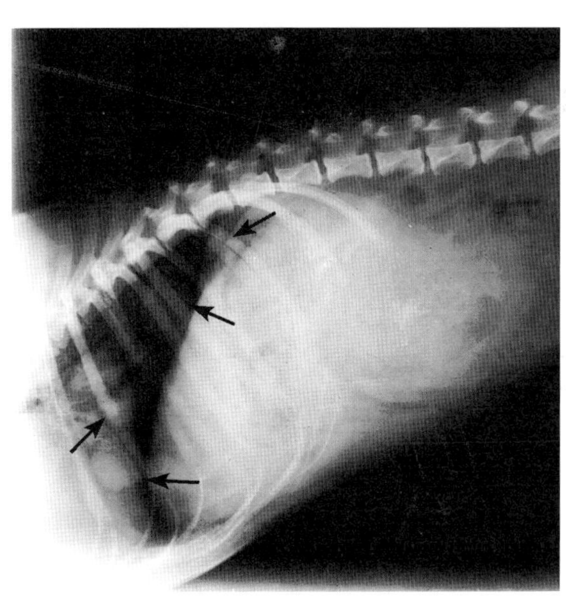

图 91

第六节　胸膜疾病

【病例 87　恒河猴胸腹腔积液】

【典型病例】恒河猴，♀，成年，体重 3kg。猴山内群养，慢性消瘦，呼吸急促。住院拍片治疗 2 个月无效死亡。剖检：胸腔内液体 300mL，肺呈紫红色，萎缩。腹腔有淡黄色液体 1000mL。

【X 线表现】胸腹后前位相显示：两肺上叶尚可，胸中下部及腹腔为大面积密度均匀浓密阴影。胸腔两膈角消失，心脏界线模糊（图 92A），腹腔正常器官轮廓不清（图 92B）。

【X 线诊断】胸膜腔及腹腔大量积液。

【诊断要点】①游离的胸腔腹腔积液随着体位改变而改变；②胸腹腔少量液体很难在 X 线片上显现；③分少量液体、中等量、大量胸腔或腹腔积液。

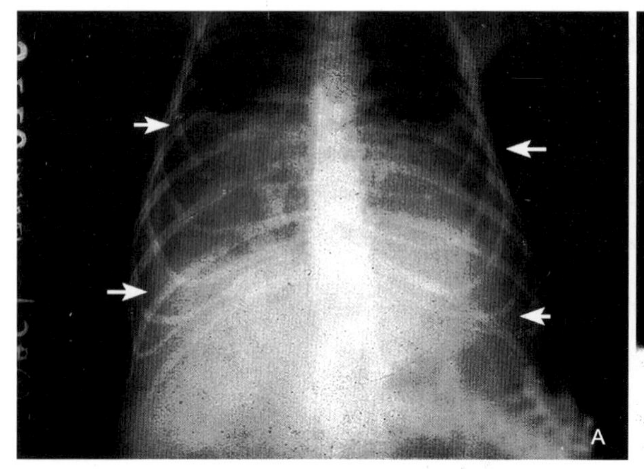

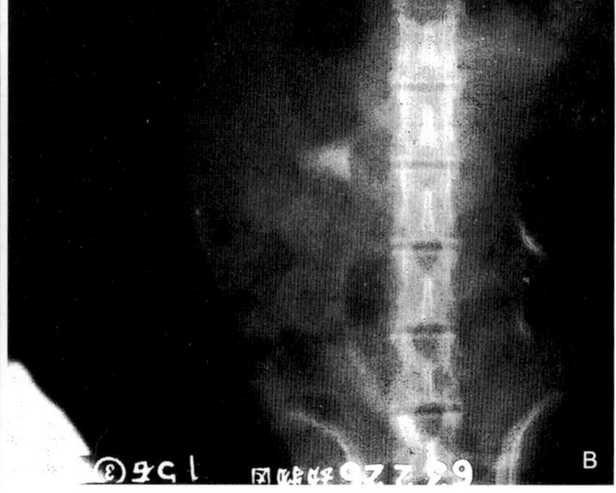

图 92

【病例 88　猫胸腔积液（一）】

【典型病例】猫，♂，2 岁，体重 2kg。喘，呼吸困难，拒食。

【X 线表现】右侧卧胸侧位显示：胸腔腹侧呈大面积密度增高均一性阴影，心脏界线消失，胸腔气管及肺叶均移向背侧，肺叶缩向肺门。由于胸腔大量积液致使横膈界线不甚清晰，横膈向腹侧移位，故肝脏体积显大（图 93）。

【X 线诊断】胸腔积大量液体。

【诊断要点】①胸腔大量液体；②心脏器官界线消失；③液体使肺叶向肺门萎缩；④气管肺边缘向背侧及肺门靠拢。

【鉴别诊断】①胸腔大量积液会使胸内器官边界不清；②驻立位投照更有利于鉴别。

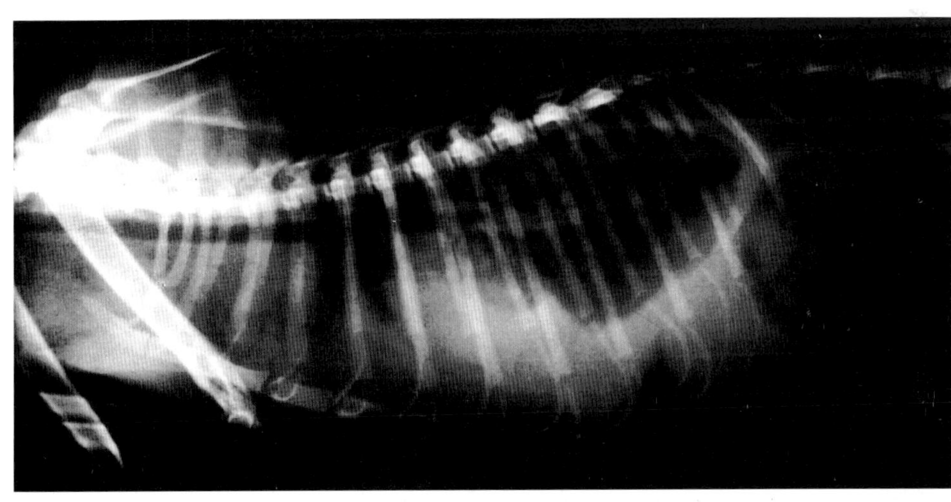

图 93

【病例 89　猫胸腔积液（二）】

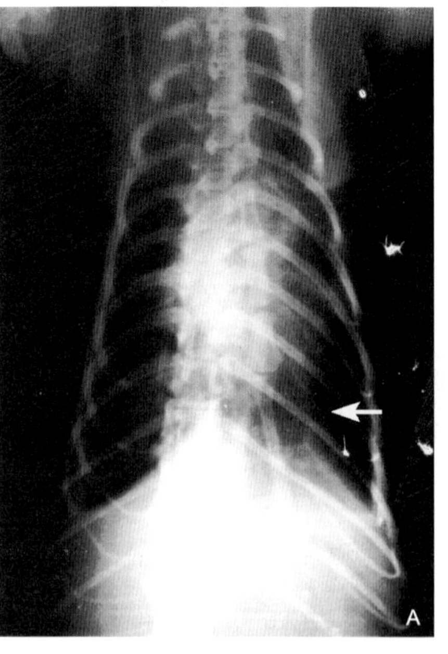

图 94A

【典型病例】猫，♂，5 岁，体重 3.18kg。呼吸急促，体温 40.5℃，紧张和运动后更为明显。

【X 线表现】仰卧腹背正位显示：心脏轮廓模糊，膈影消失，胸腔大部密度均匀性增高。液体位于肺与胸壁之间及叶间裂隙内，使肺边缘与胸壁分离（图 94A）。

右卧胸侧位片（图 94B）为抽胸水 40mL 后照，

显示：胸腔侧面腹仍有密度均匀的增高影，但背侧肺透明度增强；第二次又抽出胸水 20mL，摄片显示除心脏靠腹壁处有少量液体影外，整个胸腔肺透明度较正位片大有好转（图 94C）。

【X 线诊断】胸腔漏出液体（胸水呈透明状液体）。

【诊断要点】①胸腔可见广泛性高密度均匀的增高影，由于液体流入，叶间裂隙可见到形状各异的扇贝状影；②胸腔积液可使心脏界线部分或全部不清，膈角不锐利；③液体量少时摄水平驻立位可见液体位于肋膈角；④液体不规则分布表明肺的病变，如肺叶扭转，液体集中在发病肺的周围。

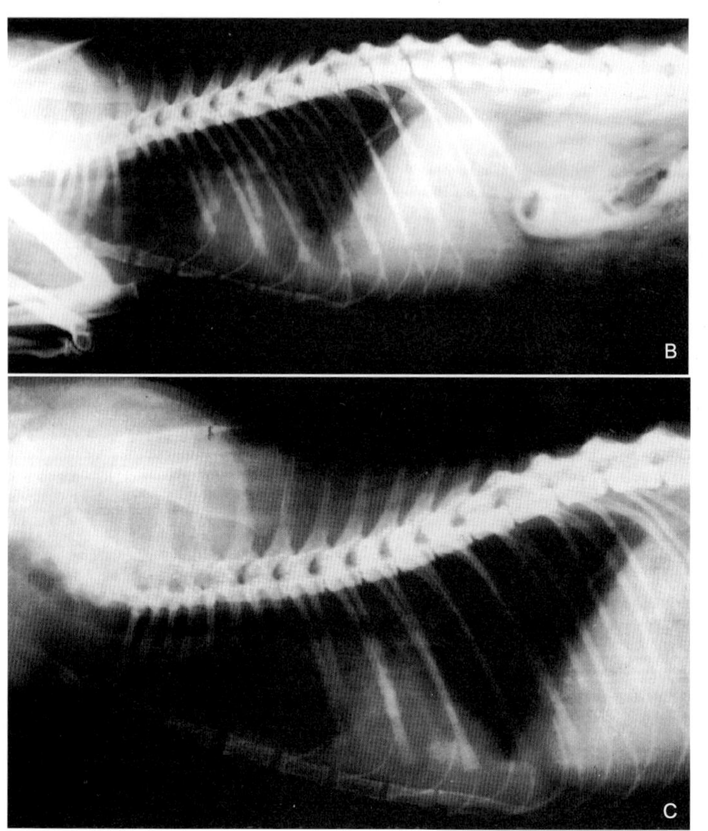

图 94B、C

【病例 90 猫右胸腔蓄脓】

【典型病例】猫，♂，2 岁，体重 4.2kg。呼吸急促，精神沉郁，食欲减退。X 线第一次拍片显示右胸腔积液，胸腔穿刺抽出脓性渗出液 100mL。6 天后从右胸腔又抽出脓性渗出液 80mL。再拍片显示，胸腔大面积实影消失。临床症状大有好转，食欲喝水正常。

【X 线表现】第一次 X 线片右侧卧及腹背位各一张，正位显示，右侧胸腔为大面积浓密均一性增高影，右横膈影消失。左侧肺尚可（图 95A）。

右卧胸片侧位显示：整个胸腔腹侧均一性大面积密高影，液体使心脏轮廓模糊不清，气管向背侧移位。肺回缩移向背侧，横膈消失。胸膜线清晰可见（图 95B）。第二次右侧胸片显示（第二次抽出 80mL 脓性液）胸腔大面积实影消失（图 95C）。

【X 线诊断】右胸腔乳糜胸。

【诊断要点】①猫的脓胸多见于单侧分布；② X 线片上往往不能区分液体的性质；③可作胸部穿刺定性。

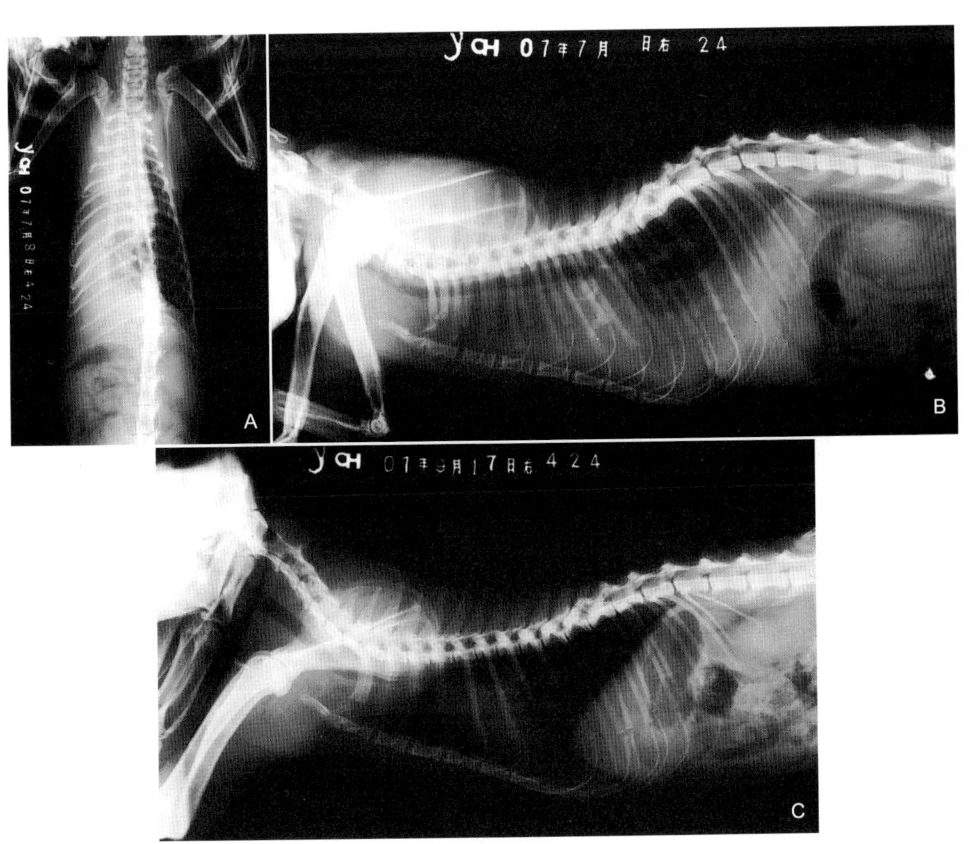

图 95

【病例 91　暹罗猫气纵隔、气胸伴继发性全身皮下重度气肿】

【典型病例】暹罗猫，1 岁，♀，体重 2.5kg。

病史：呕吐，每天数次，呕吐物为黄色黏液。经钡餐胃肠联合造影 X 线检查显示：服钡 72 小时，胃及小肠仍滞留大量钡剂，小肠后段及结肠前段容物和质硬粪便多。

随即实施手术，取出肠内容物及硬便。但术后第二天发现全身皮下严重气肿，又实施 X 线拍片检查。

【X 线表现】仰卧及右侧卧胸腹正侧位相显示：颈、纵隔致腹膜后间隙积聚大量气体，其气体形成对比剂，使纵隔胸腔内各种结构清晰可见。重度气胸使肺边缘与膈影分离，纵隔内气体可追踪到颈部皮下或向后追踪到腹膜后间隙。由于是气胸气纵隔积气严重，心脏、主动脉明显可见。见图 96A、B。

【X 线诊断】气纵隔、气胸继发全身皮下严重气肿。

【诊断要点】①详细了解病史，确诊并不困难；②除肠腔有较多气体外，全身重度皮下气肿；③肺脏周边萎缩，肺野外围纹理消失；④由于胸腔过度膨胀，萎缩的肺叶显得不透明度增加，正常情况下，不可见的纵隔内结构出现了清晰可见的影像。

【临床诊断思路】该猫体肤完整，并无创伤史，只是在手术第二天导致胸腔及全身皮下严重气肿，属闭合性气胸，可能是手术麻醉过程中因麻醉呼吸机活瓣阻塞或气管、支气管破裂而导致的结果。该猫抢救治疗无效死亡。

犬、猫中气胸病例时有发生，但猫气胸伴继发性全身皮下和肌层重度气肿较少见。对气胸病例应尽快采取适当的缓解措施，否则将危及生命。

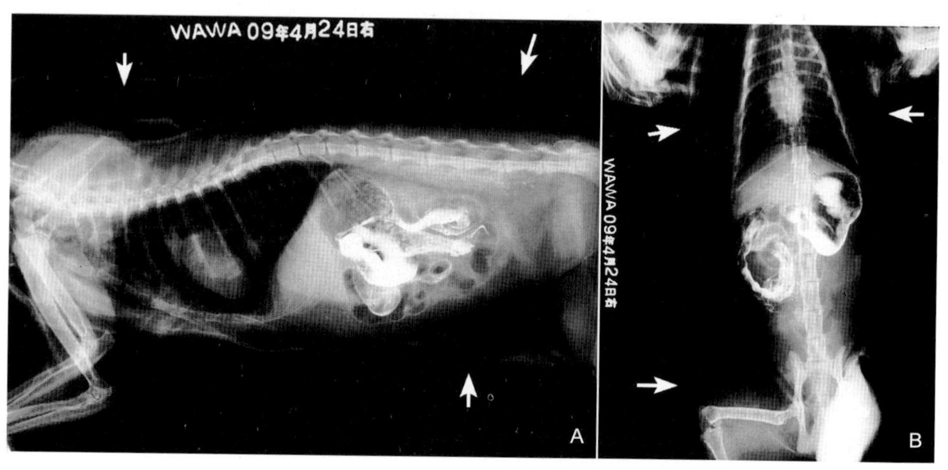

图 96

【病例 92　鼻熊液气胸】

【典型病例】鼻熊，♂，成年，体重 4kg。消瘦，喘，呼吸困难，食欲废绝。尸检：胸水 300mL；肺萎缩，呈紫红色。生前 X 线胸片显示：胸腔积液。

【X 线表现】腹背位片显示：右肺外带中下肺野及右肺膈叶区透明度过高，肺纹理消失，说明其肺叶萎缩，向双侧肺门靠拢。两肺上野及内外带肺野呈大面积均质密高影，致使心脏界线消失（图 97）。

【X 线诊断】液气胸。

【诊断要点】①水平状液面，液面外侧为透亮的空气影，内侧为受压的肺组织；②包裹性液气胸指包裹性积液内有气体和液平面。

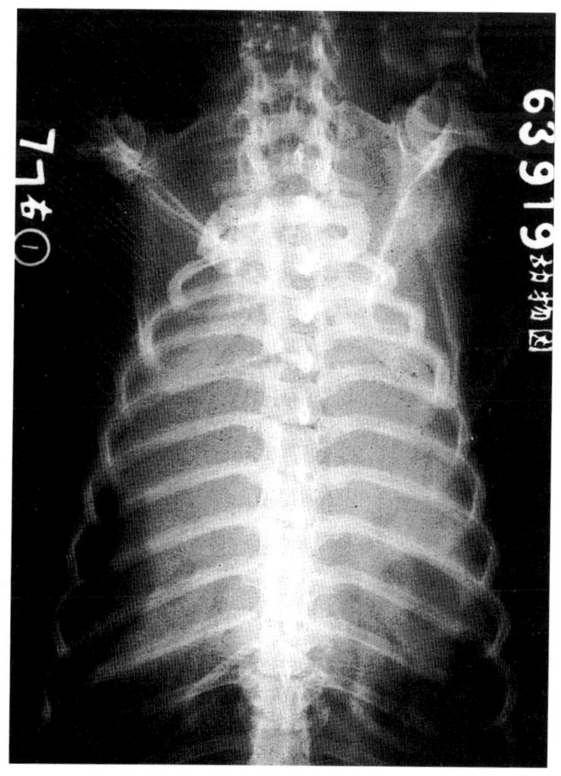

图 97

【病例 93　猫液气胸】

【典型病例】猫，1 岁，♀，体重 1.5kg。该猫曾是流浪猫，主人收养半年后，突然喘，呼吸困难，腹式呼吸明显。

【X 线表现】仰＋右侧卧片，胸腔侧位显示：胸腔腹侧呈现大面积均一性增高影，液体使心脏轮廓模糊，椎膈叶密高影与胸腔腹侧影连成一体，致使肺叶萎缩移向肺门，横膈影界线不清（图 98A）。为排除横膈疝，口服稀钡，胸腹正侧位片显示：胃、十二指肠钡剂均在横膈下排出横膈疝。液体已将肺和胸壁分开，膈影消失，液体位于后叶背缘与脊柱之间，左右侧胸膜线清晰可见，液气面分明（图 98B、C）。

【X 线诊断】左右胸腔液气胸。排除横膈疝。

【诊断要点】①水平状液面，液面上方为透亮的空气影，内侧为受压的肺组织；②包裹性液气胸是指包裹性积液内有气体和液平面，其胸膜线明显；③腹背位投照，可见许多叶间裂隙，肺叶被液体与胸壁分开；④犬、猫液气胸多为双侧性，因为气体可通过纵隔相互通过。

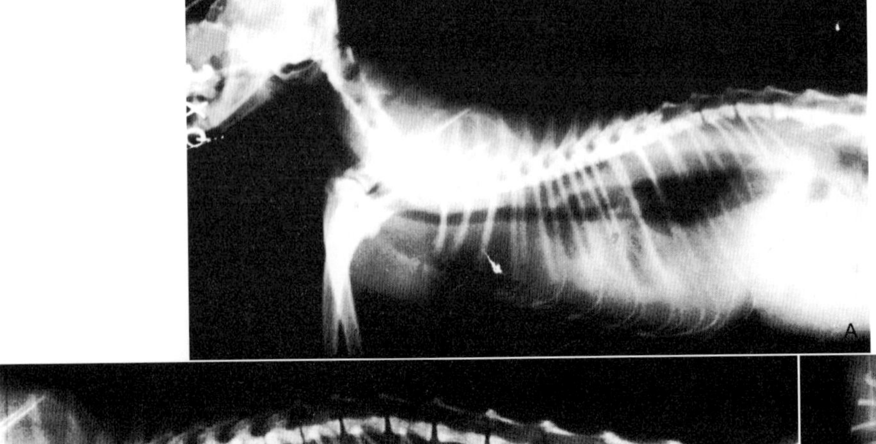

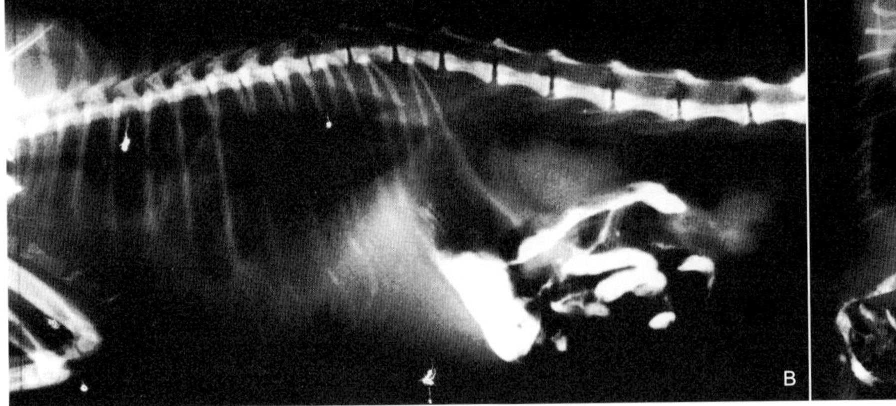

图 98

【病例 94　阿拉伯狒狒脓性胸膜炎】

【典型病例】阿拉伯狒狒，♀，2 岁，体重 3kg。呼吸急促，精神差，食欲减少。拍片后经治疗无效，实施安乐死。尸检，肺门淋巴肿大，干酪样结节，两肺广泛纤维素粘连，脓胸。

【X 线表现】左肺上叶尚可，中下肺野呈大片均质密高影，胃泡气影增大，右肺整个胸腔充满均质渗出密高影，肺门及中下肺野尤甚。横膈界线不清，心脏轮廓界线模糊（图 99）。

【X 线诊断】脓性胸膜炎

【诊断要点】①胸腔积液，其液体在 X 线片上很难区分是渗出液、漏出液、血液或乳糜液；②可做胸腔穿刺定性；③胸腔大量积液呈均匀密高影；④驻立位心影膈角模糊不清。

【鉴别诊断】应与肺水肿、肺淤血相鉴别。

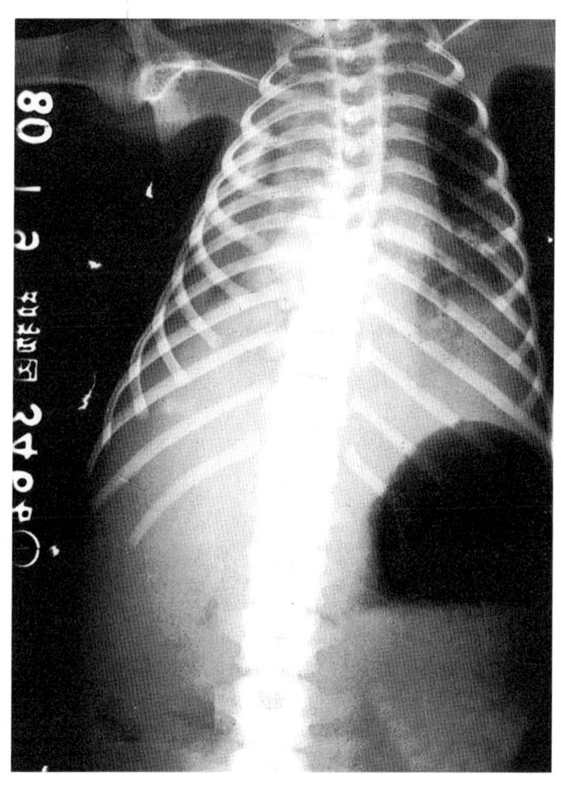

图 99

【病例95　卷尾猴胸膜增厚粘连】

【典型病例】卷尾猴，♂，老年，体重3.5kg。

【典型病例】呼吸困难，食欲废绝。生前拍X线胸片，经治疗半年无效安乐死。尸检：左肺与整个胸壁粘连，肺呈紫黑色，右肺上叶及中下叶萎缩，失去作用，并向右肺门靠拢。

【X线表现】右肺门中叶呈纤维化间质影，上叶及下叶肺野透明度过高，支气管细纹理消失。左肺胸腔呈大面积斑块或纤维化间质影，胸膜腔明显增厚，左膈角消失，心脏轮廓不清（图100）。

【X线诊断】左胸膜增厚粘连，右肺萎缩，气胸。

【诊断要点】①此猴步入老年，曾患胸膜炎多年，继发左胸膜粘连肥厚；②胸腔呈大面积斑块或纤维化间质影，胸廓胸膜肥厚与粘连，无大量液体，左膈角消失；③右肺中叶纤维化影是右肺萎缩所致，右肺上中下叶肺纹理消失，呈气胸致过度透明。

【鉴别诊断】应与干酪性肺炎相鉴别

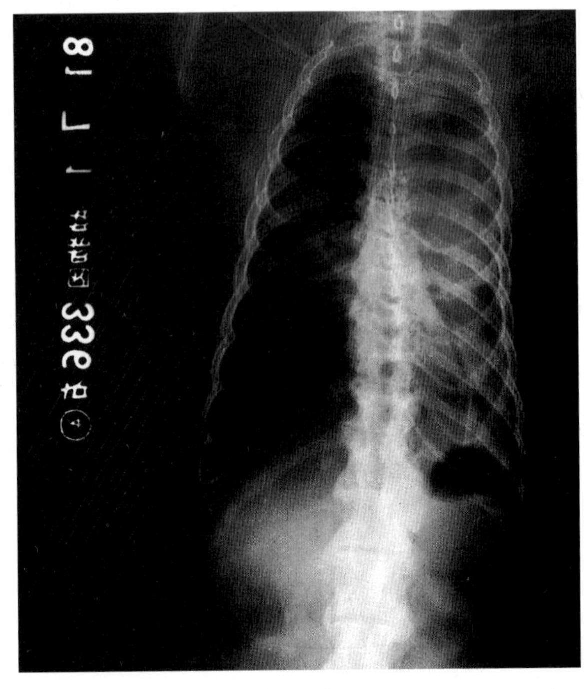

图100

【病例 96　松狮犬创伤性气胸】

【典型病例】松狮犬，♂，2 月龄，体重 4kg。该犬胸部有踢伤史，发病后呼吸困难，喘。

【X 线表现】右卧胸侧位显示：胸腔内有大量气体，致使肺门外周显得曝光过度，肺边缘回缩，远离胸骨、膈、脊柱隐窝，致使胸腔外围正常肺纹理消失，萎缩的肺叶移向肺门，肺与心脏轮廓不清（图 101）。

【X 线诊断】创伤性气胸。

【诊断要点】①胸膜出现大量游离气体；②肺脏有不同程度的塌陷；③胸腔外围肺纹理消失。

【鉴别诊断】①犬、猫很少发生单侧性气胸，因为纵隔可相互通气；②腹背位投照需排除沿胸两侧皮褶线影。

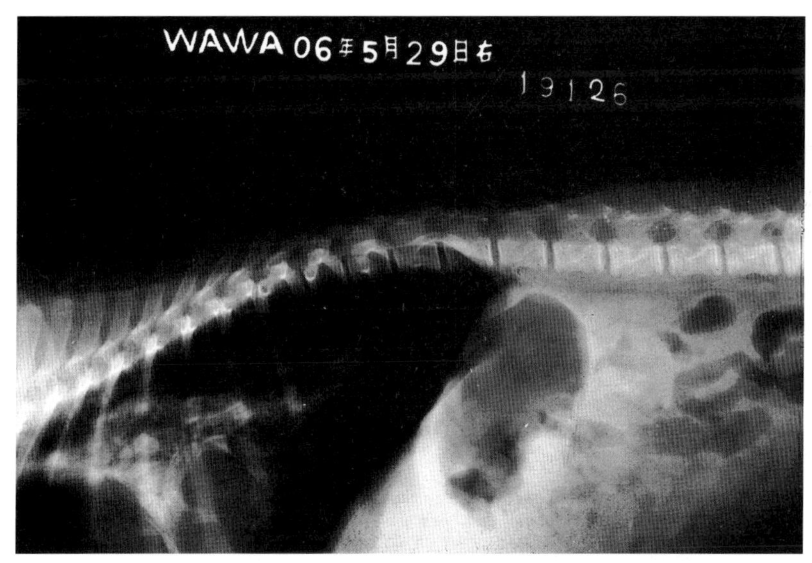

图 101

第七节　纵隔、横膈疾病

【病例 97　北极熊纵隔肿瘤】

【典型病例】北极熊，♀，27 岁，体重约 200kg。

在北京动物园圈养展出 27 年，已是高龄动物。有食欲，咀嚼也正常，但吞咽时表现伸颈，随后将食物吐出，后来喝水后也马上呕出，身体渐瘦。请来北京肿瘤医院专家，全麻后从口腔做食管窥镜检查，到中段受阻。随后以稀钡灌服做食管钡造影并拍片，显示为食管极度狭窄。开胸探查，发现纵隔有 3 个鹅蛋大肿瘤紧紧挤压食道中段，致使饮水都无法通过。后实施安乐死。尸检：在两肺门纵隔有鹅蛋大小、边缘整齐、质硬肿瘤 3 个。为纵隔淋巴恶性肿瘤（图 102A）。

【X 线表现】胸部侧位食道稀钡造影显示：食道中段广泛的向心性狭窄，呈鼠尾状，长约 11cm，食管黏膜规则整齐。因食道前段加压，致狭窄的上段食管呈漏斗状扩张（图 102B）。

【X 线诊断】食道中段外压性狭窄纵隔占位性病变不除外。

【诊断要点】稀钡食管造影呈广泛向心性狭窄而食管腔黏膜未见异常，应考虑纵隔有占位性病变可能。

【鉴别诊断】应与反流性食道炎和食道异物阻塞相鉴别。

【临床诊断思路】①动物步入老年，肿瘤发病率高；②造影检查能明确病变部位的长度和程度；③要考虑是机能性还是机械性狭窄。

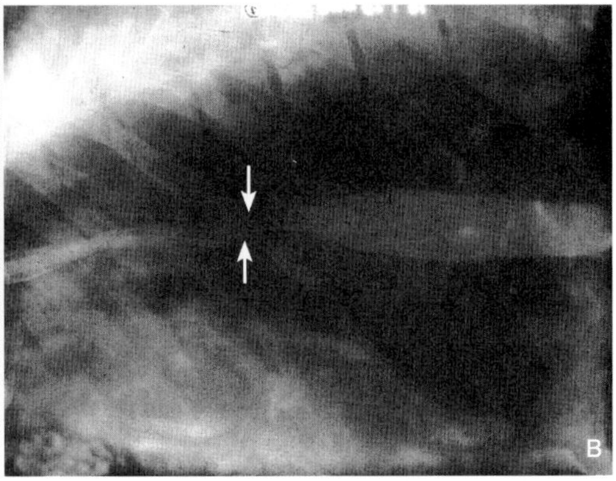

图 102

【病例 98　金丝猴左右横膈膨升】

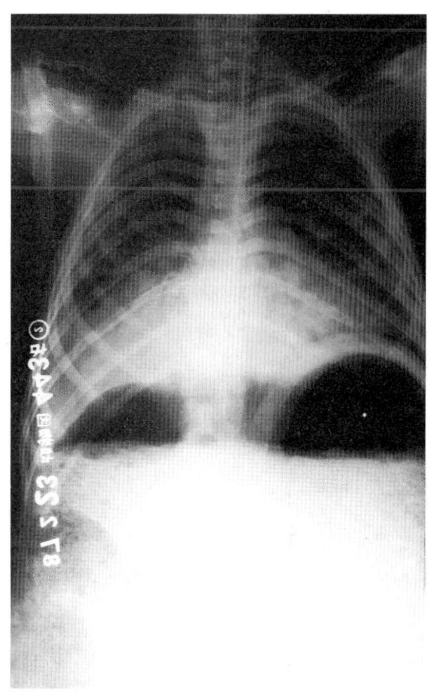
图 103

【典型病例】金丝猴，♂，12 岁，体重 13kg。不爱活动，食欲废绝。治疗无效死亡。尸检：胸腔有渗出液 80mL，心包与肺和横膈严重粘连。

【X 线表现】生前摄仰卧胸片显示：横膈下胃泡气性扩张，横膈明显升高，并与心尖双肺下野及肺门融合成密度很高的实变阴影，心脏轮廓模糊两膈角消失（图 103）。

【X 线诊断】左右横膈膨升伴心包与肺横膈粘连。

【诊断要点】①横膈升高超正常范围；②横膈与心影双侧肺膈叶融合，呈大片斑点状密高影；③因胸腔积液致两膈角消失变钝；④缩窄性心包炎以心脏和膈的增厚粘连更为常见。

【病例 99　猫横膈下肿瘤】

【典型病例】猫，♀，2 岁，体重 2kg。流浪猫，体弱，腹膨大，食欲正常。触诊前腹壁增厚、肿大、质硬。

【X 线表现】右卧胸腹侧位显示：横膈向胸腔前移，剑状骨内软组织局部肿大，将肝脏推向胸背侧，软组织肿块呈均质致密影（图 104）。

【X 线诊断】横膈下肿瘤。

【诊断要点】横膈下巨大肿物将肝脏及横膈推向胸前、背侧，肿物呈均质密高影。

【鉴别诊断】应与膈破裂鉴别。

【临床诊断思路】本病例 X 线诊断准确，手术证实为横膈下肿瘤。

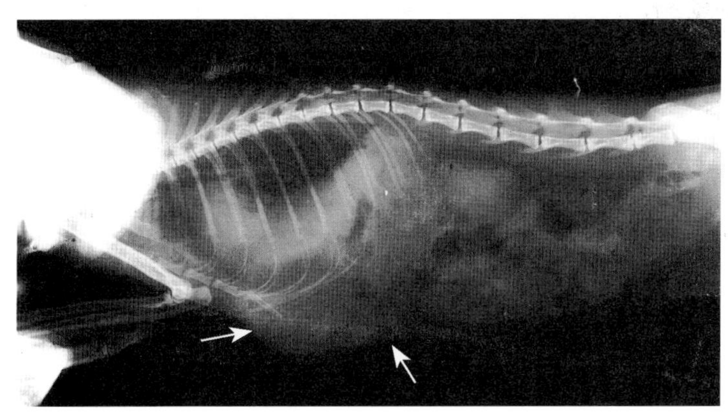
图 104

【病例 100　猫横膈疝（肝脏及小肠进入胸腔）】

【典型病例】猫，♀，4 月龄，体重 1.2kg。收养 3 个月的流浪猫，近日呼吸困难，喘。

【X 线表现】第一张 X 线片右侧胸腹平片显示：胸腔前及椎、膈、肺尚可，胸腔大部分被大面积密度甚高实影所占据，心脏界线消失（图 105A）。

第二三张 X 线片，服钡 30、40 分照腹背及右卧片显示：胃幽门滞留大量钡剂，胸腔可见肠环气影及均质密实影（图 105B、C）。

【X 线诊断】横膈破裂，肝及小肠进入胸腔。

【诊断要点】①横膈消失，膈下正常肝脏消失，胸腔被大面积实影（肝脏）占据；②钡餐造影显示：服钡 30 分、40 分，所有钡餐滞留胃及幽门部，胸腔可见十二指肠及小肠钡剂充盈征象，说明为膈孔较小加之胃动力迟缓所致。

【临床诊断思路】本病例 X 线确诊后即手术，已证实肝脏及十二指肠及小肠一部分疝入到胸腔，修补术后康复。

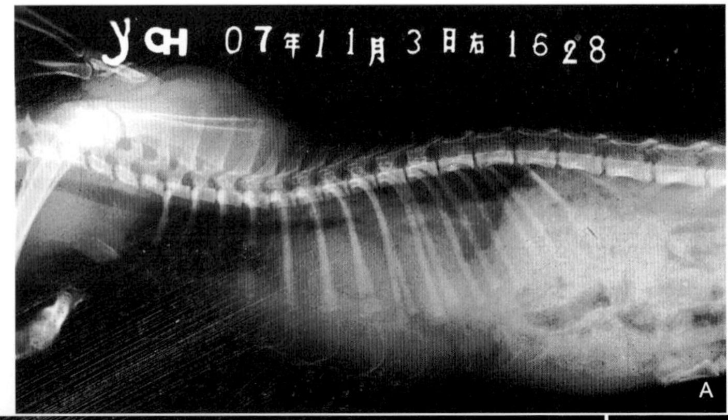

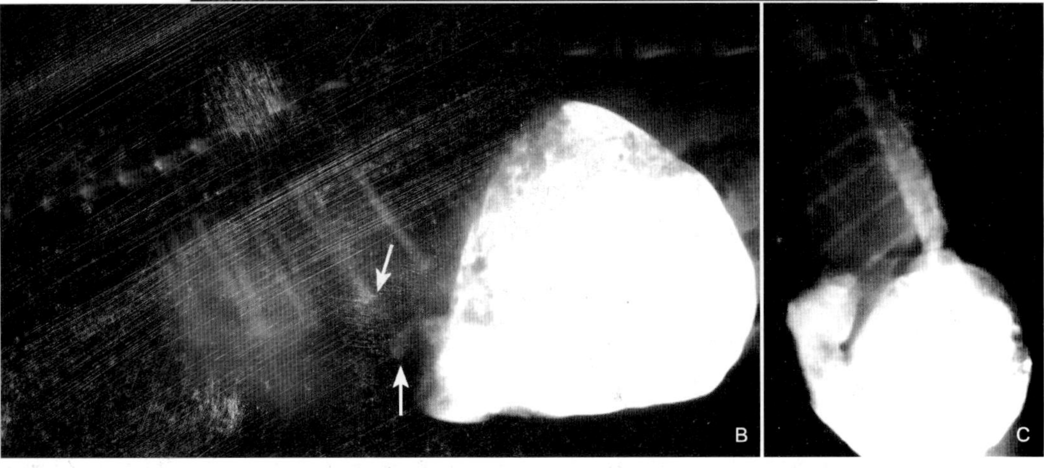

图 105

【病例 101　猫横膈疝（十二指肠、小肠一段从右膈进入胸腔）】

【典型病例】猫，♀，半岁，体重 2.2kg。近日不爱活动，喘，食欲正常。

【X 线表现】第一张，右卧胸腹平片显示：横膈界线消失，充满食糜的胃及肝脏向腹后移位。胸腔扩张，心影界线模糊，胸腔上部、胸壁、胸后部有大量软组织致密影和肠曲气影（图 106A）。

第二三张，服钡造影腹背和右卧胸腹片显示：胃、幽门段及十二指肠、小肠一段充满钡剂，肠管从右膈顶进入胸腔，胸腔小肠部分充有钡剂及无钡剂的肠环气影（图 106B、C）。

【X 线诊断】右膈破裂，十二指肠、小肠部分进入胸腔致横膈疝。

【诊断要点】①膈肌部分或大部不能显示，胸腹膈肌模糊，胸腔可见软组织或肠环气影是膈疝所致；②做胃肠钡餐造影对确诊胃肠位置和鉴别膈疝或胸水有帮助。

【临床诊断思路】本病例 X 线确诊后即手术，后康复。手术证实右膈有破裂的小孔使十二指肠及一段小肠进入胸腔。

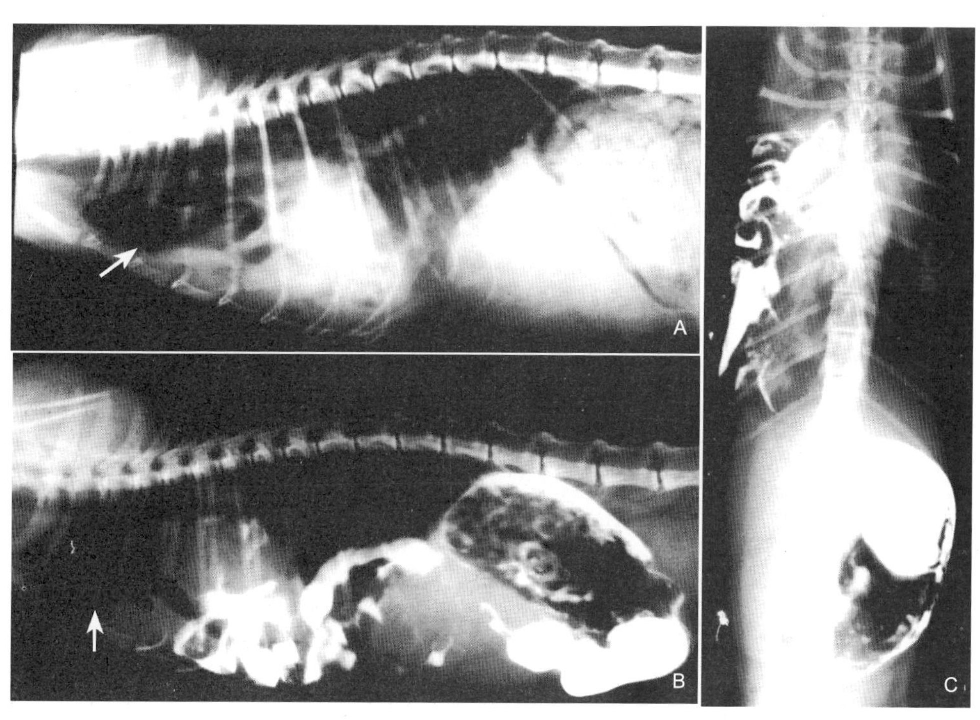

图 106

【病例102　京巴犬横膈破裂（胃、十二指肠进入胸腔）】

【典型病例】京巴犬，♀，7岁，体重4.15kg。被大犬咬伤，口腔分泌血色物，双后肢无力。

【X线表现】第一张片，右卧胸腹平片显示：正常横膈影消失，胸腔密度增高，心脏界线不清，胸内有气影（图107A）。

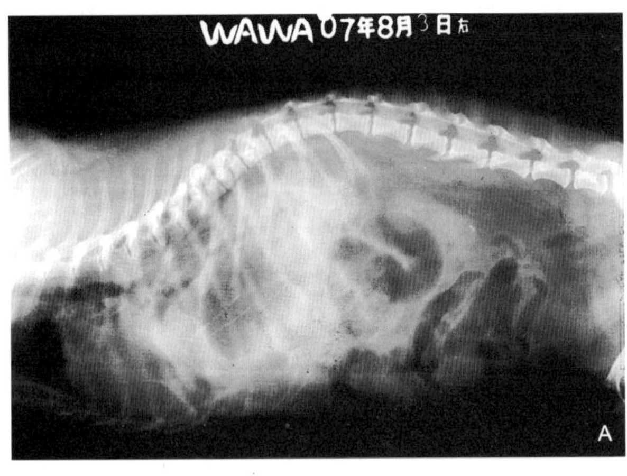

图107A

第二三张片，服钡后仰+右卧正侧位显示：左侧横膈消失，胃内大量钡剂伴气影在胸腔内。侧位片显示：胃内滞留的钡影均在胸腔内（图107B、C）。

【X线诊断】左横膈破裂，胃体及幽门、十二指肠进入胸腔。

【诊断要点】①横膈影不连续，胸部有环状或卵圆形气影，提示胃或肠管异位；②部分消化器官疝入胸腔难以确诊时，可服钡造影帮助诊断。

【临床诊断思路】本病例X线确诊后，即手术治疗，证实整个胃、十二指肠及小肠部分疝入胸腔。

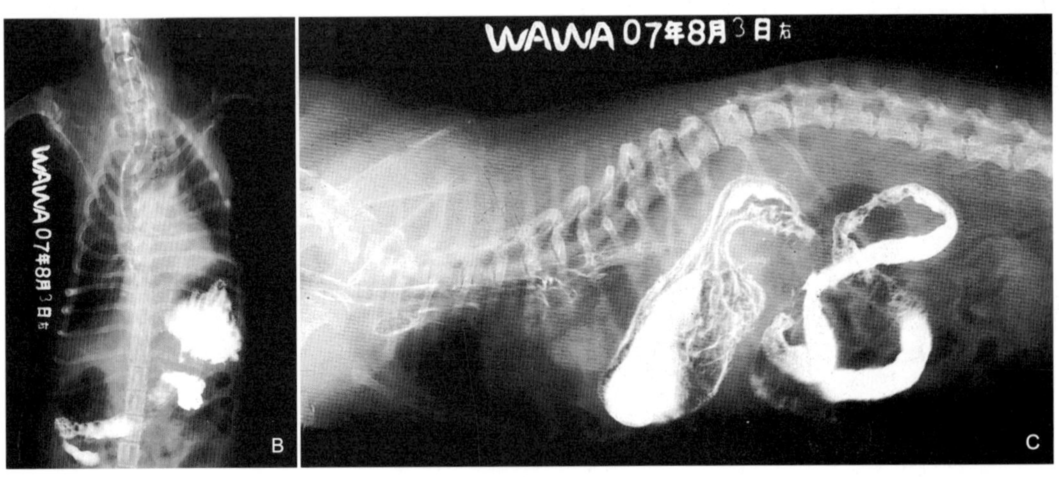

图107B、C

【病例 103　京巴犬横膈疝（小肠进入胸腔）】

【典型病例】京巴犬，♂，11 岁，体重 10kg。呼吸困难，喘，拒食，能喝水，发病 1 周。

【X 线表现】右卧侧位片显示：膈肌绝大部分不显示，胸腹腔界线不清。胸腔密度增高，心脏界线不清，胸部有环形含气的小肠盘曲，腹围缩小。胸部层次差是有少量积液所致（图 108A）。

仰卧腹背位服稀钡 15 分钟摄片显示：右横膈破裂，钡餐造影证明小肠在胸腔盘曲（图 108B）。

【X 线诊断】右侧横膈破裂，小肠进入胸腔。

【诊断要点】①正常的横膈影失去完整性，其界线消失；②平片不能确诊时，口服稀钡造影可显示出疝入到胸腔的实质性脏器（胃、肝、小肠、脾）。

【临床诊断思路】①横膈膜疾病可使腹部物质进入胸腔，或进入胸膜空间（胸腹膜疝）或进入心包囊（膈心包疝）；②犬、猫的横膈膜破裂比较常见；③此病先天性很少发生，大部分原因是外伤引起横膈膜破裂所致。

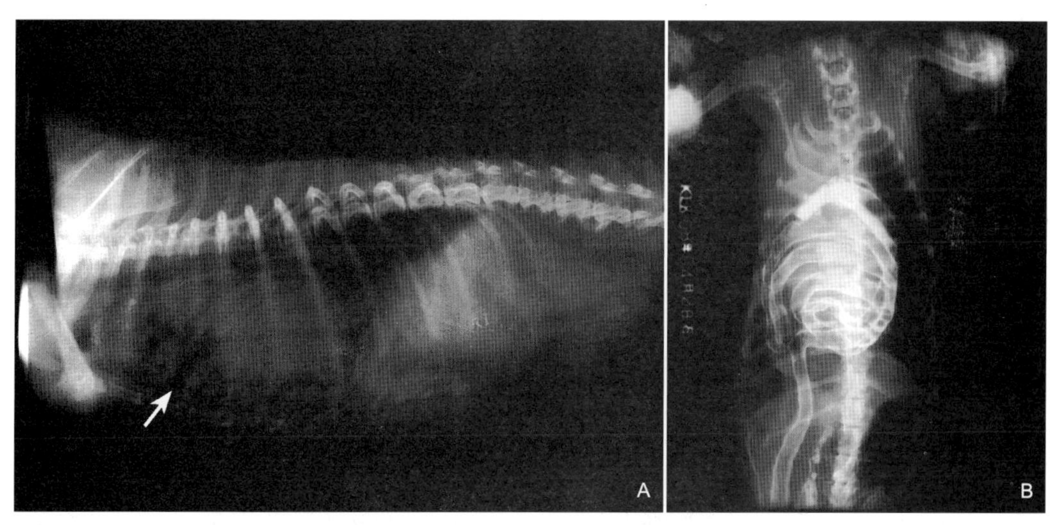

图 108

第八节　循环系统病变

【病例 104　松狮犬化脓性心包炎】

【典型病例】松狮犬，♂，半岁，体重 15kg。呼吸困难，喘已 2 个月。经治疗无效死亡。尸检：心包大量脓性液体，心脏壁层粘连，肺萎缩。

【X 线表现】生前摄右侧卧胸片显示：整个心脏增大，几乎占去胸腔上中部，心包内及背侧缘呈线状纤维钙化影。心脏正常弧度消失，肺椎膈叶透明度过高，肺门呈多块状高密度纤维阴影（图 109）。

【X 线诊断】化脓性心包炎伴肺萎缩性气胸。

【诊断要点】①显著的心包积液可引起心影增大；②心包积液分为急性和慢性，病因分为感染性和非感染性；③液体性质又分为浆液性、浆液纤维蛋白、乳糜性、血性、化脓性；④化脓性心包炎心包脏壁两层可粘连，增厚，心包瘢痕继发钙盐沉着，出现大片或环带状钙化。

【临床诊断思路】按病理变化，心包炎可分干性和湿性两种。有心包积液者为渗出性心包炎。心包积液量的多少及增长速度等均随病原和机体反应而有不同。

本病例 X 线征象典型，X 线诊断准确。

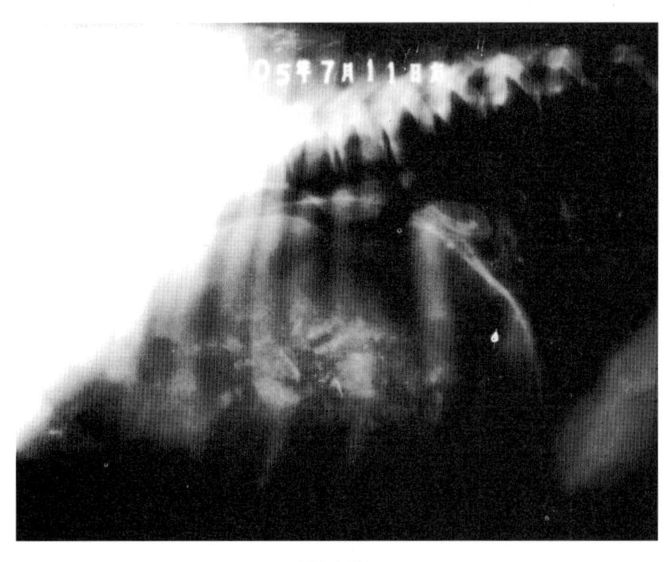

图 109

【病例 105　长臂猿缩窄性心包炎】

【典型病例】长臂猿，♀，18 岁，体重 9kg。体质消瘦虚弱，食欲差。生前拍 X 线片后进行治疗，无效死亡。尸检：心包脏壁两层紧密粘连，不易剥离。心包与肺、纵隔、胸壁均为陈旧性粘连。两肺表面布满碳末样点状沉着（图 110A）。

【X 线表现】心脏向两侧轻度增大，心缘正常弧度不规则，心影呈三角形，上腔静脉增宽，肺门两侧有散在结节，带状块影（图 110B）。

【X 线诊断】缩窄性心包炎伴胸膜粘连。

【诊断要点】①心影呈三角形，心缘正常弧度消失，僵直，肺门有结节，带状密高影；②心包脏壁两层粘连增厚，可见钙化影，透视可见心搏动减弱或消失。

【临床诊断思路】①由于心包炎创伤或其他损伤的后果，引起心包的增厚、粘连而限制心脏活动，导致功能异常者称为缩窄性心包炎；②因心包增厚粘连，两侧或一侧心缘变直，正常弧度消失是粘连或不规则增厚所致。

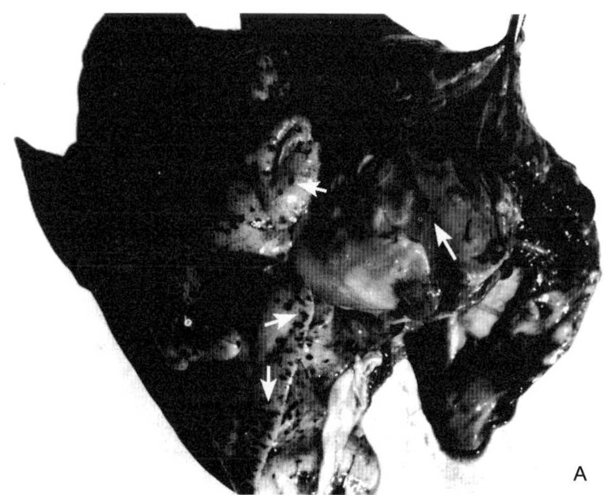
A

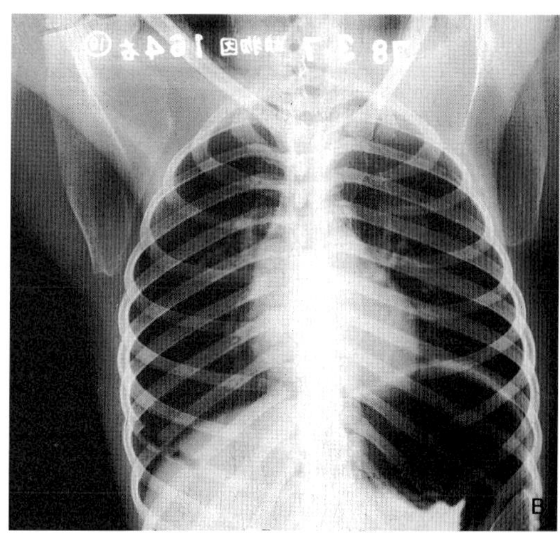
B

图 110

【病例106 倭水牛心包炎伴胸膜粘连】

【典型病例】倭水牛，♂，老年，体重30kg。

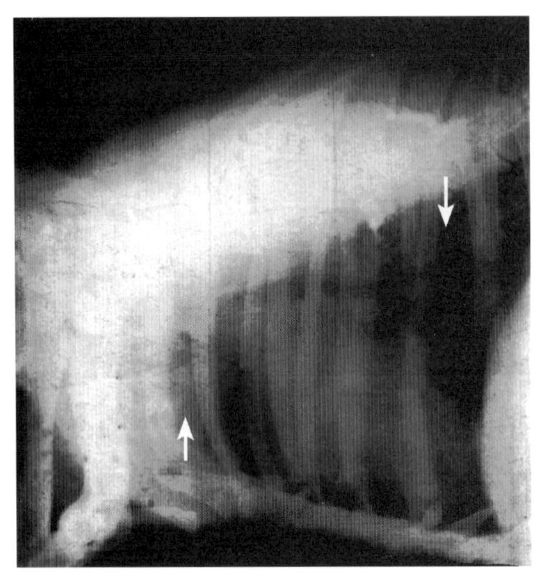
图111

病史：精神差，食欲减。临床疑老年功能性弛缓。治疗无效死亡。

尸检：胸膜粘连，心包炎，内有积液80mL。心肌出血，周身老年性动脉壁增厚，硬化明显。生前X线疑心包疾病。

【X线表现】胸部侧位显示：心脏明显增大，呈球形，整个胸腔呈大片致密阴影，膈叶肺尚可见透明度；其他肺叶不清，与胸腔影融合一起，呈纤维间质影（图111）。

【X线诊断】心包炎、积液、胸膜增厚、粘连。

【诊断要点】①在透视床观察，发现肋骨运动范围变小；②透视观察心脏搏动不明显；③由于心包积液，使心影增大后移；④心脏边缘的正常生理弧度消失；⑤胸片心影明显增大，心缘正常弧度消失、僵直。

【临床诊断思路】本病例X线征象较典型，经尸检验证临床及X线诊断准确。

【病例107 京巴犬肺源性心脏病】

【典型病例】京巴犬，♂，7岁，体重8.3kg。近日咳嗽，喘，不爱活动，食减少。

【X线表现】胸部正侧位显示：两肺布满多量散在点状及小斑片阴影，且有网状纹理，病灶集中在肺门（图112A）正位X线片肺野中外带肺透明度增加。左心缘圆隆，心脏外形改变，右肺动脉增宽（图112B）。

【X线诊断】慢性肺源性心脏病。

【诊断要点】①肺部多量弥漫性肺间

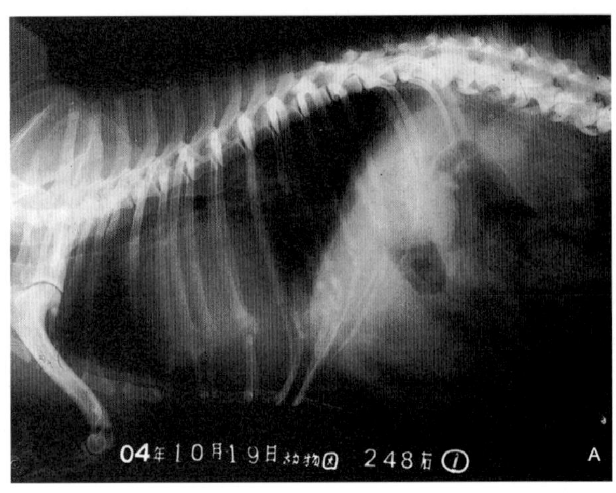

图112A

质纤维化阴影是支气管炎、肺气肿或其他慢性肺胸疾病引起的心脏病，也简称慢性肺心病；②有较严重的慢性肺部疾病，有右心室增大及肺动脉高压，诊断为慢性肺心病是明确的。

【鉴别诊断】本病应与心包炎、心包积液相鉴别。

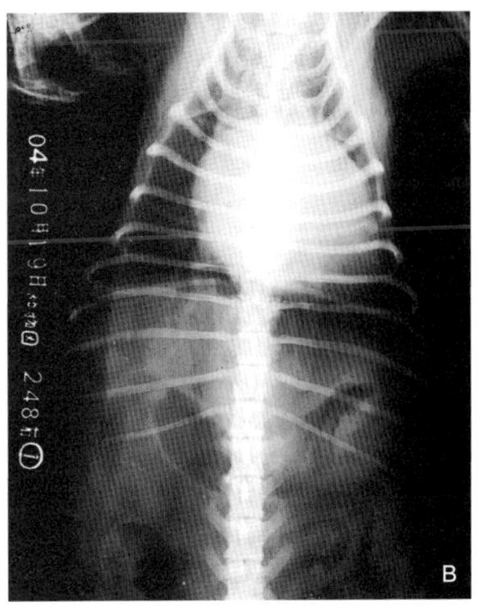
图 112B

【病例 108　京巴犬慢性肺源性心脏病】

【典型病例】京巴犬，♀，10 岁，体重 5kg。

病史：今年来不爱活动，食欲不佳。夜间咳，呼吸困难，喘，口腔黏膜发绀。

听诊：肺内有干湿性罗音，心音低，心率快。

【X 线表现】右卧胸部侧位片显示：肺内布满多量散在斑点及小斑片状模糊阴影，且有网状纹理，病灶大多集中在肺门及椎膈叶。心叶、膈角肺透明度增高，肺气肿明显。心脏界线不甚清楚，左右心房增大，心脏呈近圆形（图 113）。

【X 线诊断】慢性肺源性心脏病（简称慢性肺心病）。

【诊断要点】①长期有慢性肺脏疾病，如慢性支气管炎、肺气肿或其他慢性肺胸疾病；②肺动脉高压引起右心室肥大或心脏功能不全；③心脏尖部圆隆，心呈近圆形。

【临床诊断思路】①本病例有严重的慢性肺部疾病，心脏增大，出现急症后到医院急诊抢救 4 小时，终因心力衰竭死亡，尸检证实，诊断为慢性肺心病是明确的；②某些心力衰竭病例心脏大血管搏动反而增强，这些对了解慢性肺心病的特点同其他心脏病鉴别有较大帮助。

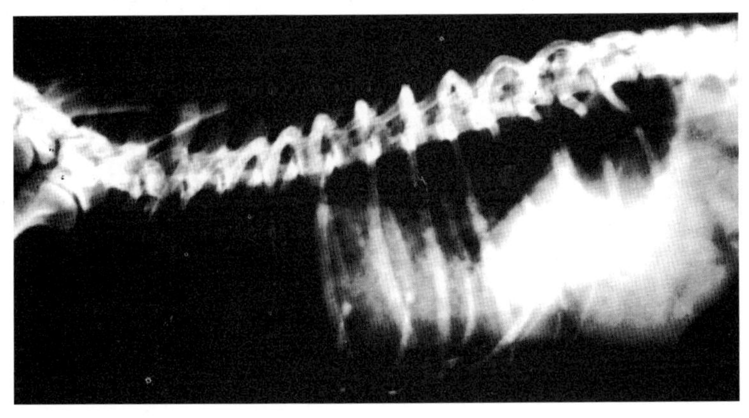
图 113

第五章

消化系统及腹壁疾病

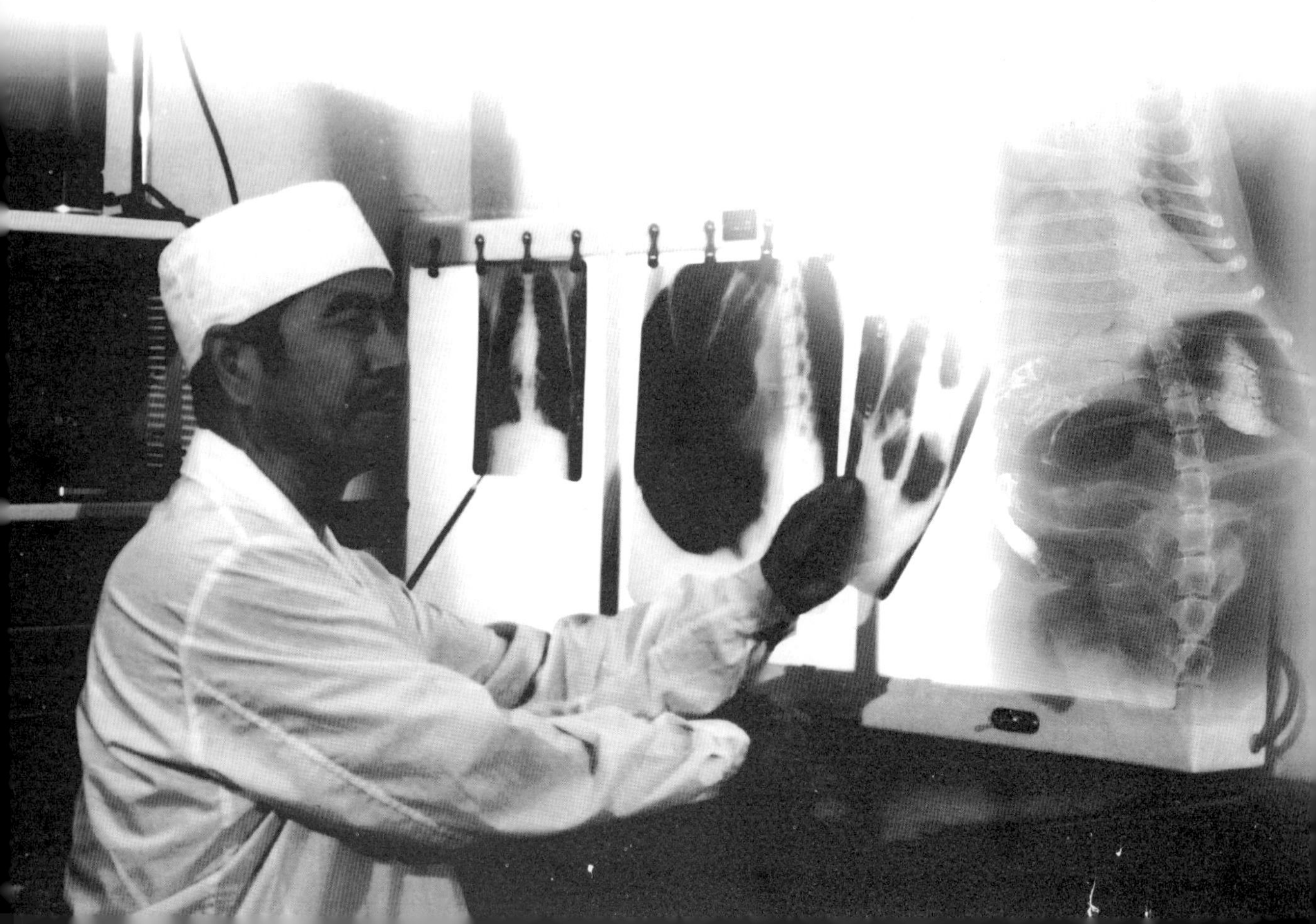

第一节　腹部正常X线解剖

正常犬腹部 X 线平片通常可辨认出膈、腹壁、胃、小肠、大肠、肝和膀胱。脾在腹背位和左右侧位片上常见，肾可见或不可见；猫的左右肾比犬展示的更清晰些，这要看肾周围的脂肪量而定。雄性犬阴茎骨可见、阴茎包皮在其周围气体的环绕下也常见到，而雌性犬能见到对称的乳头影。骨盆有较多脂肪时前列腺可衬托出来。

正常腹部器官的位置和影像可因动物的投照姿势、器官自身的构造、呼吸运动和食道中的容物量而显示不同。图 114A、B 为雄性犬腹部正侧位片，图 114C、D 为猫腹部正侧位片。

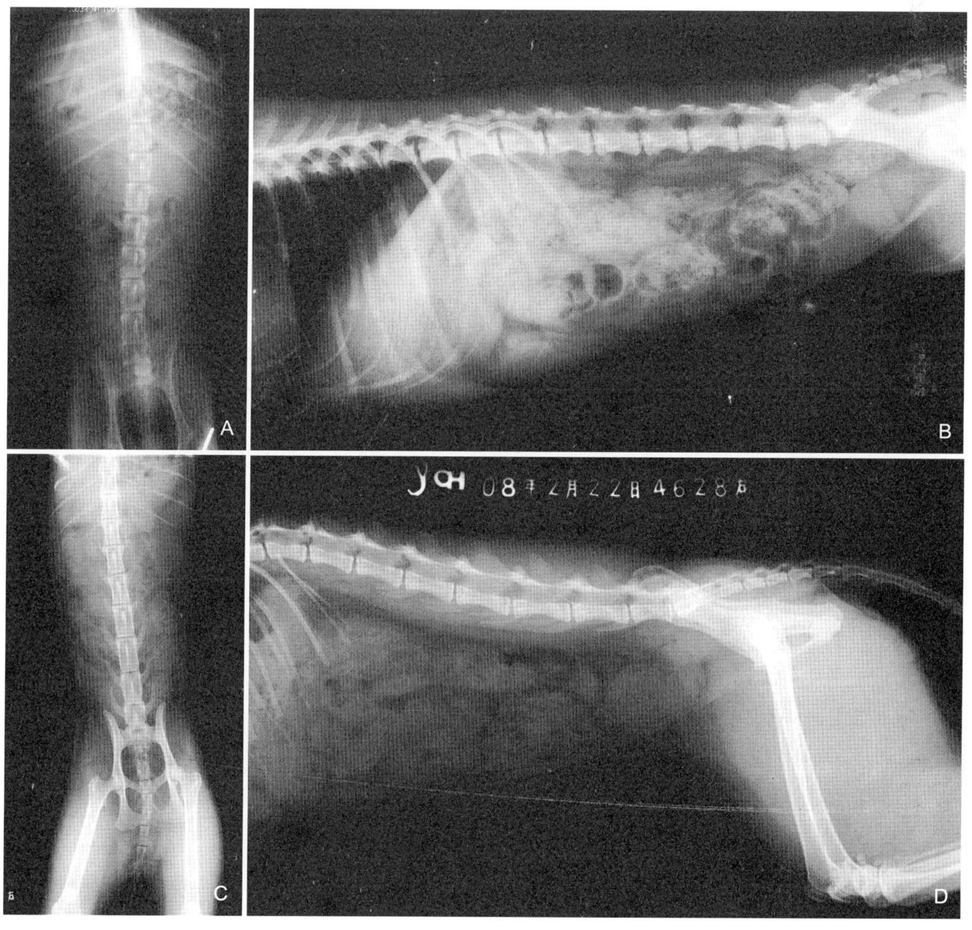

图 114

第二节 食道病变

【病例 109 可卡犬食道憩室及食道扩张】

【典型病例】可卡犬，♂，3 岁，体重 10.5kg。逆呕，数天来呕吐。

【X 线表现】食道钡餐造影右卧侧位显示：胸腔入口处食道下壁可见一个较大的囊袋样影突出食管腔，边缘光滑整齐，囊袋上方通往食道。胸部中下段食道呈长条形扩张至食道裂孔处变窄（图 115）。

【X 线诊断】食道憩室及食道扩张。

【诊断要点】①憩室呈类圆形或三角形宽基底带蒂，囊袋状影突出腔外，边缘光滑整齐；②黏膜伸入憩室内；③炎症时，憩室边缘毛糙不规则，临近食道可痉挛收缩，黏膜增粗。

【鉴别诊断】①与食道溃疡鉴别，后者发生在食管下段，龛影不规则；②与食管裂孔相鉴别。

【临床诊断思路】食道造影是显示本病的主要方法。

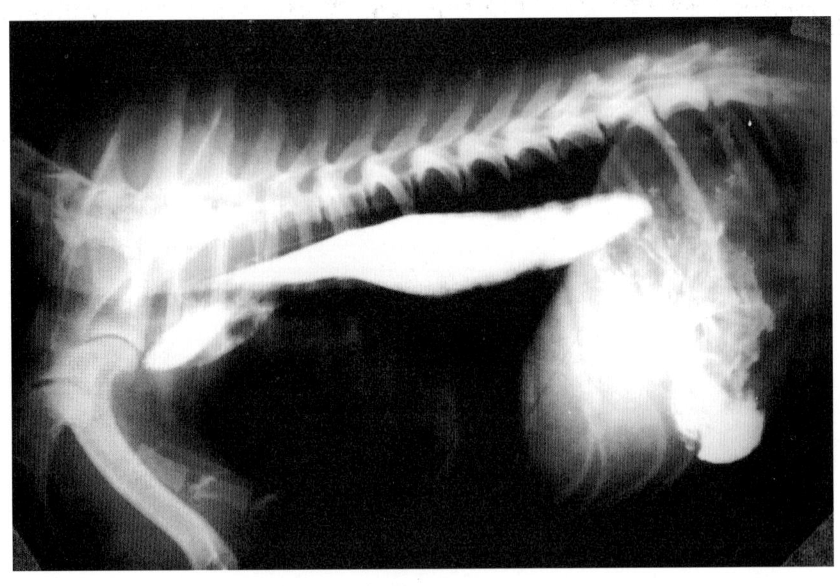

图 115

【病例 110　京巴犬食道异物】

【典型病例】京巴犬，♀，2 岁，体重 6.5kg。3 小时前主人见到该犬吃进一个鱼钩。

【X 线表现】右侧卧胸片显示：食道后段和横膈处有一密度甚高的钩形不透光异物影（图 116A）。

【X 线诊断】食道后段不透射线异物（鱼钩）。

【诊断要点】①根据有明确的误吞金属病史，透视和颈、胸、食管侧位摄片即可明确诊断；②如何确定有透射线异物，可通过造影显示其轮廓，适宜硫酸钡造影；③如何确定有穿孔，最好用非离子型造影剂。④该犬确诊后即手术，取出带一段尼龙线的金属鱼钩 1 个（图 116B）。

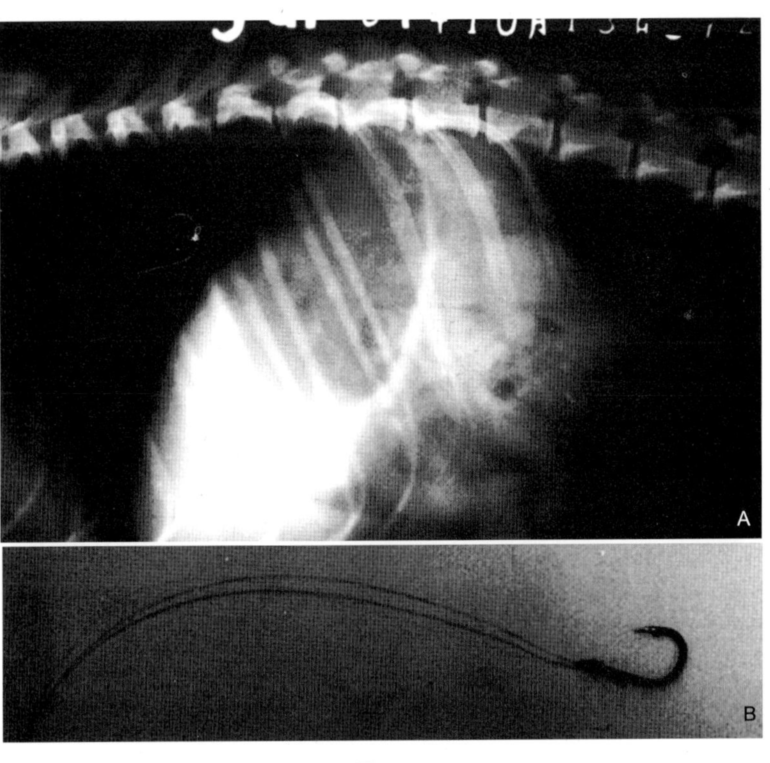

图 116

【病例 111　博美犬食道异物】

【典型病例】博美犬，♂，半岁，体重 1.2kg。喂过鸡翅，呕吐多次，拉稀。

【X 线表现】第一张右侧卧胸部平片显示：食道后段自心基至横膈处隐约有条状针帽样宽带均质密度影（图 117A）；第二张右侧卧服钡同即照 X 线片显示：心基部至横膈处食道滞留多量钡剂（图 117B）。

【X 线诊断】食道后段骨渣异物阻塞。

【诊断要点】有异物病史。照平片食道有隐约浅影不能确诊时，以稀钡口服造影容易确诊。

【临床诊断思路】①犬的食道异物比猫更多见；②临床症状随阻塞的程度及阻塞时间的长短而有所不同。

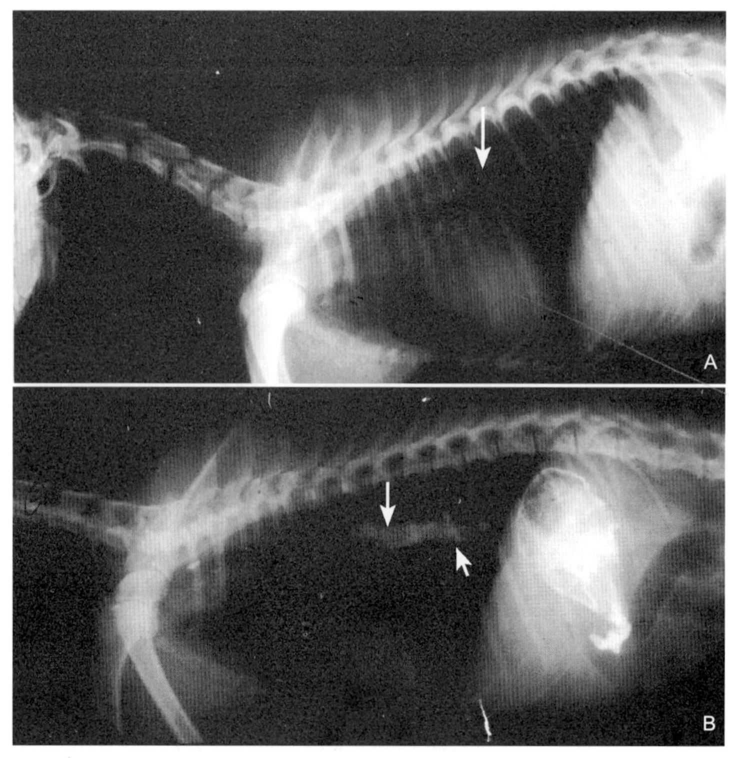

图 117

【病例 112　猫食道线状异物】

【典型病例】猫，♂，6 岁，体重 4.5kg。逆呕，拒食。钡餐造影，见食道后段有一线状钡剂影进入贲门——胃体。手术切开胃取出 30cm 长粗棉线绳 1 根。

【X 线表现】腹背位食道钡餐造影正位显示：胸左侧顺食道有一条粘有钡剂高密度线状影进入胃体（图 118）。

【X 线诊断】食道线状异物。

【诊断要点】①对食道内不透射线异物照 X 线平片即可确诊；②对可透射线异物通过造影检查，可以对细小异物作出诊断。小的透射线异物有小骨渣、骨片、塑料、块根饲料、线绳等。

【临床诊断思路】①如果怀疑有穿孔，最好用非离子型造影剂检查；②了解病史对 X 线诊断有帮助，如该猫是在主人包粽子时不慎让猫将捆粽子的棉线绳一段吞食而造成此病。

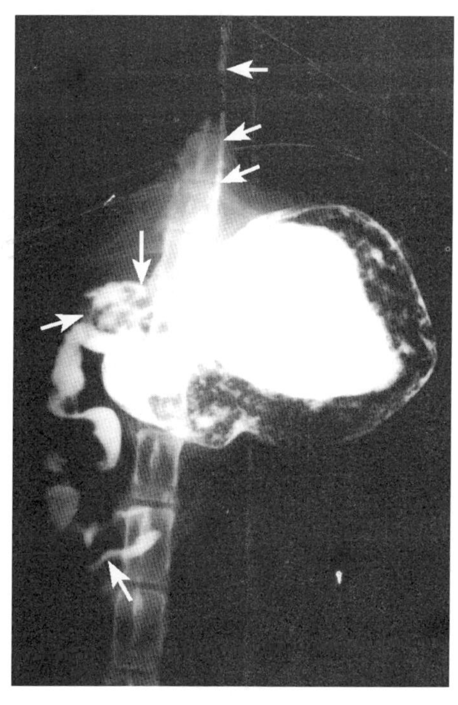

图 118

【病例 113　京巴犬食管瘘】

【典型病例】京巴犬，♂，6 岁，体重 9.5kg。干呕，拒食 1 周，体弱，消瘦。钡餐食道造影 X 线片显示：第 9 ～ 10 胸椎腹侧食道内有骨样异物，稀钡渗漏到胸腔横膈处。当即手术，发现异物将食道穿破一小洞，将骨块取出，为半块羊椎体骨，术后 2 天，终因衰竭死亡（图 119A）。

【X 线表现】左卧胸部显示：食管后段有一凹形边缘不齐密高影，周围有散在稀钡影。横膈有大片稀钡影，两块密高影相联（图 119B）。

【X 线诊断】食管后段骨样异物伴食管穿孔。

【诊断要点】①食管瘘病例罕见，因骨块过大，时间过长造成食管穿孔；②再三追问犬主人，才想起 1 周前遛狗时，该犬拣食过骨头。

【临床诊断思路】①如果造影有食道瘘，则应用水溶性造影剂，以显示缺陷处影像；②主人一直认为该犬是患了感冒咳嗽，1 周后才诊治，术后一般预后不良。

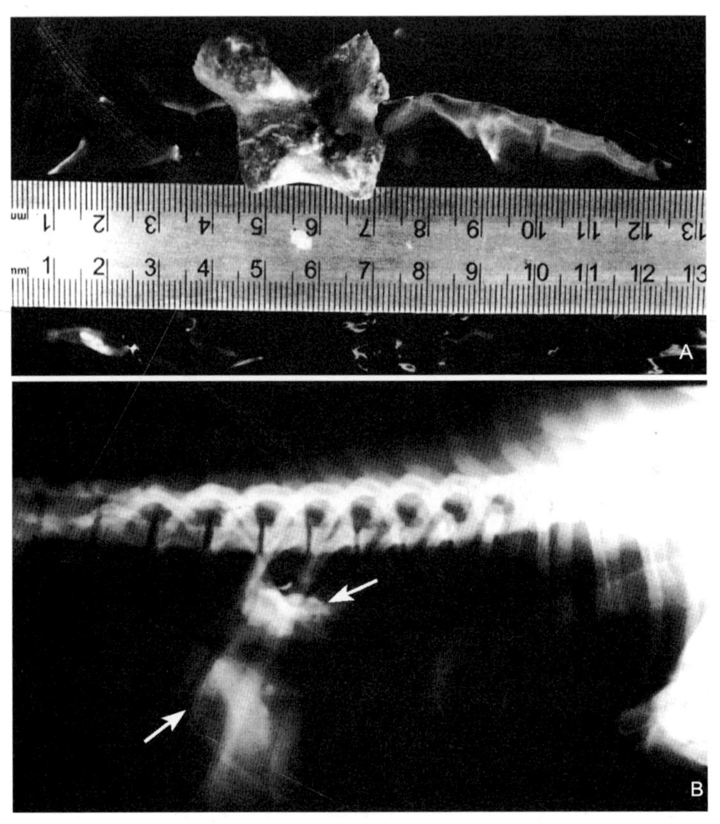

图 119

【病例 114　吉娃娃串犬气管—食管瘘】

【典型病例】吉娃娃串，1 岁，体重 2kg。1 个月前曾喂过鸡翅，后常做仰头动作，自然进食后返流。

【X 线表现】第一张右侧卧显示：气管向腹侧移位，食管在胸入口处及胸腔上部呈大面积密高均质影，食管滞留钡剂呈线状增宽影（图 120A）；第二张右侧卧显示：食道中段滞留大量钡剂，呈长条影，胸腔气管远端充满多量钡剂，呈支气管树影（图 120B）。

【X 线诊断】气管—食管瘘。

【诊断要点】①食过鸡骨造成食道异物，异物长时间产生慢性压迫而引起食管缺血坏死并形成纤维性管道与气管相通，容物经瘘管进入气管并引起肺部感染；②借助造影检查并不难确诊。

【临床诊断思路】食管—气管瘘很少见。如果怀疑食管或气管瘘，则应经口灌入水溶性造影剂以显示缺陷处的影像。

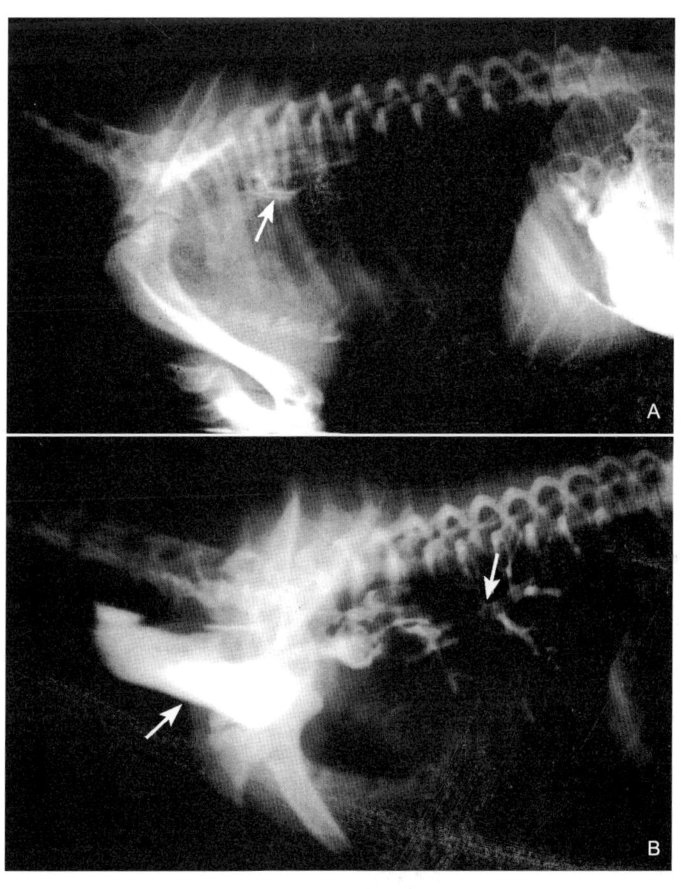

图 120

第三节 胃部病变

【病例 115 松狮犬胃气性扩张】

【典型病例】松狮犬，♀，1 岁，体重 13kg。进行性腹胀，表现不安、干呕、呼吸困难。

【X 线表现】右侧卧平片显示：胃体积膨大，占去腹腔大部，胃内积气严重，由于胃气性扩张使小肠后移。此片为右侧卧位摄片，幽门窦位于腹侧，其内为液体所填充（图 121A、B）。

【X 线诊断】胃气性扩张。

【诊断要点】①如果是简单的胃气性扩张，幽门仍可保持在正常的右侧位置，此点对于诊断单纯性胃扩张和胃扭转很重要的；②侧位片上并未见到胃壁折痕而横过扩张的胃。

【鉴别诊断】应与急性胃扩张—扭转鉴别。

【临床诊断思路】急性胃扩张—扭转是一种突发性、剧烈的致命性胃肠道疾病。虽病因不明，一般认为与过度饮水及运动前过度饮食和胃动力功能麻痹、幽门功能紊乱等有关。

胃迅速膨胀也可能发展为胃扭转，故及早诊断处置非常重要。

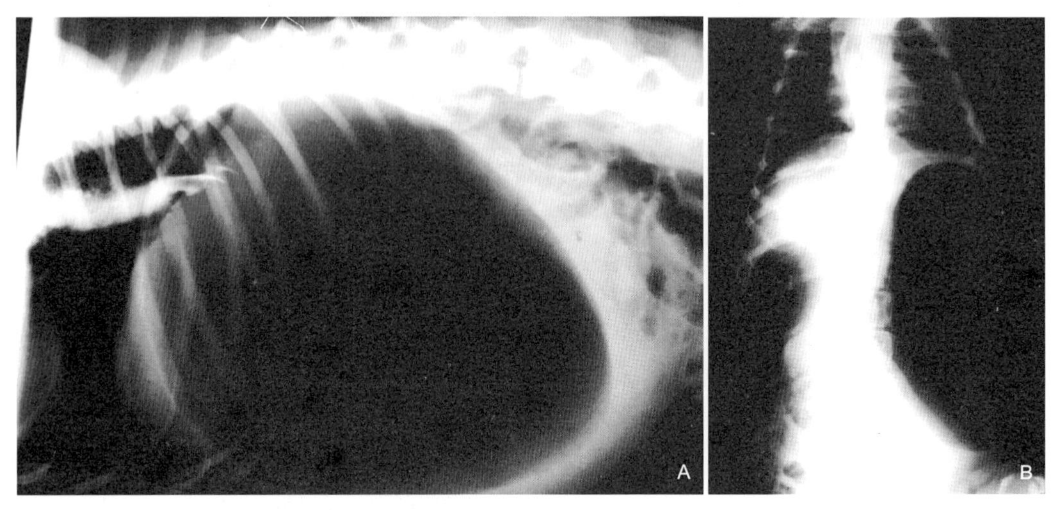

图 121

【病例 116 杂犬幽门阻塞】

【典型病例】杂犬，♀，8 岁，体重 7.5kg。拒食 6 天，喝水后也吐。

【X 线表现】仰卧腹背位显示：第 1 ~ 2 腰椎左侧圆形密度甚高的金属影，在幽门窦或幽门区域。胃内空虚，肠管气体较多（图 122）。

【X 线诊断】金属硬币 1 枚。（后经手术证实）

【诊断要点】①犬和猫胃内异物最主要的临床症状都是呕吐和食欲不振。发生呕吐多是由幽门阻塞、胃扩张和异物对胃的刺激造成的；②如是不透射线异物，平片确诊不难。

【临床诊断思路】①胃内异物是犬、猫因各种原因误食异物引起的疾病，特别是幼犬、猫活泼好动，喜欢衔叼异物玩耍，常常不慎将异物咽下；②如果怀疑动物吃了不透射线的异物，X 线平片即可确诊，如果是透射线的低密度异物也可实施钡餐造影检查。

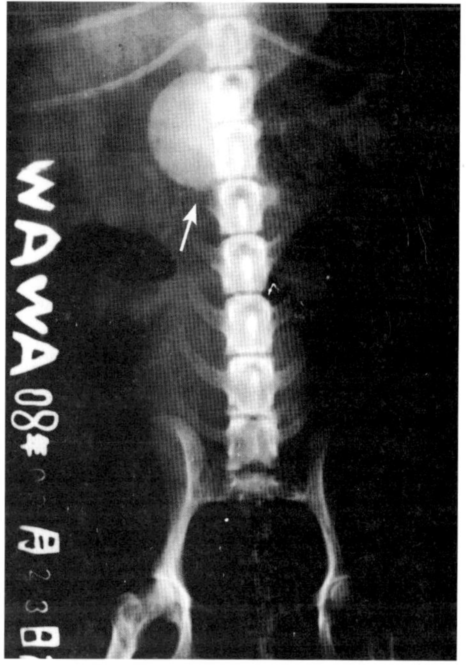

图 122

【病例 117　杂犬幽门、十二指肠异物阻塞】

【典型病例】杂犬，♂，1 岁，体重 10kg。拒食、呕吐已数天。

【X 线表现】右侧胸腹侧位显示：胃体膨胀，胃、幽门、十二指肠区域有多处块状密高影，此片是在 3 天前曾口服稀钡所残留的异物钡影，后腹肠管严重气性扩张（图 123）。

【X 线诊断】胃体轮廓增大，密度增高，幽门、十二指肠异物阻塞。

【诊断要点】①第一张平片，因幽门、十二指肠段均为透射线异物阳性异物不明显，灌服稀钡后待追查；②第二次复查，距离灌钡已 3 天，胃轮廓增大，十二指肠区域滞留少量稀钡阳性团块影明显；③胃排空受阻，幽门、十二指肠有异物阻塞。

【临床诊断思路】本病例经手术，从幽门、十二指肠取出一段 30cm 长线绳，存留在幽门及十二指肠内。小肠前段取出草团一块。

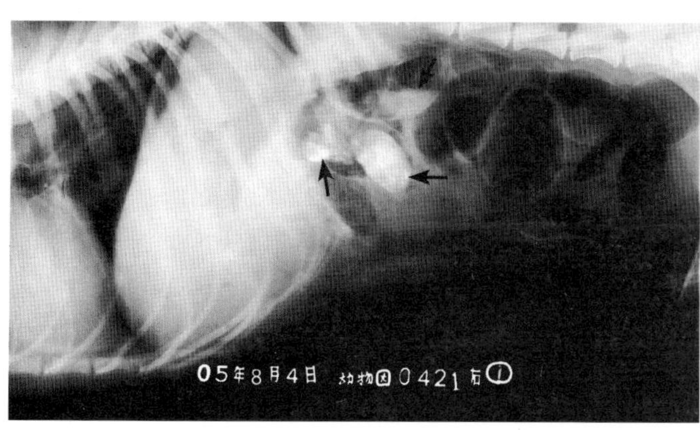

图 123

【病例 118　猫食管、胃、十二指肠线性异物】

【典型病例】猫，♀，7 岁，体重 2.2kg。呕吐拒食已 5 天。

【X 线表现】第一张，以右侧卧胸腹平片显示：胃、小肠可见较多气体，未见不透射线异物（图 124A）。

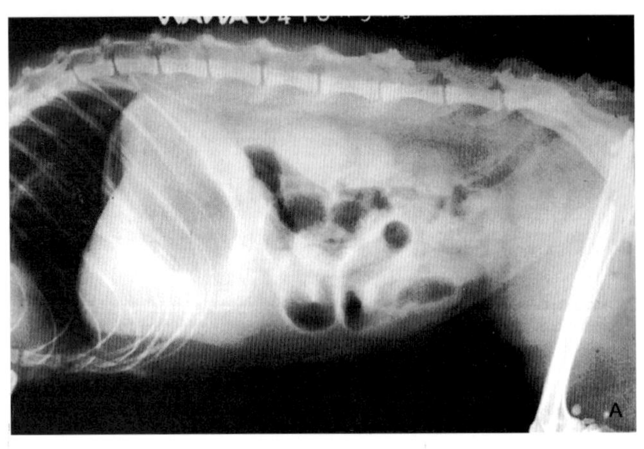

图 124A

第二张，以服稀钡同上位置显示：食道中段有一细线密高影进入胃内，细线密高影引伸到十二指肠（图 124B）。

【X 线诊断】食管、胃、十二指肠、线性异物。

【诊断要点】①本病例临床呕吐、拒食 5 天，是胃肠阻塞的重要征象；②摄平片未见 X 线阳性征象，需服少量稀钡造影再摄片观察。

【临床诊断思路】本病例经造影明确诊断后即手术，见胃内有化纤类细线一小团（图 124C），此线由食管入胃又入十二指肠，两端线不易取出，只好从贲门、幽门处剪断。术后检查口腔，见有一段线挂在牙齿上。

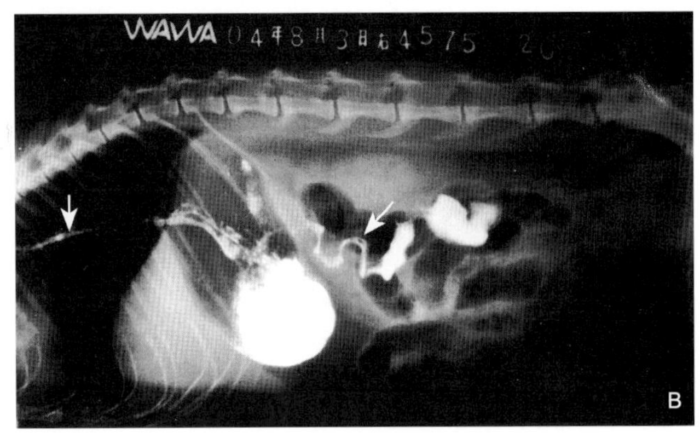

图 124B

图 124C

【病例 119　海豹胃异物】

【典型病例】海豹，♂，8 岁，体重 40kg。

病史：在水池内活动尚可，多日拒食。经 X 线摄片后检查确诊胃内有金属类异物。在准备手术前死亡。

剖检结果：胃内除有长铁丝段、钢钉外，还有 5 号电池、汽水瓶盖及钥匙（图 125A）。

图 125A

【X 线表现】生前摄背腹位 X 线片示，胃内有金属类异物，在腹右 12 肋骨下有金属类长条阴影（图 125B）。

【X 线诊断】胃内金属异物。

【诊断要点】①根据病史如怀疑胃肠有阳性异物，X 线摄片确诊并不困难；②海豹生性活泼，喜欢在水池内衔叼异物戏耍，常常不慎将异物吞咽。

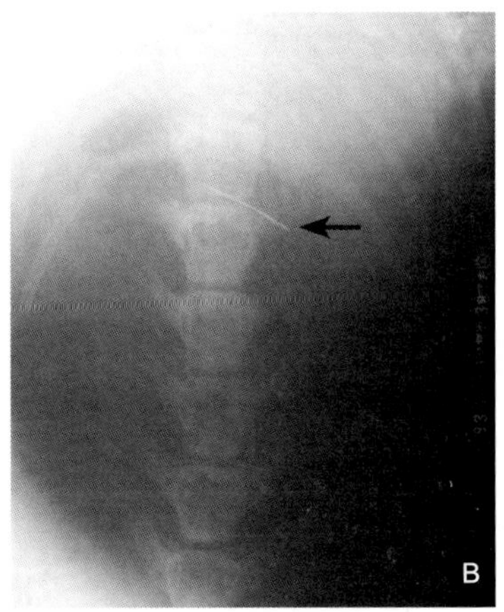

图 125B

【临床诊断思路】20 世纪 80 ～ 90 年代，北京动物园曾有不少动物因吞食塑料包装袋受到伤害或死亡。起初没有经验，常常是个别动物死亡，剖检后才发现是塑料包装袋致死原因。以后发现动物无名消瘦、拒食粗纤维植物者，特别是反刍类动物，都及早进行 X 线检查，发现阳性病例即手术治疗。动物园兽医院曾对蛮羊、山羊、赤鹿、梅花鹿等 20 多头误食塑料袋等异物的动物进行手术治疗，挽救了它们的生命。

【病例120 麝牛瘤胃金属异物】

【典型病例】麝牛，♀，14岁，体重250kg。食欲时好时坏，反复发作，有疼痛表现，不爱运动。X线摄片诊断，前胃金属样异物，经手术从瘤胃取出5cm长16号铁丝一段及5块小石块，因金属异物穿破网胃造成创伤性网胃腹膜炎，术后4小时死亡（图126A、B）。

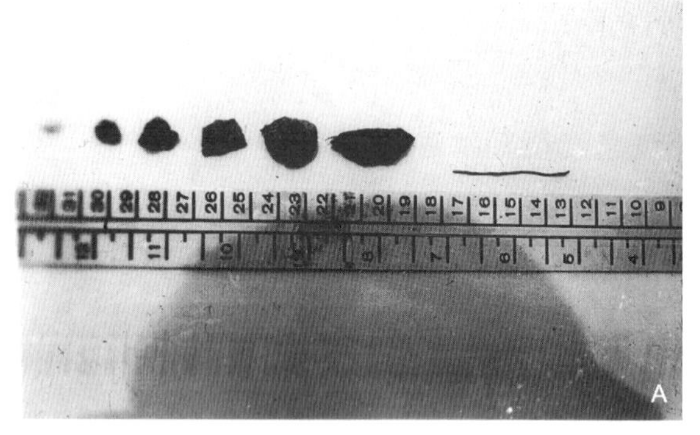

图126A

图126B

【X线表现】腹部侧位平片显示：横膈中部肋骨边缘处有不透射线金属影，长约6cm，直径1mm。金属阴影一端指向背侧，另一端斜指腹壁侧腹壁可见块状矿化物阴影（图126C）。

图126C

【X线诊断】胃内铁丝异物。

【诊断要点】①在胃肠空虚的情况下不透射线异物在X线平片中很容易辨认；②对透射线的异物如过多植物梗团、毛球团、石子、多数软包装塑料袋，由于滞留胃内时间长而扭曲成坚硬条状或块状矿化物。

【临床诊断思路】①动物园内的牛科动物种类较多，体型大小不一，形态多样，珍稀物种有扭角羚、苏门羚、斑羚、野牦牛等，本例麝牛是国外引进，产于阿拉斯加的一种牛科动物；②食草类如发生无名消瘦，只吃细料、嫩草，甚至无反刍现象时，均应及早做X线检查，达到及时确诊。

【病例 121　蛮羊瘤胃异物】

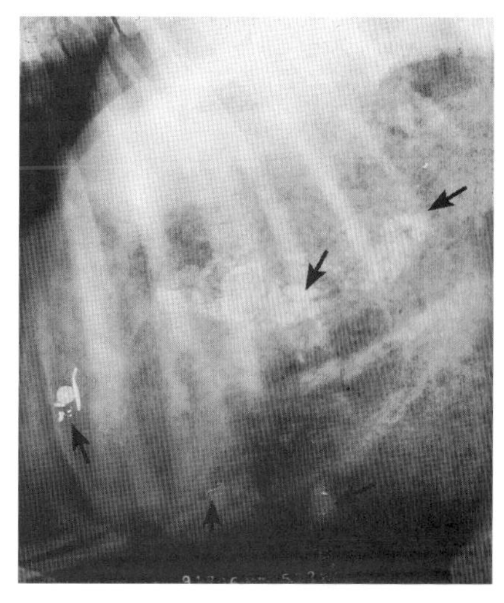

图 127

【典型病例】蛮羊，♂，成年，体重 40kg。刚引进动物园半个月，发现体质渐差，食欲也差。X 线摄片显示：胃内有圆形、条状金属异物，瘤胃多量散在密高矿化物阴影。X 线确诊胃异物，后手术，从瘤胃取出图钉一个、扁铁丝一段、扭成团块质硬塑料包装袋 250kg，手术后 4 周康复。

【X 线表现】右侧卧腹平片显示：横膈中后可见不透射线金属条 1 个及圆形金属和小块金属密高影均聚集一起，瘤胃内有大量散在块状矿化云雾状阴影（图 127）。

【X 线诊断】瘤胃有金属及大量塑料软包装袋异物。

【诊断要点】①临床怀疑有胃异物时，摄片前需禁食 1 ～ 2 天；② X 线摄片用 12 吋 ×15 吋胶片，左侧卧由胸部到腹中后接力拍摄 2 ～ 3 张。

【临床诊断思路】反刍动物在动物园展区容易误食塑料软包装袋。一旦发现特异病症，如体质消瘦、食欲下降，甚至拒食，有条件时都应及时进行 X 线诊断，准确率可达 90% 以上。

【病例 122　蛮羊瘤胃异物】

【典型病例】蛮羊，♀，成年，体重 35kg。疑怀孕，X 线摄片检查后，未见胎儿，却发现瘤胃内有毛球、矿化物及硬条状异物影。手术，从瘤胃内取出毛球 1 个，少量塑料包装袋异物。

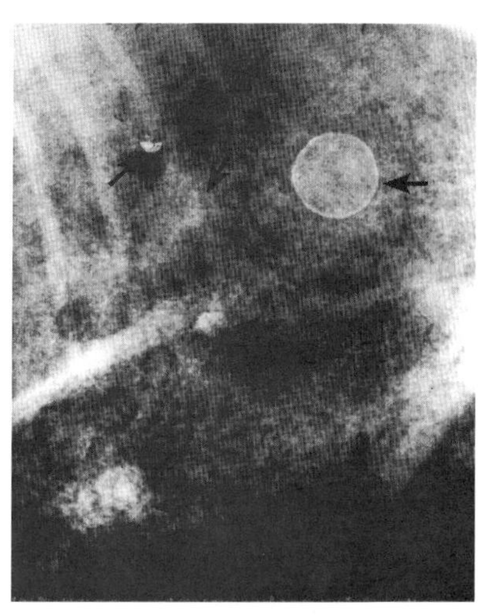

图 128

【X 线表现】右侧卧腹平片示，瘤胃内有大量纤维糜食，其中有一核桃大圆形密高影及散在大块、小块矿化影和一索条装密高影（图 128）。

【X 线诊断】瘤胃毛球及塑料软包装袋异物。

【诊断要点】①要想到在动物园内展览的蛮羊直接面对游人，常发生误食软塑料包装品、捆扎饲草的塑料绳等；②胃内大量纤维食糜影呈浅密度弥散均质影，而毛球、矿化物和塑料包装品长时间在胃内相互缠结形成块状、条状比植物纤维样阴影更高。

【临床诊断思路】反刍动物前胃异物用手术疗法效果良好。临床、X 线检查及手术需掌握时机，如拖延太久，体质已衰弱，预后不良。

【病例 123　蛮羊误吞 2.5kg 塑料包装袋异物】

【典型病例】蛮羊，♂，8 岁，体重 4.5kg。拒食 6 天，不反刍，喜卧，能饮水。X 线摄片发现瘤胃内有大量异物阴影。随即手术，从瘤胃内取出 2.5kg 湿塑料袋。这是瘤胃异物病例中最多的一只。术后精心护理治疗 4 周，完全康复。

【X 线表现】左侧卧腹平片显示：瘤胃内积有较多气体，并衬托出多个相互连接云雾状矿化物密高影，及少量小块状密高影（图 129）。

【X 线诊断】瘤胃有大量塑料包装袋异物。

【临床诊断思路】动物误食少量塑料袋早期无明显临床症状，误食大量异物后会出现前胃弛缓。食欲时好时坏。病因不除，机体日渐消瘦，甚至最后死亡。

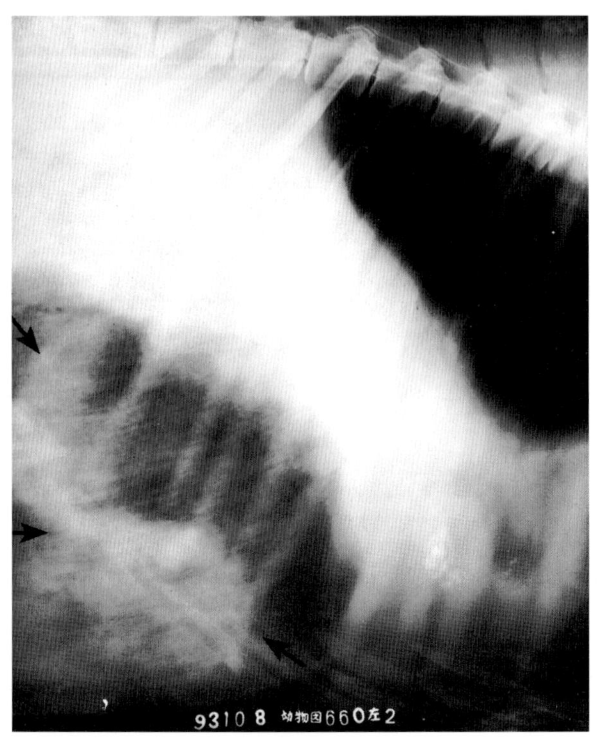

图 129

【病例 124　猎羚瘤胃异物】

【典型病例】猎羚，♂，21 岁，食欲减少，体渐消瘦，腹式呼吸，精神沉郁。

【X 线表现】右侧卧腹平片显示：瘤胃区域可见 6cm × 9cm 边缘较整齐、密度很高颗粒状大团块影，团块内伸向腹后侧由宽至细状密高影（图 130A）。

【X 线诊断】瘤胃异物已扭成团块状条影。

【诊断要点】① X 线检查前已数天拒食，近期无名消瘦，由于是展览动物，吞食塑料包装袋可能性大；②瘤胃内球状及线状的矿化影，并不是食入的草团及其它植物性纤维，而是异物在瘤胃内长期滞留而扭成的矿化物影。

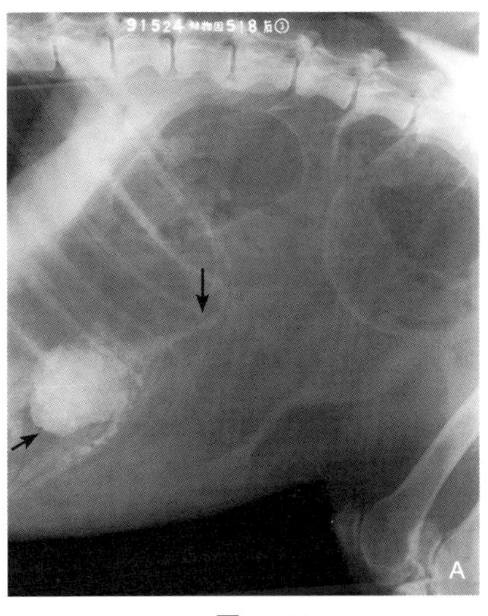

图 130A

【临床诊断思路】①由于动物长期在动物园内展区，每天都有机会接触游客，误食塑料包装袋的可能性大；②拍 X 线片后，当天死亡。剖解发现瘤胃内扭曲成块的大小塑料袋长 8 ～ 11cm，团块周围粘有大量沙粒大小质硬矿化物，共重 210g（图 130B）。此外，还有一散在瘤胃内的塑料包装袋。肺淤血、水肿，小肠出血。

本病例提示：对无名消瘦的反刍动物，有条件时均应早做 X 线摄片检查，这是提高治愈率的手段之一。

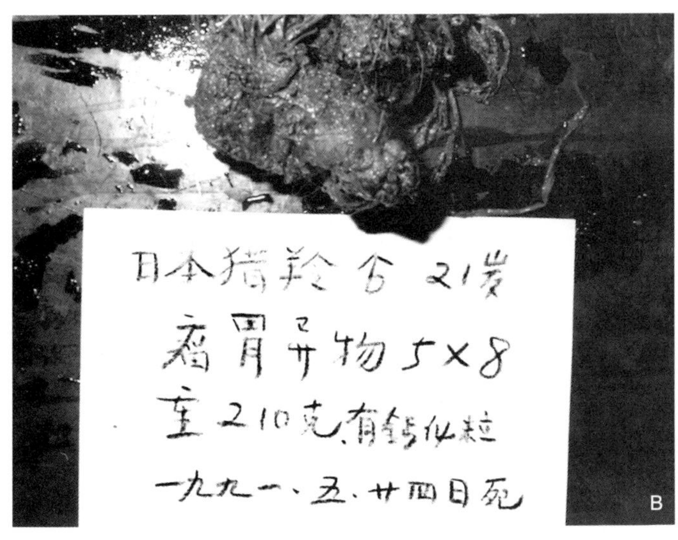

图 130B

【病例 125　白唇鹿前胃食滞】

【典型病例】白唇鹿，♂，1岁，体重150kg。3天来，饲草减少，精神呆滞，干咳，干呕，无反刍。X线片显示异物充满前胃，导致胃食滞。手术从瘤胃取出糊状苜蓿梗5kg。术后3周康复。

【X线表现】左侧卧腹平片显示：横膈界线清晰，瘤胃膨胀，内有多量大块均质密高影，约10cm×15cm不等，相互重叠，边缘较整齐（图131）。

【X线诊断】异物性前胃食滞。

【诊断要点】①有饲喂干苜蓿为主要粗饲料投喂史；②数天拒食，前胃本应空虚，却反而有大量植物性纤维块状影。

【鉴别诊断】应与前胃毛球团块和误吞塑料包装及捆草用的绳索异物相区别。

【临床诊断思路】对鹿科动物长时间以开花后收割的整株苜蓿作为主要粗饲料，由于吞咽后不易反刍再咀嚼，过长的纤维在前胃积累过多，所以造成前胃食滞而转化为异物。

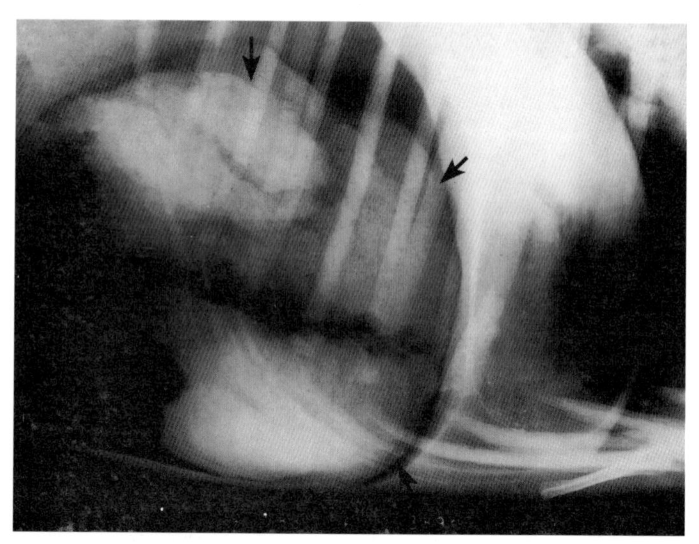

图131

【病例 126　赤鹿瘤网胃异物】

【典型病例】赤鹿，♂，4岁，体重95kg，为圈养展出动物。近3个月食欲减少，体渐消瘦。全麻后X线摄腹部平片检查。

【X线表现】左侧卧自横膈至腹中以12吋×15吋X线片依次错开拍照。在瘤胃靠腹壁处可见一个7cm×7cm大小、边缘较齐、棉絮状团块阴影，整个瘤胃仍充满云雾状食糜阴影（图 132A）。

【X 线诊断】瘤胃异物。

【诊断要点】①圈养的食草动物都能隔栏近距离接近游人，很容易吃到游人投给的食物或塑料包装袋，如发现动物逐渐减食或只吃精料不愿吃粗纤维草同时逐渐消瘦，可分析为胃异物所致；② 20 世纪 90 年代初盛行食品以塑料包装袋出售，动物园内不少动物深受其害，许多动物误食后造成死亡。作者曾试验以家羊人工喂食塑料包装袋，然后按不同时间进行 X 线实验性诊断，从中对动物误食异物后在 X 线诊断方面积累了丰富经验。本例根据 X 线片显示，对比后作出肯定性诊断。

【临床诊断思路】该病例临床症状较典型，X 线确诊后即做手术处理（图 132B）。最终从瘤胃到网胃的通道内取出扭成核桃大小的塑料薄膜包装袋异物一团，清洗后的塑料包装袋重 25g（图 132C）。此病例是食草兽胃异物最少的病例，术后住院治疗 2 周康复（图 132D）。

图 132

第四节　小肠病变

【病例 127　腊肠犬小肠石子异物】

【典型病例】腊肠犬，♂，6 岁，体重 15.4kg。已 4 天食欲废绝，不饮水，呕吐。腹部触诊有硬块感。X 线诊断为石子异物，当天手术，从小肠后段取出 17.3g 重石子一个（图 133A）。

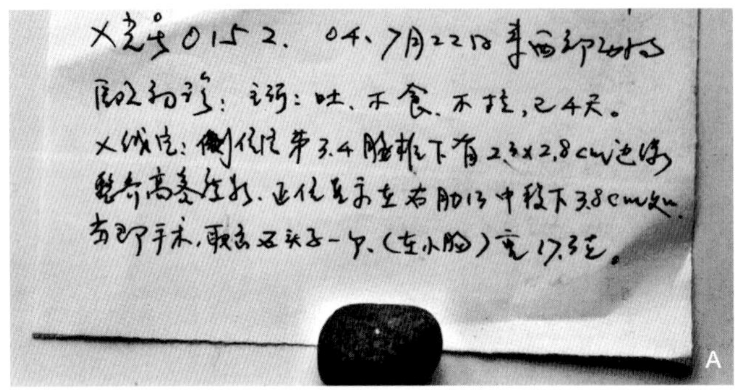

图 133A

【X 线表现】右卧腹平片显示：胃及小肠内前段积有大量气体，致肠管直径扩张。在腹壁有一椭圆形、密度甚高、边缘整齐异物影（图 133B）。

【X 线诊断】小肠后段石子异物。

【诊断要点】根据病史及触诊和 X 线摄片不透射线异物确诊。

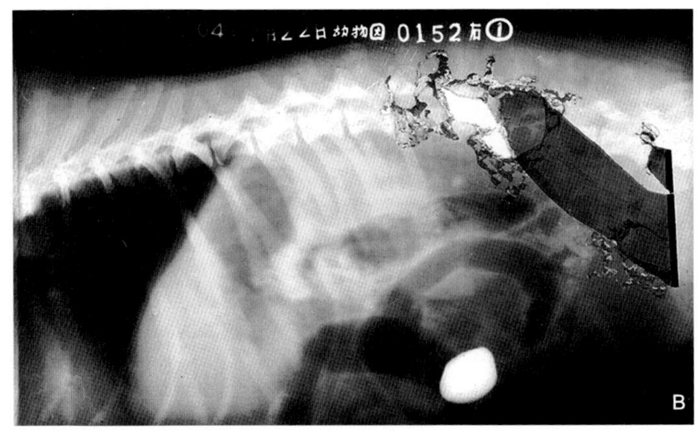

图 133B

【病例 128　可卡犬桃核致小肠阻塞】

【典型病例】可卡犬，♂，2 月龄，体重 2kg。2 天来呕吐，拒食，触诊腹内有拇指大硬块一个。X 线摄片定性检查为桃核异物阻塞，后经手术证实（图 134A）。

【X 线表现】腹背 + 右侧卧腹部 X 线平片显示：腹腔小肠肠袢扩张，肠管气体超出正常范围。正位片显示：第 5、6 腰椎左侧及侧位片腹壁中下部均可见一较圆形密度较高阴影，阴影中可见一椭圆透明影（桃仁）（图 134B、C、D）。

【X 线诊断】小肠内异物阻塞（桃核）。

【诊断要点】①犬主人诉怀疑可卡犬吃了桃核，有呕吐现象；②临床触诊腹内有硬块，说明肠管异物确实存在；③肠管阻塞可见肠袢扩张，阻塞部位肠管扩张明显并超出正常范围；④不透射线异物其轮廓特别是桃仁的轮廓清晰可见。

【临床诊断思路】①肠阻塞为常见急腹症，X 线检查是诊断的可靠方法之一；②本病例病史、临床诊断及 X 线平片阻塞征象明确，诊断成立。

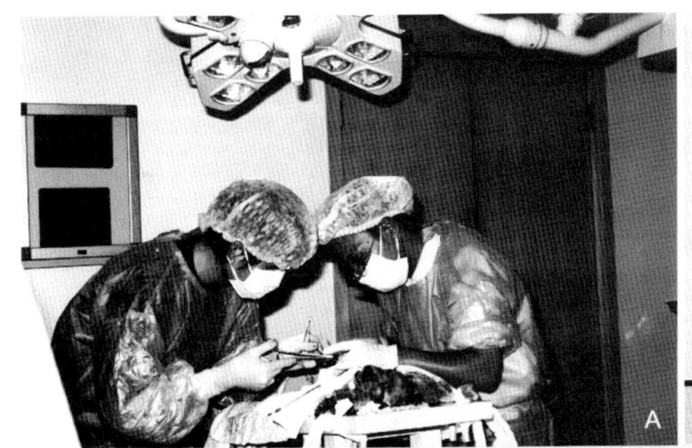
A

D

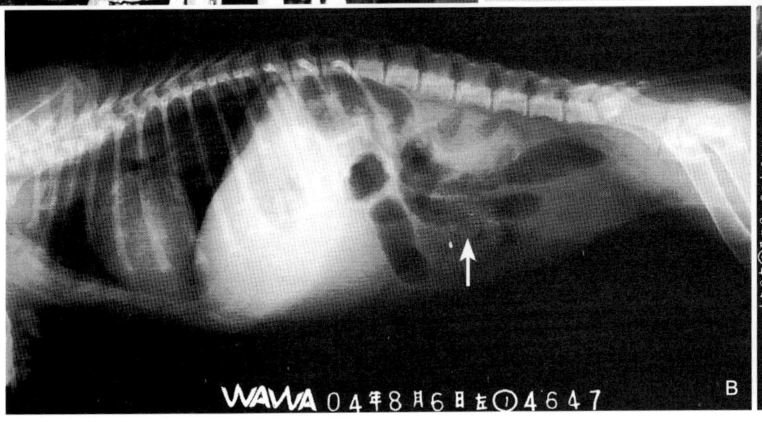

B

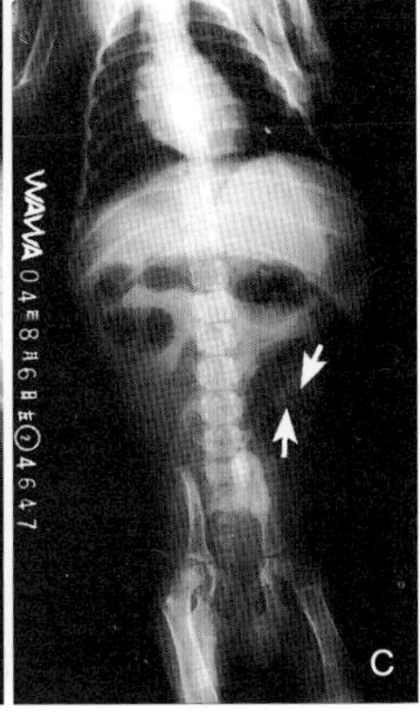

C

图 134

【病例 129　斗牛犬小肠异物伴肠套叠】

【典型病例】斗牛犬，♀，5 月龄，体重 5.6kg。呕吐，拒食，腹部触诊有鸽蛋大小硬块。X 线确诊为肠管内桃核一个。当天手术，从回肠后段取出较大的桃核 1 个。异物处肠管形成肠套叠、坏死。切除坏死段肠管做肠吻合术。

【X 线表现】右侧卧腹平片显示：胃及小肠前段积气超正常范围。第 6 腰椎腹侧有一扁圆形边缘整齐透明影，而阴影周围为椭圆形、边缘较齐、密度较高的实影（图 135）。

【X 线诊断】小肠后段桃核异物 1 个；异物致小肠阻塞或套叠不除外。

【诊断要点】①异物梗阻造成肠管前段大量积气；②异物影轮廓较清晰，而异物中透明影中的椭圆阴影正是桃核征象；③根据病史认真仔细读片，在钡餐造影前也可作出明确诊断，为早日手术提供条件。

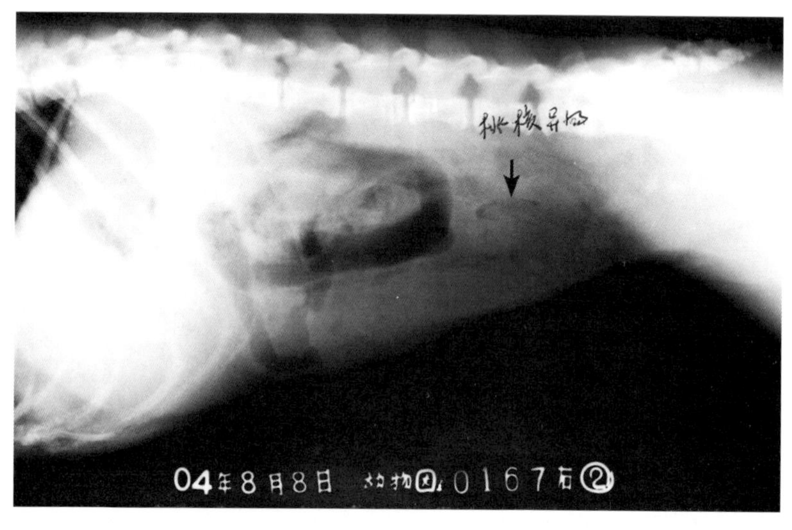

图 135

【病例 130　博美犬异物致回肠阻塞伴肠套叠】

【典型病例】博美犬，♂，3 岁，体重 3.1kg。发病 5 天来，反复呕吐，精神沉郁。钡餐及灌肠造影 X 线诊断明确。手术从回肠后段取出牙膏盖 1 个，回肠套叠整复，动物 1 周康复。

【X 线表现】右侧卧口服钡剂 3 小时后显示：胃、十二指肠钡剂排空，而小肠后段钡剂受阻，致使充满钡剂的小肠扩张形成类似巨结肠（图 136A）。

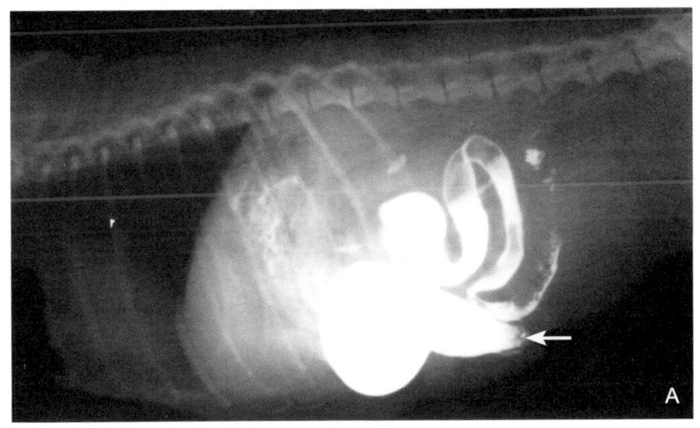

图 136A

服钡 24 小时后腹部侧位摄片显示：钡剂仍滞留小肠后段，可见肠管套入部和鞘部之间钡剂的渗出液勾勒出套入部环形黏膜褶的轮廓——“螺旋弹簧征”（图 136B）。

在服钡 72 小时后又进行钡灌肠检查，仰卧腹背位显示：直结肠充盈良好，回盲段处钡受阻，而口服的钡仍滞留回肠段（图 136C）。

【X 线诊断】回肠异物梗阻伴肠套叠。

【诊断要点】①临床症状明显，5 天来反复呕吐，拒食，已说明肠管梗阻；②口服钡餐后 3 小时、24 小时及 72 小时又进行钡灌肠，均有 X 线阳性征象。

【临床诊断思路】①动物的肠梗阻、肠套叠的诊断有相当难度，而病情危重发展快，多因急性心力衰竭和内毒素休克而死亡，除非尽早手术，否则预后不良；②本病例钡餐及灌肠造影 X 线征象较典型，加上手术及时而挽救了动物生命。

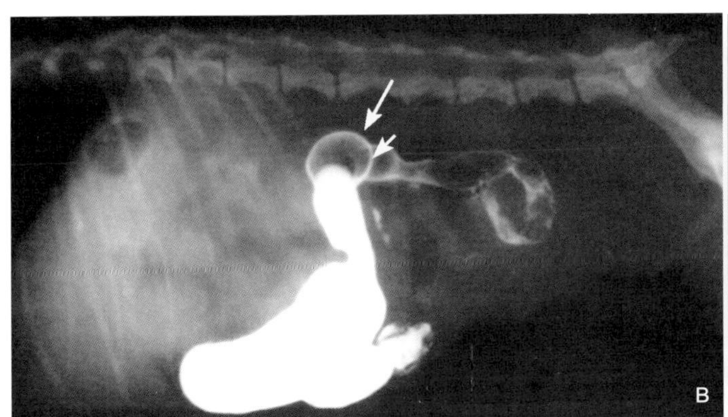

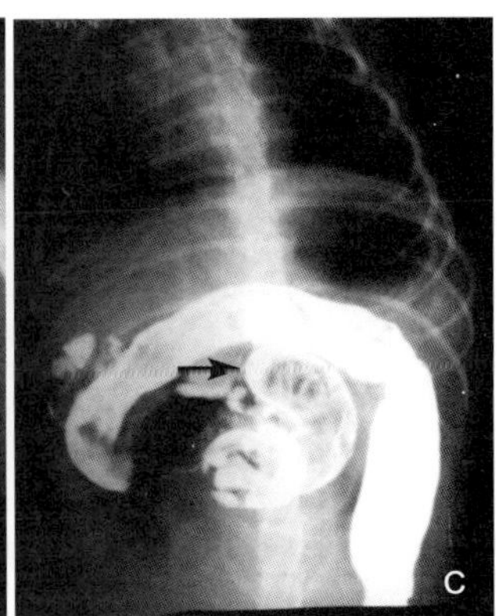

图 136B、C

【病例131　约克夏犬小肠容物性阻塞】

【典型病例】约克夏犬，♂，2岁，体重2.5kg。4天前喂过鸡翅，当晚呕吐。打针、输液4天无效。拍片检查，X线平片显示小肠肠袢扩张，口服钡50分显示胃、十二指肠排空延迟。口服石蜡油10mL，两天后排出多量硬粪后康复。

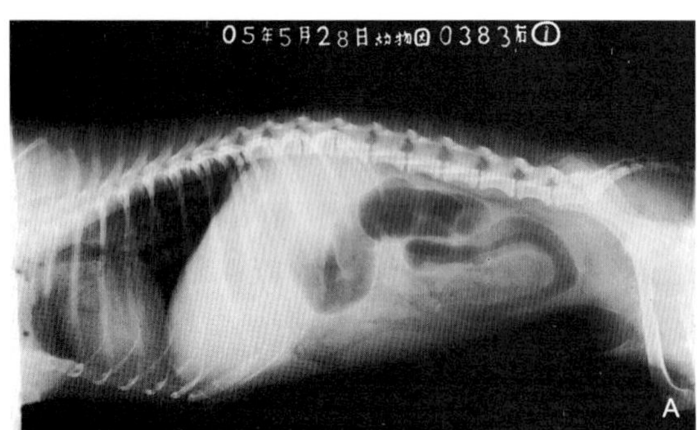

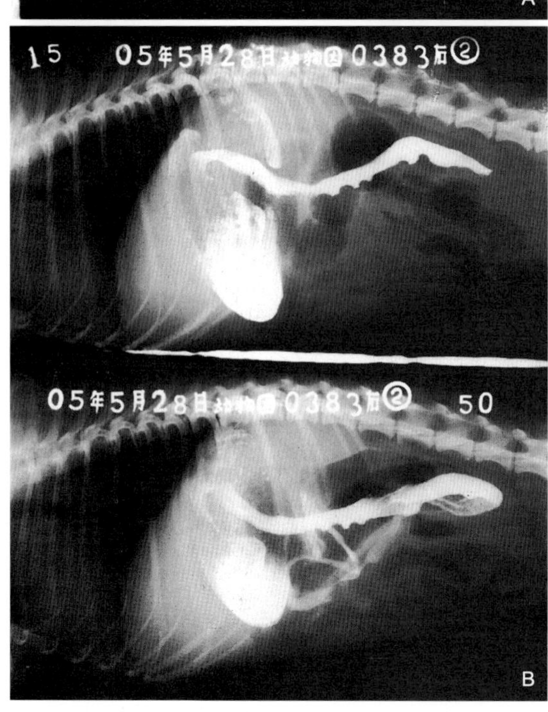

图137

【X线表现】右卧腹平片显示：小肠肠袢明显扩张，其中充满气体或液体，形成肠管分层“征象”。腹壁肠管示密实影，肠管无大量气影。稀钡胃肠联合造影50分钟后拍片显示，大部分钡滞留胃及十二指肠段，说明排空延迟（图137A、B）。

【X线诊断】小肠容物性阻塞

【诊断要点】①结合病史及拍片、造影不难诊断；②本病例犬平时食狗粮，4天前突然喂食鸡翅而发病，X线确诊后口服石蜡油，两天后排出硬粪而康复。

【临床诊断思路】①肠梗阻（肠阻塞）为常见急腹症，X线平片和造影检查是诊断的可靠方法之一；②本病例根据病史而拍片，胃肠钡餐造影见阻塞征象明确，诊断成立。

【病例 132　沙皮杂犬升结肠异物阻塞】

【典型病例】沙皮杂犬，♀，8 岁，体重 12kg。

病史：工厂内看家犬，近一周食减少，精神尚可，每天拉稀粪。喂思密达药数天，不见效，身体消瘦。

X 线显示：腹右侧异物阻塞。手术从升结肠内取出包装用透明胶带纸约 30cm 长，已扭曲成团块状。术后 10 天康复。

【X 线表现】腹背位及右侧卧腹部正侧位显示：腹右侧回盲及升结肠区域有一块 5cm × 5cm、大小密度甚高、下缘边齐、上缘虚的条状阴影。病变密高影在正侧胃片上为同一位置。团块中呈散在细条状透明阴影。胃及其余肠管均聚集大量气体，超出肠管正常直径范围（图 138A、B）。

【X 线诊断】升结肠及回盲段异物梗阻。

【诊断要点】①根据病史、临床症状和 X 线片，病变在肠道内阻塞的征象较典型；②发病过程精神尚可，每天有无异味稀粪排出，体渐消瘦，示动物肠管不完全阻塞的典型表现；③升结肠段病变阴影较典型，胃肠空虚及肠管气体超过正常范围 2 倍以上。

【鉴别诊断】应与腹腔肿瘤相鉴别。

【临床诊断思路】本病例就诊较及时，临床、X 线检查、手术及时准确，为挽救该犬生命赢得了时间。

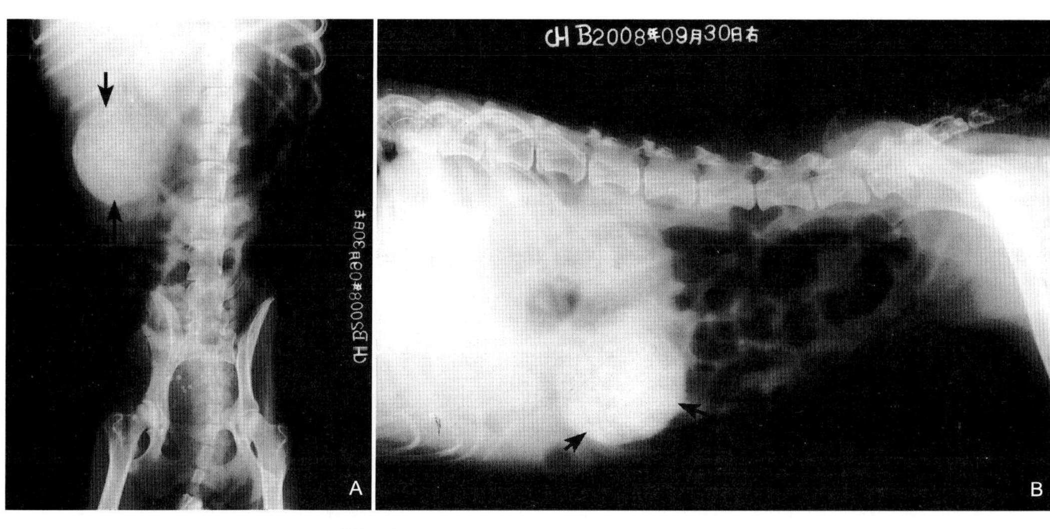

图 138

【病例 133 苏卡达龟便秘性阻塞】

【典型病例】苏卡达龟，♂，10 岁，体重 5kg。

苏卡达龟产于非洲毛里塔尼亚，是一种杂食性陆龟。主人在 10 年前带回国内，从几十克重到目前 5kg 重。近 3 个月来无大便排出，拒食 1 个月。X 线诊断为肠管便秘造成阻塞，经剖腹手术，从肠道内取出大量灰色干粪便，约 200g，从麻醉到手术均顺利完成，这是术后的照片（图 139A）。

【X 线表现】背腹位 X 线片（手术前）显示：腹内右侧肠管呈弯曲状膨胀，直径增宽超出正常范围，内有近似骨质不透射线密高阴影，干硬粪块嵌塞于肠管内（图 139B）。

【X 线诊断】便秘性肠阻塞。

【诊断要点】①根据病史及良好的 X 线片确诊不难；②龟类特别是陆地生活的厚壳龟摄片时，千伏、毫安秒都应比哺乳动物稍高些。如体厚 14cm，给 60kV、12mAs，投照距离 100cm 即可。

【临床诊断思路】①便秘是指排便不畅，甚至停止，粪便干结的一种消化道疾病；②病因多为饲养管理不当，如日料调剂不当，饲料长期单调，缺乏脂肪性饲料等都可能引起龟的便秘；③某些传染性疾病或寄生虫病，也可因肠道发炎、狭窄、扭转、阻塞等病例过程引起继发性便秘。

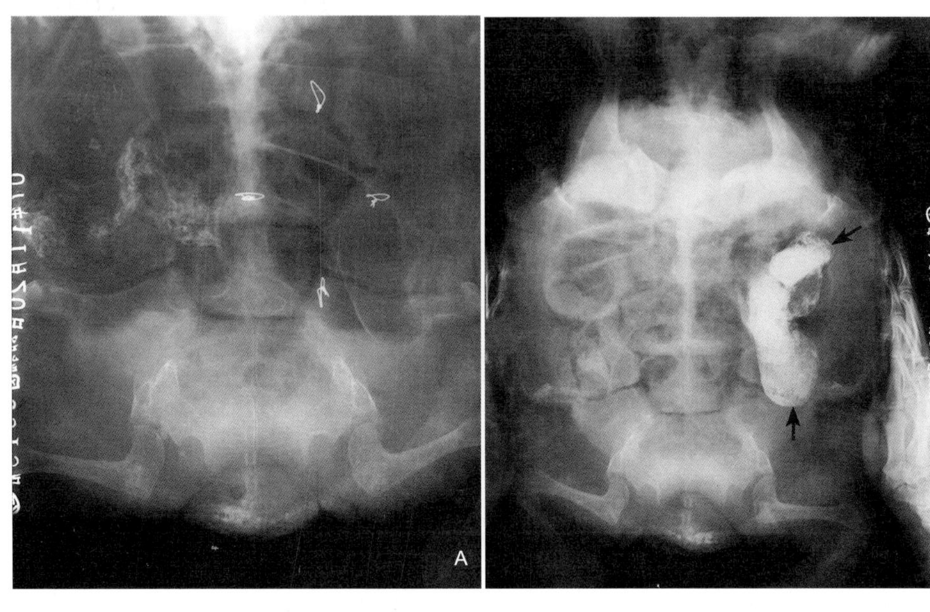

图 139

【病例 134　大熊猫肠梗阻】

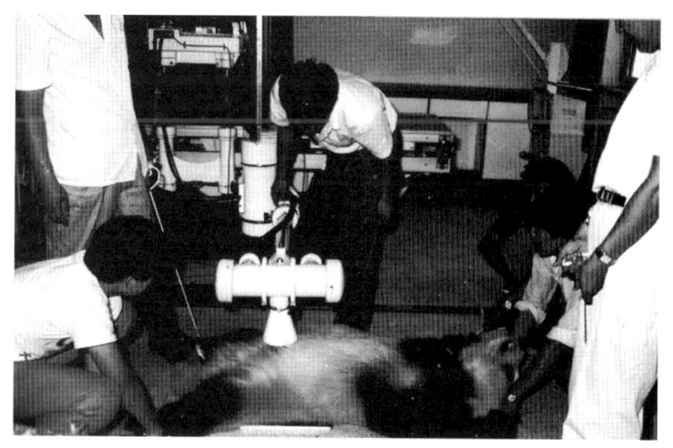
图 140A

【典型病例】大熊猫，♀，24 岁，体重 80kg。该熊猫 21 岁时曾患容物性肠梗阻，给其灌服香油 500mL，24 小时后排出 3.5kg 碎竹梗粪便，后康复。本次发病已 2 天，拒食已 3 天，两天来见排少量黏液粪便，精神沉郁，腹胀、腹痛明显。X 线摄片确诊为容物性肠阻塞。人工灌服液体石蜡油 800mL，25 小时后排出鹅卵大较干的竹粪团 6 个，石蜡油随粪团排出。又经 3 天住院治疗康复（图 140A 为兽医院给痊愈后大熊猫摄 X 线腹平片）。

【X 线表现】仰卧正位腹平片示，整个腹腔多处肠管聚集大量气体，超出正常范围，肠袢严重扩张，呈“分层像”（图 140B、C）。

【X 线诊断】回肠段蓄粪型肠梗阻

【诊断要点】①肠梗阻的 X 线基本征象显示：肠管充气明显，肠管直径严重扩张，提示梗阻（如异物或肠扭转）；②水平投照常显示肠内气——液界面影像。

【鉴别诊断】①广泛或轻度肠管扩张多为肠炎、腹泻、吞气症所致；②小肠梗阻多为表现气体充盈的肠环，液体充盈较少见（非驻立位投照）；③结合临床症状随访。

【临床诊断思路】①起病突然，持续性伴阵发性加剧，已排除黏液便及胃肠炎的可能；②大熊猫肠梗阻为常见急腹症，X 线检查是诊断的可靠方法之一，本病例腹平片肠梗阻征象明确，诊断确立；③临床治疗对路、及时，使患兽短期内得以康复。

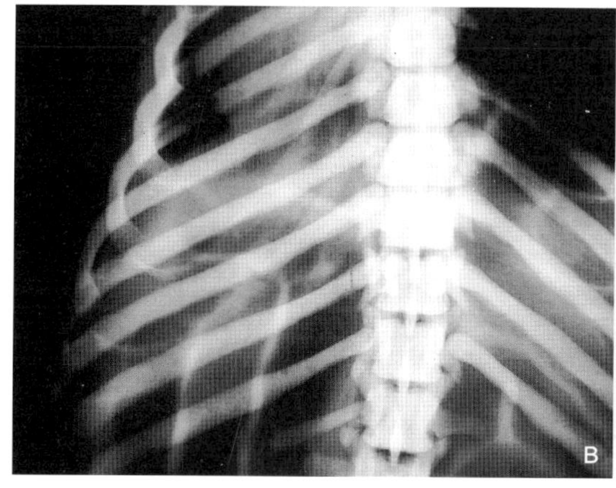

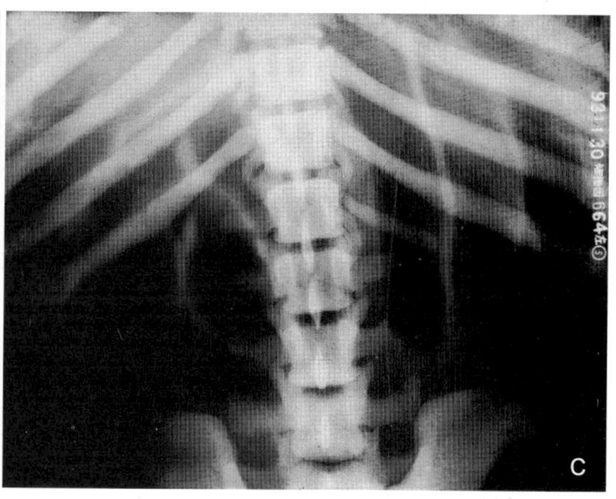

图 140B、C

【病例135　家兔小肠穿孔致腹膜炎】

【典型病例】家兔，♀，1岁，体重1.5kg。

病史：主人外出3天，临行前放入笼内大量青菜，回来时发现家兔腹胀明显，精神沉郁。

【X线表现】X线片右卧腹平片显示：腹部明显膨胀，肠管广泛性气性扩张，充气的肠管占据整个腹腔。整个腹腔缺乏层次，使腹部器官轮廓不清（图141）。

【X线诊断】肠内大量积气，肠穿孔及腹膜炎。

【诊断要点】①整个腹腔浆膜细节完全消失，呈大面积液体——软组织密影；②肠管容物过多，严重气性扩张，伴腹腔脏器外形轮廓模糊不清。

【临床诊断思路】①本病例属于饲喂不当，过食症后致胃肠功能弛缓，造成胃肠急性气体扩张，肠穿孔后致腹膜炎；②患急腹症时间较长，尤其是家兔类常导致小肠严重气性扩张，造成肠破裂，经临床、X线检查虽能及时确诊，终因发病时间较长预后一般不理想；③该病例虽经手术抢救治疗，终因肠穿孔造成严重的腹膜炎，术后1天死亡。

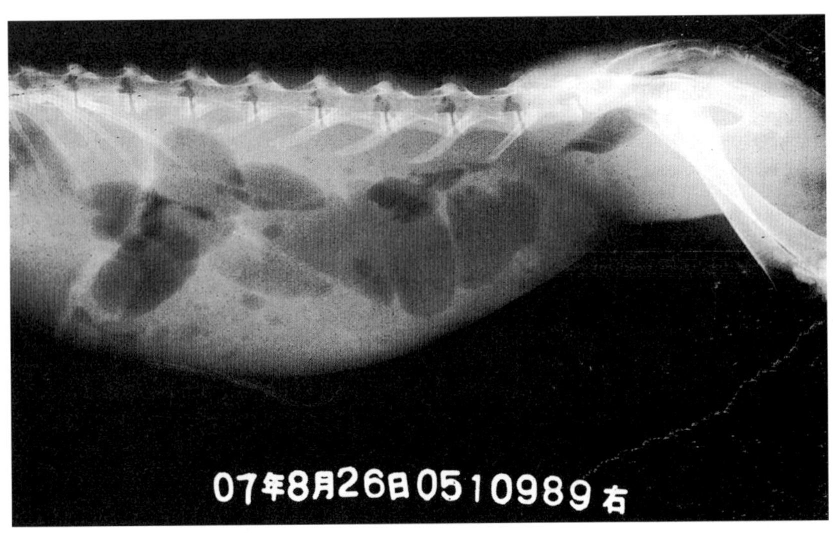

图141

【病例 136　金丝猴肠套叠】

【典型病例】金丝猴，♀，20 岁，体重 7kg。上午吃食尚好，下午发现其趴在地上，精神差，似腹痛。X 线平片及钡灌肠造影为肠梗阻及肠套叠。尸检：回肠套入盲肠 15cm，肠已坏死。

【X 线表现】腹侧位平片显示：横膈下，胃、小肠充满大量气体，使肠袢严重膨胀，呈多个气室（图 142A）。透视结肠，钡灌肠至回肠段钡剂受阻，前段是气性透明影，回盲段肠管充盈缺（图 142B）。

【X 线诊断】急性肠套叠伴发前段胃肠严重气性扩张。

【诊断要点】①平片呈低位肠梗阻表现，前段胃及肠管极度气性扩张，类似巨结肠；②钡灌肠应用 X 线透视检查，显示钡剂受阻时应及时拍片。

【临床诊断思路】①本例动物从发病诊治共 4 天，终因年老体衰而死亡，尸检证实回肠套入盲肠达 15cm；②值得注意的是：对发病急的肠梗阻、肠套叠病例，检查及诊断应多时相、多体位，密切结合临床间断观察，必要时进行手术性探查。

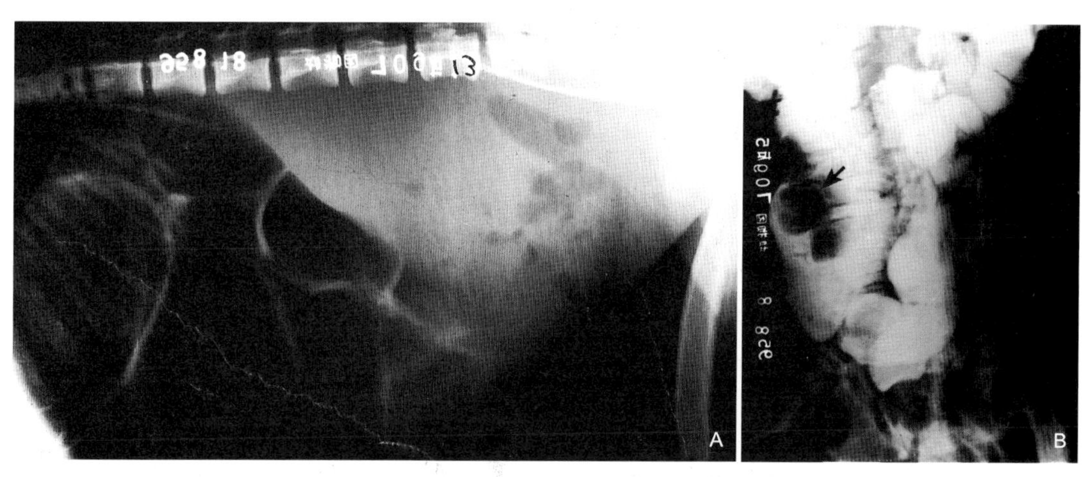

图 142

第五节　结肠病变

【病例 137　金丝猴结肠梗阻】

【典型病例】金丝猴，♂，6 岁，体重 13kg。北京动物园人工饲养自然繁殖。腹部不适，胀满，两天未见大便，呕吐。X 线钡造影显示为结肠梗阻，第二天死亡。剖检：从结肠降部发现内有破碎塑料多块，肠管已坏死。

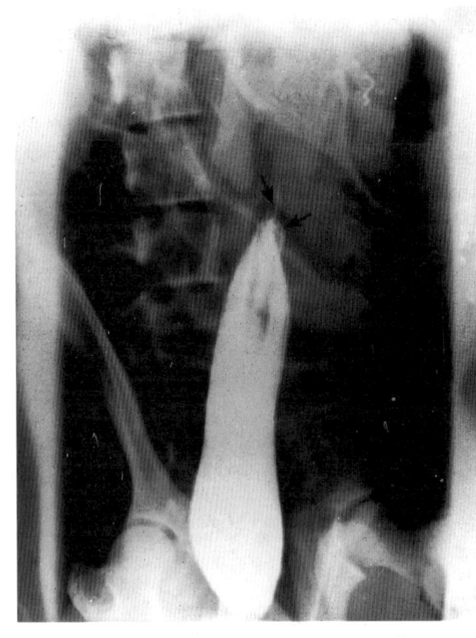

图 143

【X 线表现】透视观察：腹腔胃、肠管内大量气体致肠管气性扩张。肛门 1∶3 钡剂灌肠造影，透视下观察：钡剂从肛门入结肠 15cm 处，钡剂受阻不前，钡影呈尖形，后段结肠肠壁轮廓平滑，肠壁密度均一，充盈良好。

X 线点片显示：肠管可见大量气体影，钡剂结肠造影受阻部位及钡影形状同透视屏一致（图 143）。

【X 线诊断】结肠梗阻。

【诊断要点】①透视观察钡造影，其走向、速度受阻情况均可直接看到，但点片尺寸应大些，以便进一步阅片分析；②腹部平片可见肠管充气范围程度，及肠管内异物密度透射线情况。

【鉴别诊断】①肠管充满气体；②正常情况下小肠含气少或无；③立位卧位都应观察，立位可见充气肠曲水平面；④如梗阻时间较长，气体可自回肠进入小肠段。

【临床诊断思路】吃了过长的粗纤维，如树枝、树皮或其他异物均可引起肠梗阻。

【病例 138　博美犬顽固性便秘】

【典型病例】博美犬，♀，7 岁，体重 4kg。拒食，腹胀，不时腹部抽搐，已 4 天未便。

【X 线表现】右侧卧腹平片显示，结直肠扩张，内有大量粪渣，使其密度增高（图 144）。

【X 线诊断】结肠顽固性便秘。

【诊断要点】结合临床及 X 线摄片容易确诊。

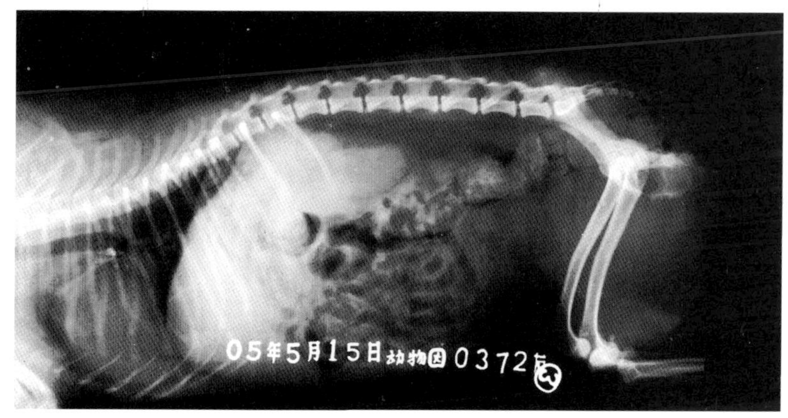

图 144

【临床诊断思路】有许多结肠和直肠疾病可以直接或间接地引起便秘和大便困难，其中包括结肠嵌塞、特发性巨结肠症、肛门狭窄、会阴疝、肛周瘘、肛门囊疾病等。便秘的原因很多，应详细分析病史和全面检查诊断不难。

【病例 139 高加索犬结肠嵌塞】

【典型病例】高加索犬，4 岁，体重 60kg。吃过骨头，现拒食，排大便困难，已一周未大便。到动物医院摄片检查。

【X 线表现】右卧腹侧位片显示：结肠、直肠严重扩张，结、直肠内可见不透射线的粪便团块及粪粒，其内嵌塞坚硬。结肠前段肠管严重气性扩张（图 145）。

【X 线诊断】结肠嵌塞。

【诊断要点】①患结肠嵌塞是由于动物粪便和食入的毛发或异物（如骨头）的混合物造成，结肠的嵌塞是引起动物便秘的最常见的原因；②患结肠嵌塞的动物通常表现为数日甚至几周内无法排便，主人可观察到动物曾多次有排便动作但无法排出；③根据病史和症状，及 X 线检查，一般可以确定诊断。

【鉴别诊断】应与特发性巨结肠症（猫）、直肠肿瘤、骨盆骨愈合不良、会阴疝（犬）、肛周瘘相鉴别。

图 145

【病例140　蟒粪石性便秘】

【典型病例】动物园展出的黑尾蟒，成年，体重20kg。夏季拒食达2个月，不爱运动，观察不到排粪便。对其进行检查。

【X线表现】背腹位显示：胃、小肠空虚，结肠、直肠、腹围大，肠管后段有6～7块质硬的粪便团块，密度甚高，已接近骨骼不透射线性物质（图146）。

【X线诊断】粪便贮留（粪石）。

【诊断要点】在饲养中注意观察并结合临床症状和X线摄片诊断不难。

【临床诊断思路】蟒蛇类吞食活动物，加上新陈代谢缓慢，受温度限制活动又少，很容易造成便秘。而贮留的粪便时间过长都可最终形成粪石。

【蟒蛇小知识】蟒蛇类属爬行动物，大都在地面上生活。体表有鳞片。脊柱有颈椎、躯干椎、尾椎3部分。颈椎一般不明显，泄殖腔孔以后为尾部，没有四肢，靠肌肉牵引数量甚多的腹鳞和彼此关联牢固而又灵活的椎骨及相连的肋骨进行活动。

蛇类一般2～3年达性成熟。多为卵生，少数种类为卵胎生（如蝮蛇和水蛇类）。蛇类一般寿命5～8年。大蟒可活20～30年。在动物园，一般30～40kg重的蟒一次可吞食1～1.5kg的活鸡2～3只，每半个月喂1次。

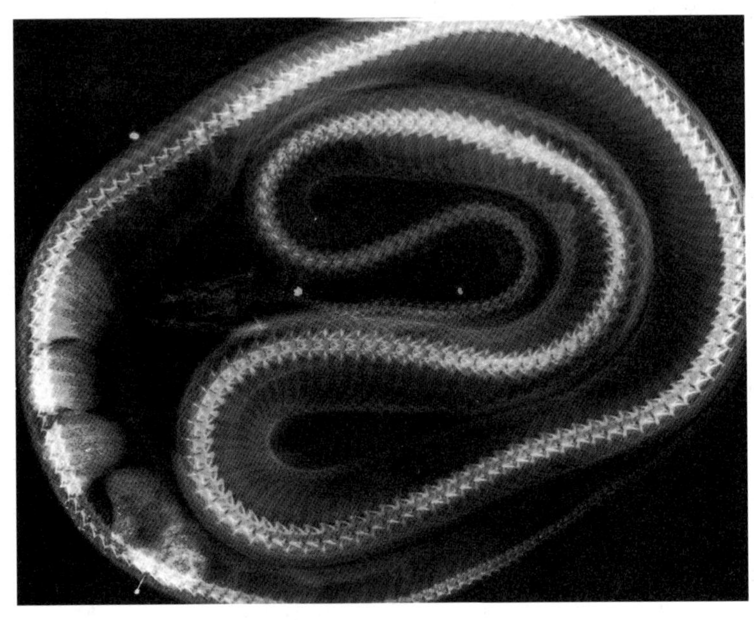

图146

【病例 141　猫结肠内肿瘤致阻塞】

【典型病例】猫，♂，3 岁，体重 3.5kg。连续性腹泻 3 个月，大便前段条状，后呈红褐色稀便，治疗无效。B 超腹部显示：有 1.7cm 大小低回声，疑套叠，建议剖腹探查。随后 X 线摄片检查。

【X 线表现】右卧 + 仰腹背正侧位片显示：侧位片腹壁有一圆形密度较高，实性均质影，约 2cm 大小，圆形肿物背侧有条状透明影（图 147A）。

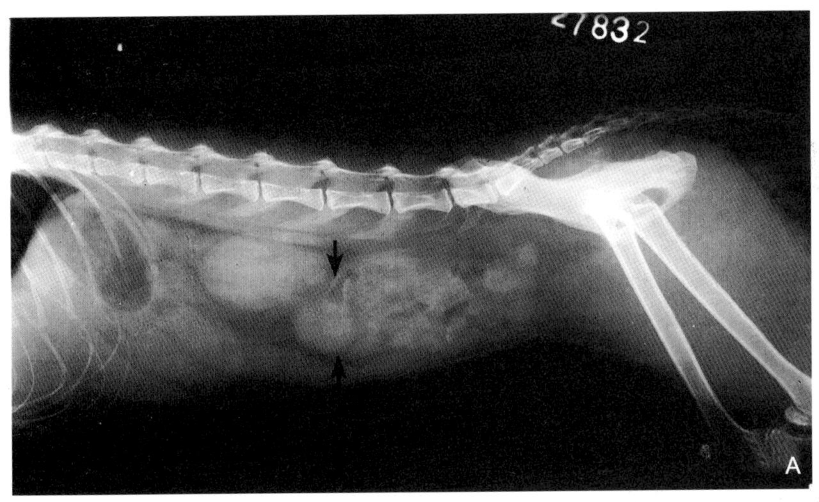

图 147A

正位片显示：升结肠、横结肠及部分降结肠均呈密度较高实影（图 147B）。

【X 线诊断】结肠内肿瘤致阻塞。

【诊断要点】①长期腹泻血便；② B 超、X 线均示异常肿块；③肿瘤性阻塞，在 X 线平片已显示腹内呈圆形异常软组织阴影。

【临床诊断思路】①大肠内肿瘤在犬和猫很少见，但本案根据临床症状有 3 个月血便、稀便史，B 超、X 线检查均认为是异常肿块，故临床决定剖腹探查；②手术探查结果：横结肠及降结肠管质硬，增粗，肠壁增厚，肠管间隙狭窄，将患处结肠切除 9cm，做肠吻合术。术后不久实施安乐死。

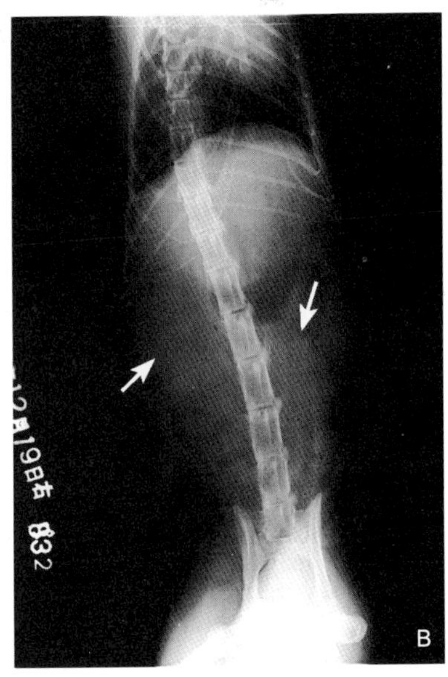

图 147B

第六节 腹腔病变

【病例142 猫肝肿瘤伴腹水】

【典型病例】猫，♀，2岁半，体重2.1kg。主人已收养半年的流浪猫，身体逐渐消瘦，拒食，X线诊断肝肿瘤伴腹水。B超检查肝内肿物凹凸不平，强回声肿瘤不除外。维持疗法半月死亡，尸检证实为肝肿瘤。

【X线表现】腹背及右侧卧均显示：肝脏轮廓不清，肝左右侧均体积增大，整个肝区呈高密度团块影，将胃、十二指肠、小肠推挤向背尾侧，胃泡影消失。腹部影像模糊，示腹水表现（图148A、B）。

【X线诊断】肝肿瘤伴腹水。

【诊断要点】①肝弥漫性肿大，肝脏边缘变钝，肝脏成高密度团块影；②胃轴受压向背侧及尾侧推移，正常胃泡影被肝遮挡；③肝脏肿大，虽不能鉴别病因，但腹水是肝病的一种反应。

【临床诊断思路】①本病例X线征象典型，尸检为肝肿瘤伴腹水；②动物的肝脏疾病诊断有难度，但如果X线检查发现肝体积增大，甚至呈高密度团块影，有肿大的肝脏又将胃、十二指肠、小肠挤向背尾侧而腹部积水明显，都要考虑为肝器质性疾病的反映；③除X线检查外，应通过B超、血象检验或利用剖腹探查术做诊断与治疗。

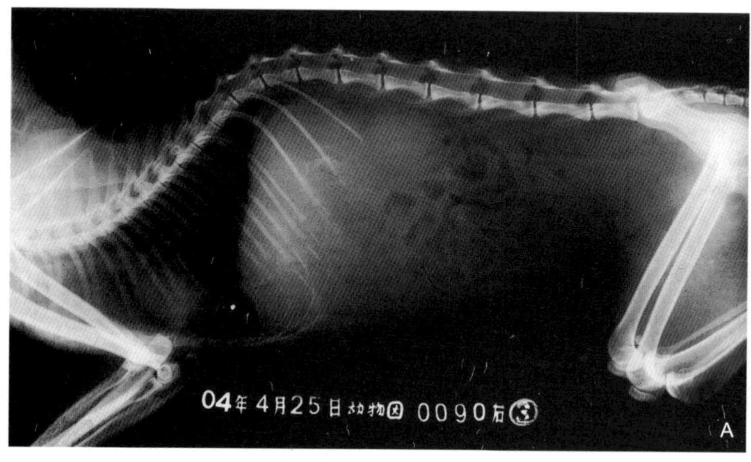

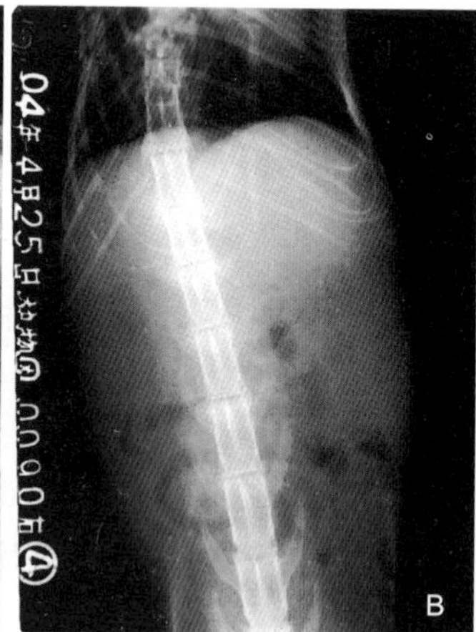

图148

【病例 143　南美蜥蜴腹腔积液】

【典型病例】南美蜥蜴，♀，4 岁，体重 1.3kg。

病史：主人将该蜥蜴作观赏动物已经 4 年，近期送给北京动物园科普馆昆虫室饲养。近日，食欲差，腹部明显膨胀。经 X 线拍片检查为腹腔积液，随后，从腹腔抽出黄色液体 20mL 并对症治疗。

【X 线表现】背腹位和右侧卧相显示：腹部整体外形膨胀，胸腔肺野尚清晰，胃内可见较多食糜容物并与肺下野相重叠。正侧位相显示：第十三肋以下腹部透射能力下降，呈大面积不透明的高密度均质阴影，腰椎左右侧可见肠袢影像，但左右腹壁内均呈长条状均质阴影，肠袢影消失（图 149A、B）。

【X 线诊断】腹腔积液。

【诊断要点】①腹部膨大，腹内密度增高，器官影像模糊；②与正常腹腔情况相比较，腹部的透射线能力下降。似曝光不足，但脊柱影像曝光充分；③腹腔积液量大时，可见肠管内气体，但肠管浆膜面的影像细节消失。

【鉴别诊断】①如因创伤引起的腹腔内出血或者抗凝血剂中毒也会出现与腹水相似的影像；②由于患腹膜炎有关的渗出也可造成整个腹部或局部影像细节丢失，但腹部不扩胀，故应加以鉴别；③腹部肿瘤转移也可引起腹部细节改变，且伴有渗出，也应加以鉴别；④动物过度消瘦、脂肪减少和幼年动物腹部脂肪量少同样会使腹部影像细节显示不良。

【临床诊断思路】①腹水是指腹腔内液体非生理性贮留的状态，贮留液分为炎性渗出液和非炎性渗出液，腹水不是一种疾病，只是一个症状；②腹内积液——腹水、出血、乳糜积液，均可穿刺抽吸或诊断性腹膜腔灌洗加以证实；③超声检查更有助于诊断，因超声检查比 X 线检查更灵敏。

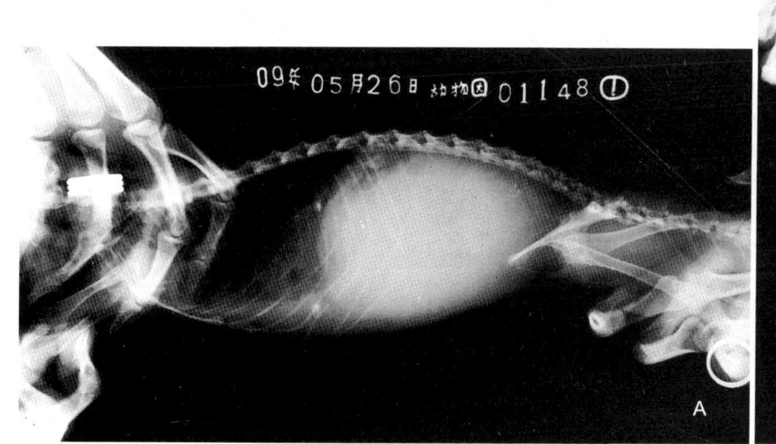

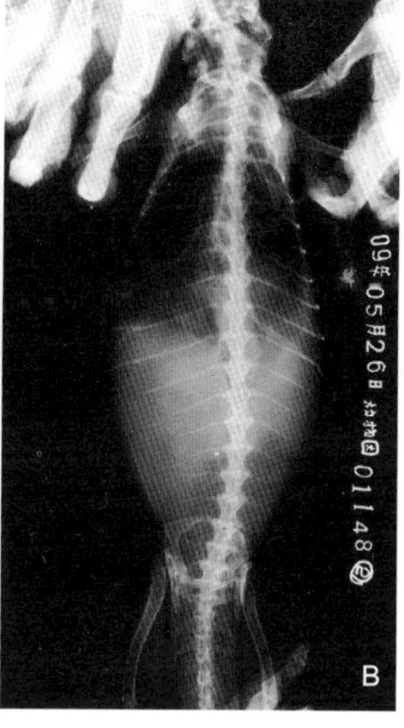

图 149

【病例 144　猫肝肿瘤肺转移】

【典型病例】猫，♀，11 岁，体重 2kg。近 3 个月体质差，由原来体重 4kg，已减少到 2kg。近日厌食，腹围增大，抽腹水检验有癌细胞。主人要求安乐死。尸检：肝肿大，靠胆囊处有一鸽子蛋大纤维样结缔组织瘤，肠系膜有多量散在粟粒状硬结节。双肺满布质硬灰白色结节。剖检诊断，肝肿瘤并肠系膜和肺转移。

【X 线表现】生前摄片腹背位及右侧卧均显示：肝脏增大明显，超出最后肋弓 4cm，肝脏呈高密度均质团块阴影。因肝脏肿，将胃泡影遮挡，并将胃、十二指肠、小肠推向背侧和尾侧。左肺大部及右肺内、中带可见散在大量块状钙化影（图 150A、B）。

【X 线诊断】肝肿瘤肺转移。

【诊断要点】①多次治疗无效，抽腹水检测到癌细胞；②肝肿大的同时，肝区弥散性高密度阴影；③肝肿大将胃、十二指肠、小肠推挤移位。

【临床诊断思路】①本病例 X 线征象明确，后经尸检证实；②腹部 X 线检查是诊断手段之一，它可扩大或缩窄要进行鉴别诊断的病变范围，但是腹部 X 线检查同样也并非总能获得准确的诊断。

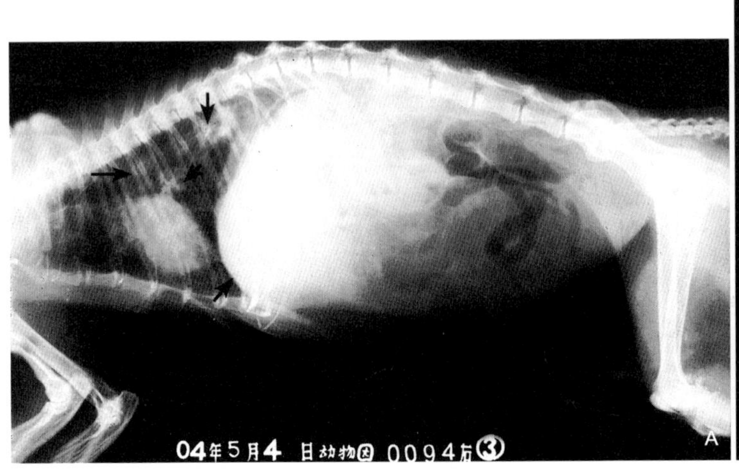

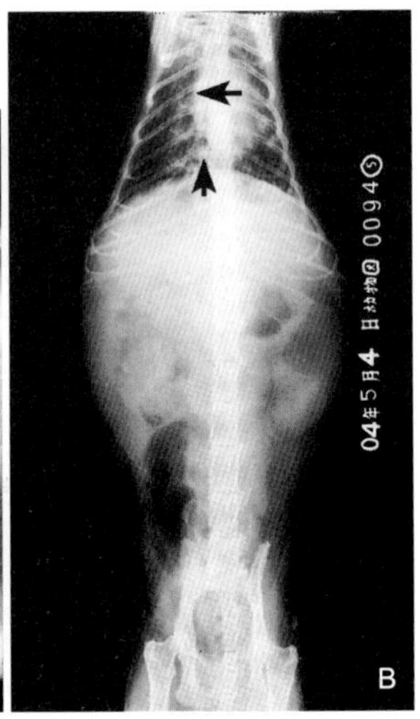

图 150

【病例 145　京巴犬胃肠气性扩张—扭转综合症】

【典型病例】京巴犬，♂，7 岁半，体重 8kg。该犬 1 个月前弓腰，下颌淋巴肿大做切除手术。本次发病已 4 天，曾在宠物医院输液治疗，无效，畜主要求拍 X 线片检查。

【X 线表现】仰卧背腹＋右侧卧及钡餐造影显示：胃及肠管充满大量气体，胃壁折转分成两室，因胃向右侧扭转滞留，幽门的钡剂移位朝向左侧（正位片示）和背侧（侧位片示）（图 151A、B）。

【X 线诊断】胃肠气性扩张—扭转综合症。

【诊断要点】①如果是单纯患胃气性扩张，但幽门仍保持在正常的右侧位置，这是区别胃扩张和胃扭转的重要区别；②伴有扭转的胃扩张使胃大弯向腹部右侧移位，甚至幽门向前背侧移位至体中线左侧，在侧位片上扭转严重时可见到胃壁上有折痕，胃之间出现分区。

【临床诊断思路】本病例 X 线确诊后，回原来医院治疗。

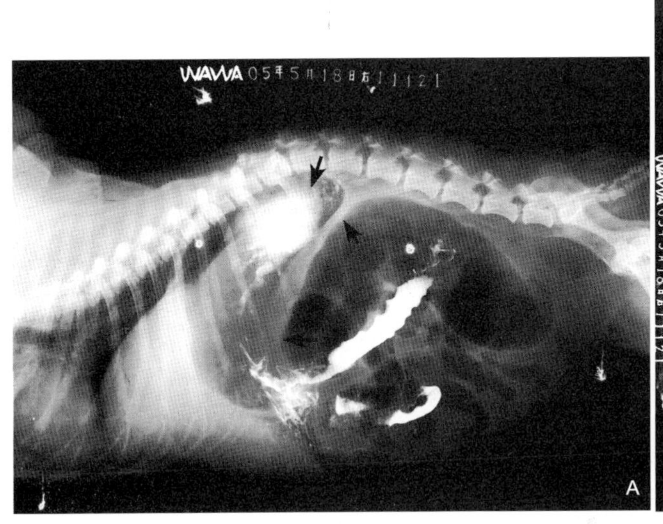

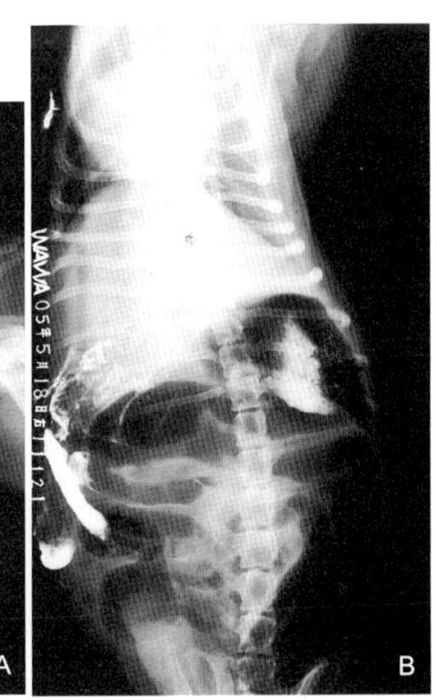

图 151

【病例 146　猫脾脏肿瘤伴肝肿大】

【典型病例】猫，♂，7 岁，体重 4.2kg。5 天来频频打喷嚏、流涕、喜卧。该猫一直以肉食为主。

【X 线表现】第一张：右侧腹平片显示，腹中部巨大肿块呈高密度实影，边缘不甚规则，临近肠管被挤向肿块周围（图 152A）。第二、三张：脾肿瘤切除后 3 天复查腹背位片显示，左肾稍下移，清晰可见（图 152B、C）。

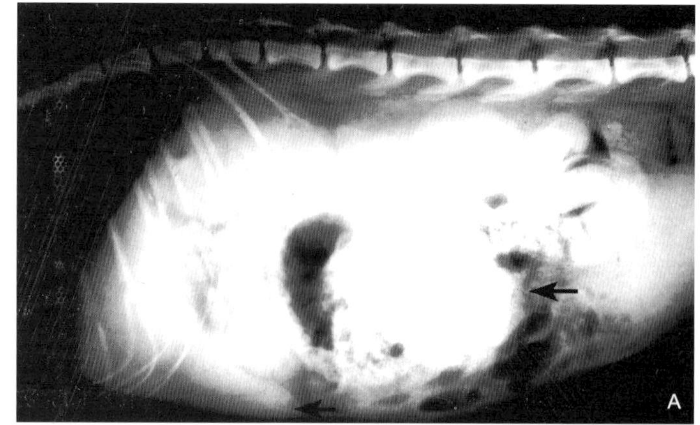

图 152A

【X 线诊断】脾脏肿瘤伴肝脏肿大。

【诊断要点】①中腹部肿块位于胃后方，示脾脏肿瘤表现最常见的部位；②肿块挤压胃使之向头侧移位，左肾向尾侧移位。

【临床诊断思路】本例手术证实为脾脏肿瘤，实施切除手术后康复。

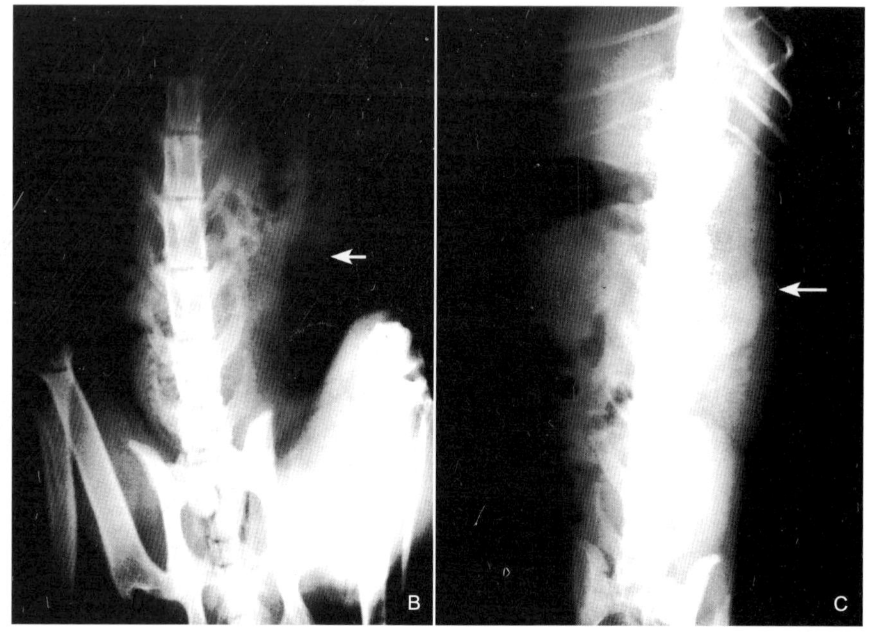

图 152B、C

【病例147　大熊猫肠梗阻继发肠扭转】

【典型病例】大熊猫，♀，8岁，体重约82kg。发病很突然，拒食，精神极度沉郁，腹部表现疼痛，腹围明显增大。X线摄片疑肠梗阻，因病情变化快，治疗无效死亡。尸检：回肠内蓄满竹粪，造成阻塞长达1.2m，阻塞前段小肠有3处肠扭转病变（图153A、B）。

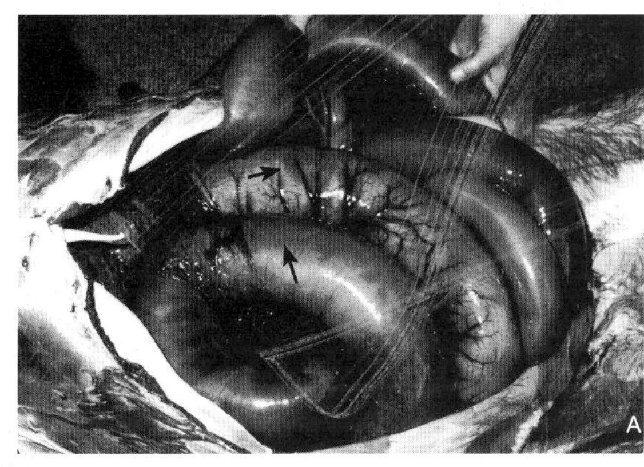
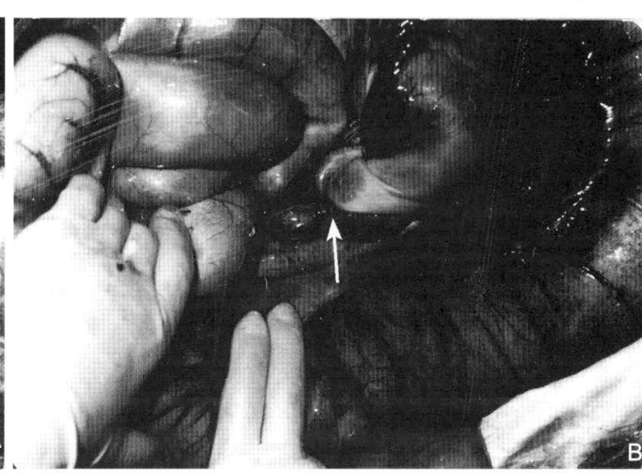

图153A、B

【X线表现】生前全麻后右侧卧腹平片显示：腹内肠管极度充满大量气体，肠腔直径严重增宽，肠管膨胀程度不均（图153C）。

【X线诊断】容物性肠梗阻，肠扭转不排除。

【诊断要点】①肠腔气体严重扩张，已超出正常肠腔直径数倍；②临床发病突然，腹胀，拒食，无粪便排泄，是急腹症的典型表现；③有排黏液便的习性，症状是全身蜷缩成球，不动，出现拒食等，但X线腹平片也不会表现出肠管严重充气，有少量充气时也不会超出正常范围。

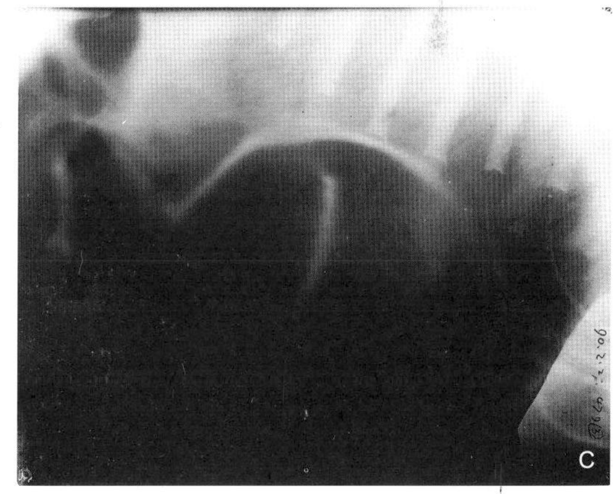

图153C

【鉴别诊断】应与腹膜炎、胃肠炎、黏液粪便相鉴别。

【临床诊断思路】肠梗阻、肠扭转均为常见急腹症，要求兽医尽快通过多种手段确诊，在非手术治疗无效时，应尽快考虑开腹探查或手术治疗。

【病例148　小熊猫腹腔积液】

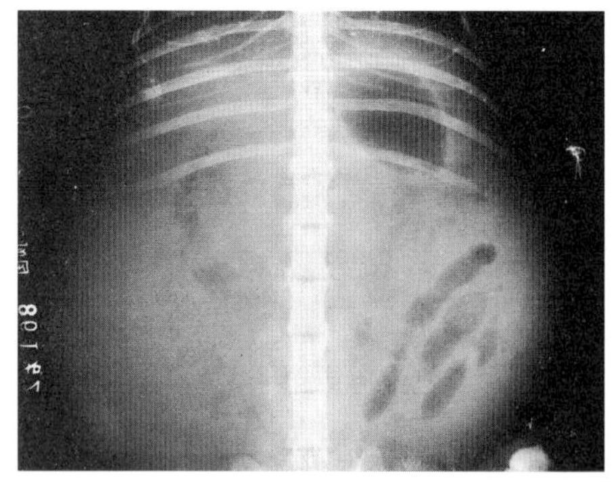
图154

【典型病例】小熊猫，♀，3岁，体重3kg。动物园里圈养小熊猫，精神不振，食欲废绝，腹围大，喘。

【X线表现】仰卧腹背位显示：整个腹部对称性扩张，透射线能力下降，腹部为不透明的高密度阴影，且腹部器官除肠腔有少量气体外，均模糊不清（图154）。

【X线诊断】腹腔积液。

【诊断要点】①腹部膨大，全腹密度呈均匀影增大而模糊；②腹部器官影像被遮挡而无层次感；③可见肠腔内气体，但浆膜面的影像细节丢失。

【临床诊断思路】①根据临床症状及腹腔穿刺腹水检测可作出诊断；②本病应与腹膜炎、子宫蓄脓、膀胱积尿等疾病相鉴别。

【病例149　贵妇犬肝脾弥漫性肿大】

【典型病例】贵妇犬，♀，6岁，体重3kg。该犬一直以肉食为主，一周前厌食、呕吐。在天津治疗一周无效来京诊治。经X线诊断肝脾肿大。探查性手术发现脾严重肿大，肿大呈土黄色变性，质软如泥。实施安乐死。

【X线表现】右卧腹平片显示：腹中部肝脾肿大，将肠管、胃推向腹后及背侧（图155）。

【X线诊断】肝、脾肿大呈弥漫性均质密高影，建议手术探查。

【鉴别诊断】需与胃异物和肾肿大相鉴别。

【临床诊断思路】本病例手术探查证实肝、脾变性且坏死，实施安乐死。

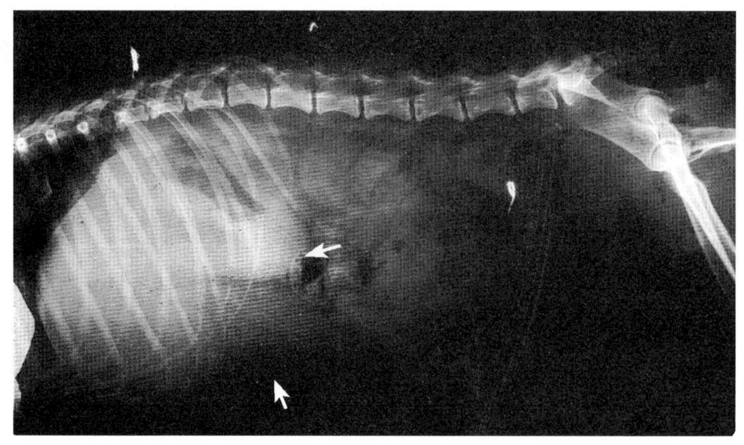
图155

【病例 150　猫胆囊积脓】

【典型病例】猫，♀，2 岁，体重 2.5kg。

病史：吐，拒食数天。口腔黏膜、皮肤出现黄疸。X 线检查显示：正侧位胆囊肿大，内充满实变阴影。胃肠钡餐造影，在十二指肠段充盈缺损似异物阻塞。随即手术，从十二指肠近端取出骨块异物，从胆囊内取出大量浓缩很稠的脓渣，欲摘掉胆囊，因出血多导致失血过多而未摘。该猫手术住院治疗 2 周后康复出院。

【X 线表现】腹部正侧位及胃肠钡餐造影显示：肝区中部有一较大圆形密度甚高实变影。胃肠钡餐造影显示：十二指肠段肠管内钡剂前行迟缓，受阻处可见充盈缺损（图 156A、B）。

【X 线诊断】胆囊积脓、十二指肠异物阻塞。

【诊断要点】①肝区胆囊体积明显增大，囊内呈均质密高影，并可见胆囊内沙粒散状结石阴影；②胆结石常不出现临床症状，而引起呕吐、厌食，出现黄疸为胆管阻塞所致；③钡餐胃肠造影十二指肠段充盈缺损是肠内异物阻塞的典型征象。

【临床诊断思路】①犬、猫胆石症少见，而胆囊炎导致胆囊积脓在犬、猫中罕见；②该猫确诊、手术及康复治疗及时准确，是成功的典型病案。

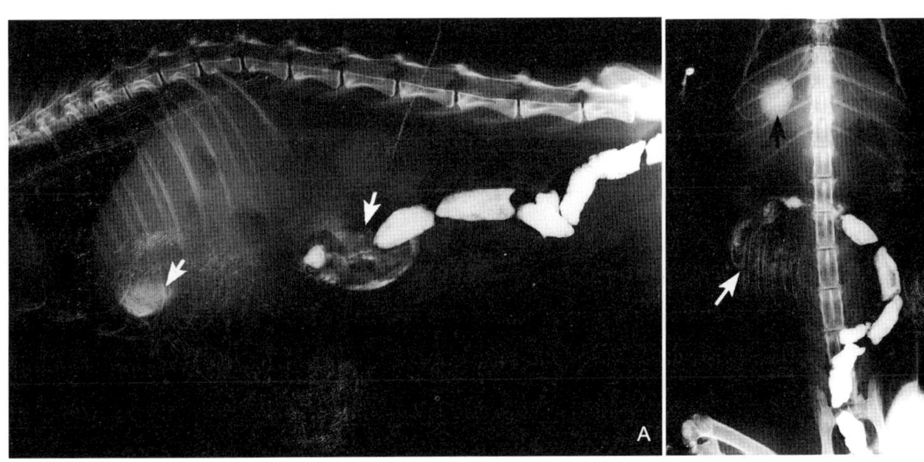

图 156

【病例151　西施犬卵巢肿瘤】

【典型病例】西施犬，♀，5岁，体重5kg。近日发现腹围大。

【X线表现】右卧腹平片显示：中腹壁可见一巨大肿块，内有散在块状钙化影，肿块边缘清晰，密度均匀，与肾脏界线分明，肿块将肠管挤向腹前及尾侧，胸部心肺未见异常（图157）。

【X线诊断】卵巢肿瘤。

【诊断要点】卵巢韧带伸展性强，当卵巢肿大时因受引力而降至腹底向内压十二指肠降部和升结肠。

【临床诊断思路】①B超、X线均为首选诊断；②本病例确诊后即手术，证实为卵巢肿瘤，摘除后康复。

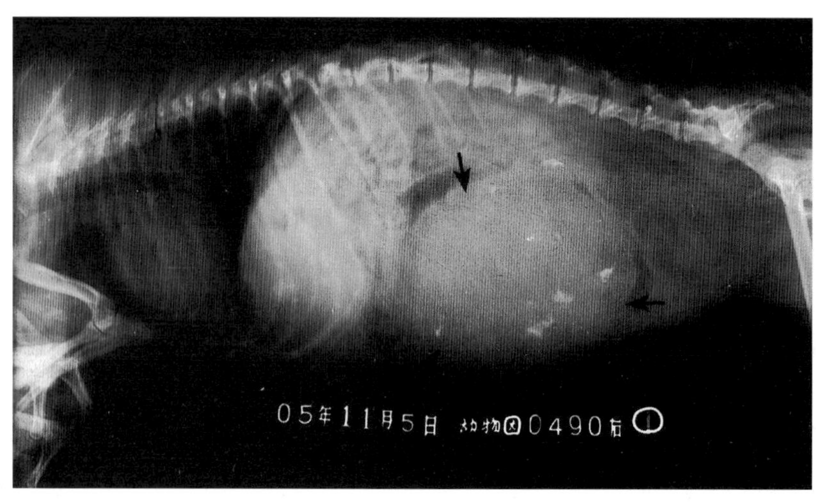

图157

【病例152　西施犬腹腔脂肪肉瘤】

【典型病例】西施犬，♀，14岁，体重11.5kg。多年前做过子宫切除手术。现腹围增大，触诊腹壁中可扪及肿块，质较硬。

【X线表现】右卧胸腹平片显示：腹壁内巨大椭圆形边缘整齐，均质高密度阴影。肿物将小肠、结肠挤向腹前和背侧，整个腹腔器官模糊，腹腔少量积液。胸片心肺未见异常（图158A、B）。

【X线诊断】腹腔巨大脂肪瘤，未见肺部转移。

【诊断要点】①腹壁肿瘤体积很大，X线片表现为液体—软组织密度阴影；②肿块呈高

密度实影。

【临床诊断思路】① X 线、B 超均为首选诊断；②本病例经手术证实为腹内巨大脂肪瘤。

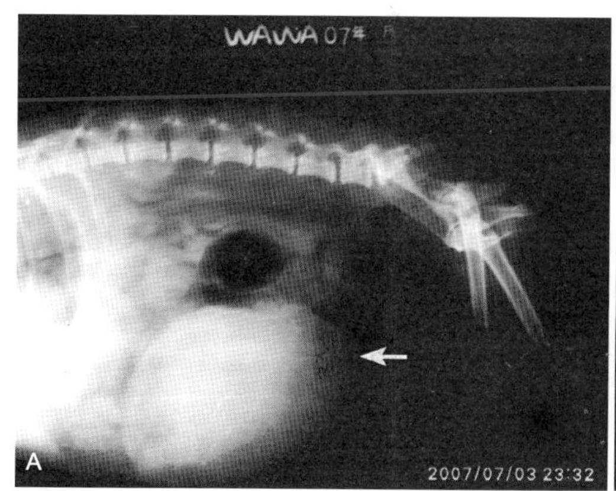

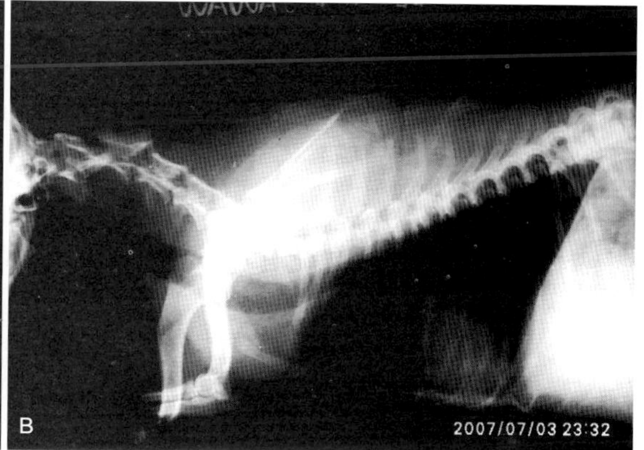

图 158

【病例 153　京巴犬肠系膜淋巴肉瘤】

【典型病例】京巴犬，6 岁，♂，体重 5kg。精神沉郁，食欲减退，消瘦。触诊腹内可扪及肿块。

【X 线表现】直肠灌钡造影，右卧胸腹侧位片显示：腹中下部有一巨大肿块，呈现密度较高的均质阴影，有较清晰的边界，肿物将小肠推向腹前侧，将充满钡剂的结肠挤压到腹壁。肺部有多量散在圆形硬结阴影（图 159）。

【X 线诊断】怀疑为腹腔巨大肿瘤肺转移。

【诊断要点】①中腹部可见明显巨大肿块影，小肠受压向头测，结肠向腹壁移位呈“U”形；②用钡灌肠造影判断出肿块不在肠管内。

【鉴别诊断】应与脾肿大相鉴别。

【临床诊断思路】本病例手术证实为肠系膜淋巴肉瘤。

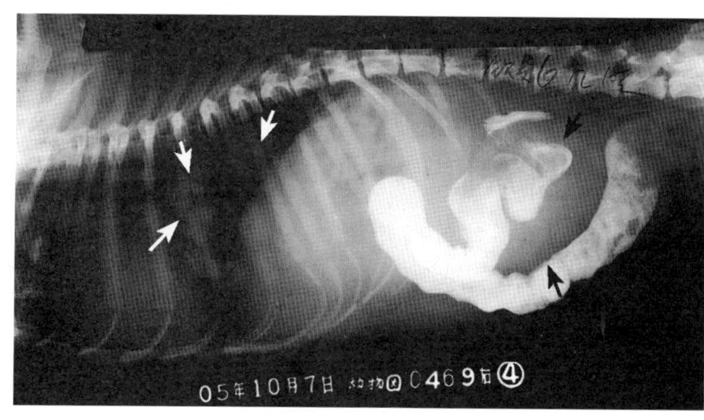

图 159

【病例 154　白头叶猴肠系膜淋巴结核】

【典型病例】白头叶猴，♀，成年。腹胀，腹痛，精神沉郁。X 线照相疑患有胃肠异物外，腹内有多个结节密高影。手术从胃内取出多量植物性纤维样异物和食糜，术后 2 天死亡。尸检所见：回盲部肠管有 18cm 长，呈紫黑色，肠管已坏死，肠管内有树质纤维一段异物，长 20cm。肠系膜及子宫韧带处有 7 粒黄豆大小、黄色圆形结核灶，质硬。

【X 线表现】腹部正位显示，腹部明显膨胀，胃肠内充满容物。

1 ～ 2 腰椎左侧有 0.4cm × 0.4cm 大小均质密高影 1 个。

4 ～ 5 腰椎左侧有 0.5cm × 0.5cm 圆形结节影 2 个。

6.7 腰椎右侧有 6 ～ 7 粒 0.4cm × 0.5cm 大小质硬结节影（图 160A、B）。

【X 线诊断】肠系膜淋巴结核。

【诊断要点】结合 X 线征象及尸检，证实腹腔内多个结节为结核病灶。

【鉴别诊断】需与肠管异物及膀胱结石相鉴别。

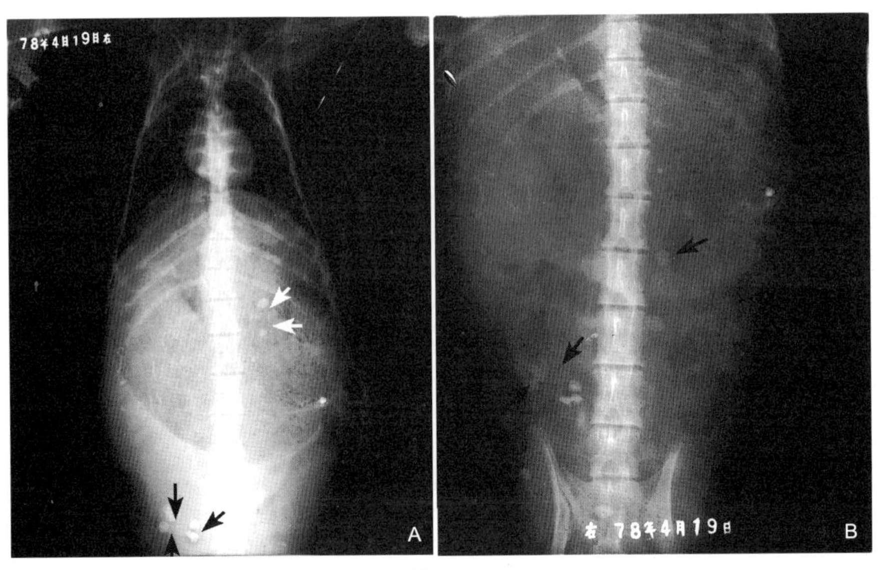

图 160

第七节 腹壁病变

【病例 155 猫腹壁疝】

【典型病例】猫，♂，2 岁，体重 3kg。腹部右下软组织有一个局限性柔软的半球形突起。

【X 线表现】钡餐后 X 线腹背及右卧侧位片。正位显示：右下腹充满钡剂的小肠突出腹壁又折回腹内。侧位显示：下腹壁充满钡剂的小肠一段突出腹壁，异位的小肠明显可见（图 161A、B）。

【X 线诊断】右侧腹壁疝。

【临床诊断思路】①根据动物病史，典型的局部表现和触诊即可确诊；②当疝部诊断有困难时，可造影鉴别确诊；③本病例确诊后实施疝修补，术后康复。

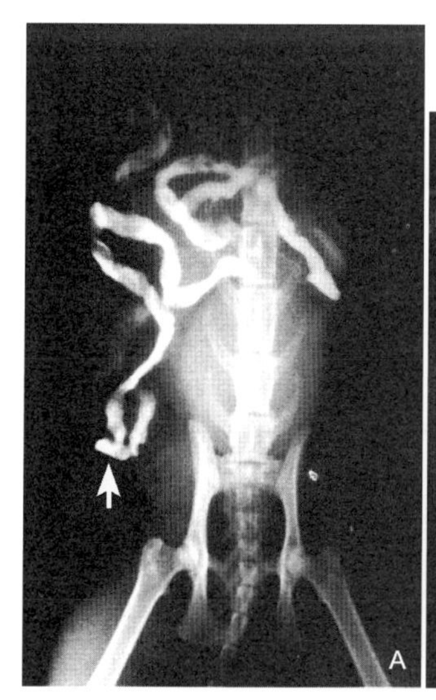

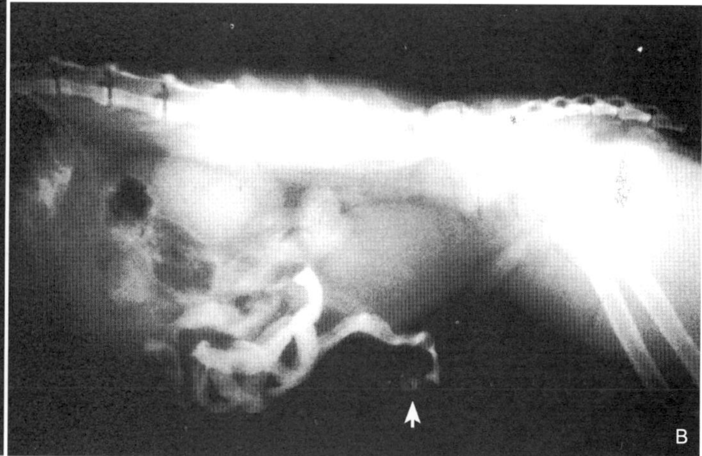

图 161

【病例 156　京巴犬腹股沟疝】

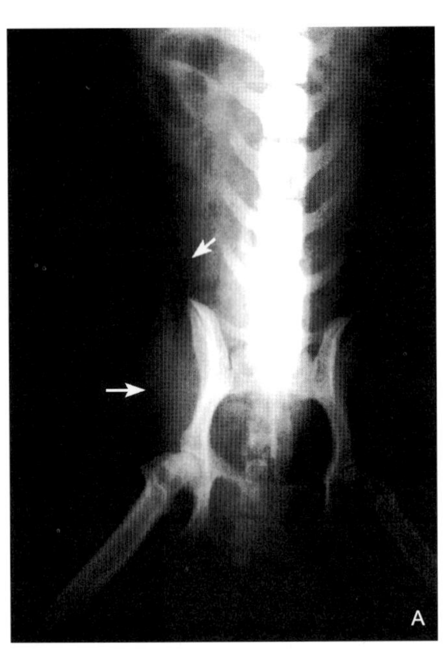

图 162A

【典型病例】京巴犬，♂，5岁，体重5kg。腹下左右出现质地柔软呈团状的肿胀物，无痛感。

【X线表现】第一张腹背位平片显示：第6、7腰椎外及右髂外软组织局限性隆起，左侧小，右侧大，可见肠环气影（图162A）。第二、三张口服钡剂小肠造影侧位显示：充满钡剂的小肠在腹股沟处受阻（图162B）。腹背位显示：充满钡剂的小肠膨大受阻，滞留在腰椎6～7右侧，而骨盆右侧可见肠环气影（图162C）。

【X线诊断】左右腹股沟疝（右侧重，左侧轻）。

【诊断要点】① X线平片示腹壁完整性被破坏，软组织隆起，周围软组织肿胀或可见充气的肠管阴影；②口服钡剂造影可辨认移位的肠环。

【临床诊断思路】本病例手术后康复。

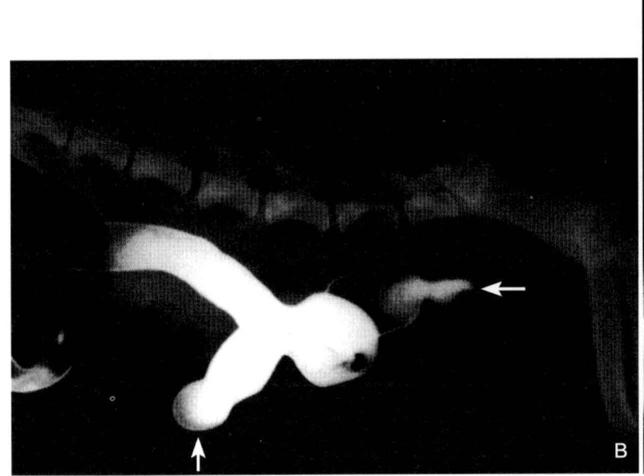

图 162B 、C

【病例 157　京巴犬会阴疝】

【典型病例】京巴犬，♂，5 岁半，体重 5.5kg。一年前出现排便困难，肛门肿，现数天才排一次大便，排便更困难。临床检查肛门软组织圆形突起。

【X 线表现】右卧腹平片显示：会阴部软组织可见不规则的肿胀，内有块状高密度粪便影，将尾部挤向背侧（图 163）。

【X 线诊断】会阴疝。

【诊断要点】①会阴区可见不规则软组织肿胀阴影，异位肠环中可见粪渣：②前列腺或膀胱不显影提示这些器官发生移位，尿道造影可辨认异位器官。

【临床诊断思路】本病例 X 线征象典型，确诊后即手术处置，后康复。

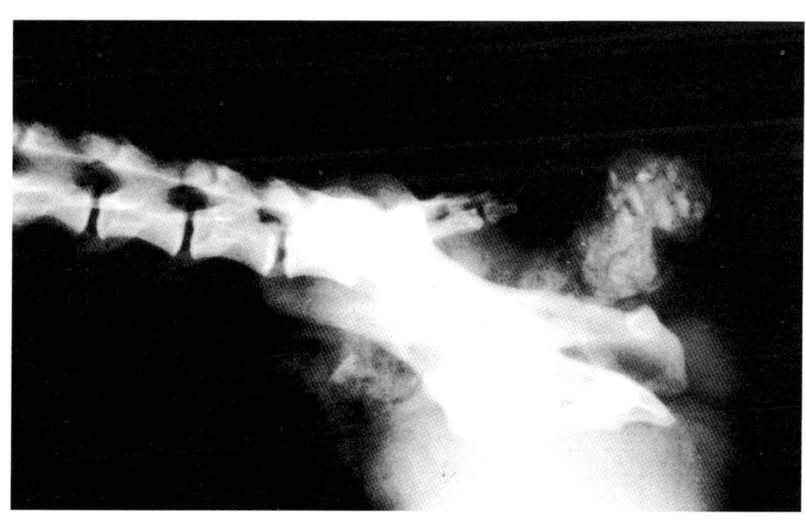

图 163

第六章

泌尿系统及生殖道疾病

第一节 正常X线解剖

一、泌尿系统：包括肾、输尿管、膀胱和尿道

1. 肾脏

肾脏呈豆形位于腹膜后腔胸椎、 腰椎两侧，左右各一，为软组织密度。在平片上肾脏的清晰程度与腹膜后腔及腹膜腔内蓄积的脂肪量有关，摄片前如充分做肠道准备（清洁结肠），对观察肾脏十分重要。若平片显示不良，可通过静脉造影显示肾脏和输卵管。一般质量好的腹平片，约 50% 可清楚看到肾脏。以犬、猫为例：正常犬、猫的肾脏有两个，左右肾的大小及形状相同，但位置不同。犬的右肾位于第 13 胸椎至第 1 腰椎水平处，猫的右肾位于第 1 ～ 4 腰椎水平处，左肾的位置变异较大，而且比右肾的位置更靠后。犬的肾位于第 2 ～ 4 腰椎水平处，猫的肾位于第 2 ～ 5 腰椎水平处。正常犬肾脏的长度约为第 2 腰椎长度的 3 倍，在 2.5 ～ 3.5 倍，宽度第 2 腰锥体 1.8 ～ 2.2 倍范围均属正常。猫肾的长度为第 2 腰椎的 2.5 ～ 3 倍及宽度 3.0 ～ 3.5cm 均属正常。幼小的仔猫和大公猫的肾脏相对较大。

右肾较左肾偏前（靠近头侧），右肾前极为肝尾状叶所包埋而难以观察到。侧位片：右肾后极、左肾前极相重叠，可形成环影。超重犬，由于右腹膜大量脂肪堆积，肾脏可位于中腹部。

静脉尿路造影可清楚显示肾实质、肾盂、憩室，肾盂的大小和形状也能显示出输尿管的位置、通畅性和形状。

通过透视检观还可看到输尿管的蠕动波。如果充满造影剂，蠕动波会将造影剂推入膀胱。

2. 膀胱

膀胱位于后腹部的空腔器官（图 164A），分为膀胱顶、膀胱体和膀胱颈 3 部分，但形

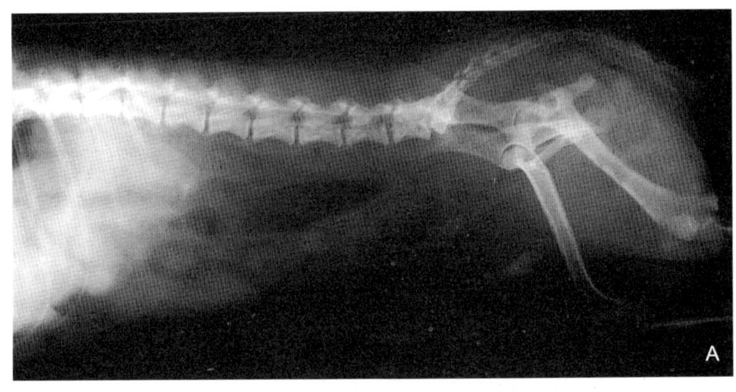

图 164A

状和位置与所含的尿量有关。以犬、猫为例，猫的膀胱比犬的靠前。雄犬的膀胱背侧是直肠、降结肠和小肠；而雌犬的膀胱背侧为子宫和子宫韧带。膀胱无尿时X线片上一般不显影，充满尿液时的膀胱增大，呈均质软组织阴影。膀胱壁分为3层：黏膜、黏膜下层和肌层。膀胱颈延伸到输尿管的入口，一个输尿管进入膀胱，但是可能比另一个靠后。膀胱的位置靠两个外侧韧带和一个腹侧韧带固定。这些韧带附着于骨盆的侧壁，骨盆联合和腹壁腹侧。雌犬的膀胱比雄犬的略微靠前。膀胱造影可清楚显示膀胱和黏膜的形态结构。

3. 尿道

尿道是将尿液从膀胱排到体外的管道，雄犬也是传输精液的通道，雄犬尿道的近端在坐骨弯曲之前通过前列腺。尿道的远端位于阴茎骨的腹侧。雌犬的尿道短，从膀胱直达尿道开口，开口位于阴道底壁阴道前庭结合的后方。雄猫的尿道开口朝后。

4. 雄性生殖道（主要包括阴茎睾丸和前列腺）

（1）阴茎　犬的阴茎骨向远端逐渐变细。近端2/3腹侧有槽，槽内有阴道海绵体和尿道。包皮包裹着阴茎的前端，X线侧位片可以很好观察到阴茎，此时阴茎骨显示清楚。X线腹背位片摆位恰当时，阴茎骨重叠在脊柱之上，难以清楚看到。由于周围有空气围绕，后腹部侧位和腹背位片都可以看到包皮。腹背位不要将包皮误认为腹腔内肿物。

（2）睾丸　睾丸是两股之间的卵形器官，被阴囊包裹，左侧睾丸比右侧睾丸一定程度的靠后。每个睾丸的背外侧有一个系列卷曲的小管，称为附睾。睾丸纵隔是结缔组织层。睾丸被鞘膜包裹，鞘膜是腹膜的延续。睾丸的长轴为背后走向。阴囊在平片上为骨盆后的软组织阴影。左侧位和腹背位都可以观察到。

（3）前列腺　前列腺围绕着膀胱颈部尿道的近端，它位于骨盆联合处，在腹膜外。正常的前列腺常位于耻骨缘的前方及膀胱颈部，幼仔和去势的动物则位于骨盆内，其显影好坏与周围脂肪的量有关。随着年龄的增长，前列腺会靠前，当腺体周围脂肪量多时，侧位前列腺显示为液体密度清晰，为圆形或卵圆形。猫的前列腺很小，通常在X线上看不到。前列腺X线的最常鉴别诊断包括良性前列腺增生、前列腺炎、肿瘤、前列腺及其周围的囊肿或脓肿。必要时可采用膀胱逆行造影进行鉴别。

二、雌性生殖道：包括卵巢、子宫、阴道和乳腺

1. 子宫

包括一个子宫颈、一个子宫体和两个子宫角，子宫角完全在腹腔内，子宫体部分位于腹腔内，部分位于骨盆内。子宫背侧是降结肠和输尿管，其腹侧是膀胱和小肠。

在平片上不能清晰辨认正常卵巢和正常未孕子宫。只有子宫增大，直径超过肠环时方可辨认。宫环增大是子宫增大最早的征象。在妊娠42日之前胎仔骨骼一般不会出现明显钙化，而良好的腹平片在怀孕1个月左右可能看到卵圆形胎囊影像。怀孕45天后，胎儿骨骼

已骨化，X 线检查有明显征象。

2．卵巢

卵巢位于肾脏后方，右侧卵巢比左侧更靠前。左侧卵巢位于腹壁和降结肠之间大约第 3 或第 4 腰椎处。右侧卵巢位于十二指肠的背侧以及右肾的后腹侧。正常的卵巢在腹平片上看不到，但如果发生异常 X 线片上可能看到卵巢肿物，可能为囊样或肿瘤样。异常肿物可使前腹和中腹的小肠袢移位。左侧卵巢肿物会使降结肠移位。尽管卵巢肿物罕见，在诊断腹腔内肿物时也应考虑到。

3．阴道

阴道肿物很容易被看到和触到。可用 X 线检查确定大肿物的前界。阳性造影剂逆行阴道造影可显示阴道肿物和异位的尿道。如果肿物向前进入到腹腔，可将其定为后腹肿物。

4．乳腺

X 线检查时，乳腺为腹壁侧软组织阴影。腹背位时乳头可被误认为腹腔内或胸腔内肿物。仔细检查可发现为双侧对称分布（图 164B）。

发生肿瘤时，腺体会增大。恶性乳腺瘤会转移到淋巴结以及肺脏，可能表现为结节样浸润灶。

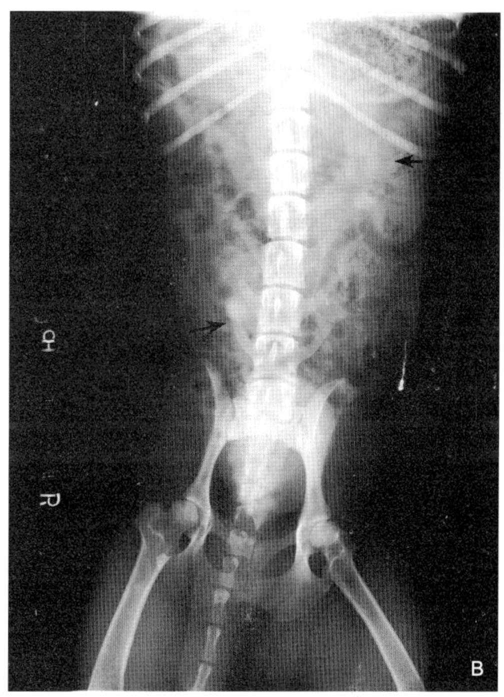

图 164B

第二节　泌尿系统病变

【病例158　猫肾肿大与尿路造影】

【典型病例】猫，♂，3岁，体重4.5kg。血尿1周，就诊X线摄片显示：肾肿大，膀胱尿闭未见阳性结石。治疗3天后做肾盂排泄性造影，整个尿路充盈良好，排除器质性病变，又经1周治疗康复出院。

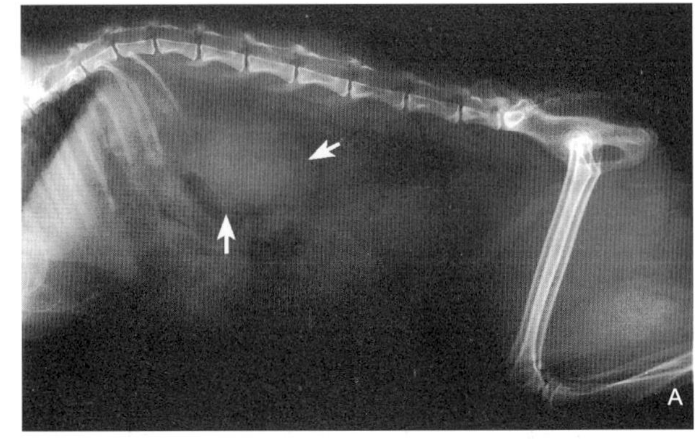

图165A

【X线表现】首诊腹部平片显示肾体积增大（图165A）。治疗3天后做排泄性尿路造影示，左肾稍大，使降结肠向右移位，但肾表面平滑。双肾盂、输尿管、膀胱充盈良好（图165B、C）。

【X线诊断】①急性肾炎、尿路感染；②排除尿路器质性病变。

【诊断要点】有1周血尿病史，首张片肾稍肿大，经10天治疗康复出院；住院第三天时，做静脉尿路造影，排除器质性病变，证明尿路感染炎症是主要病因。

【临床诊断思路】①排泄性尿路造影仅能粗略评价肾功能；②也要考虑到即使肾脏存在严重的缺失，肾影亦可能正常，肾正常也不一定证明肾功能正常；③本病例住院10天康复出院，说明从诊断、治疗正确，是成功治疗的典型病例。

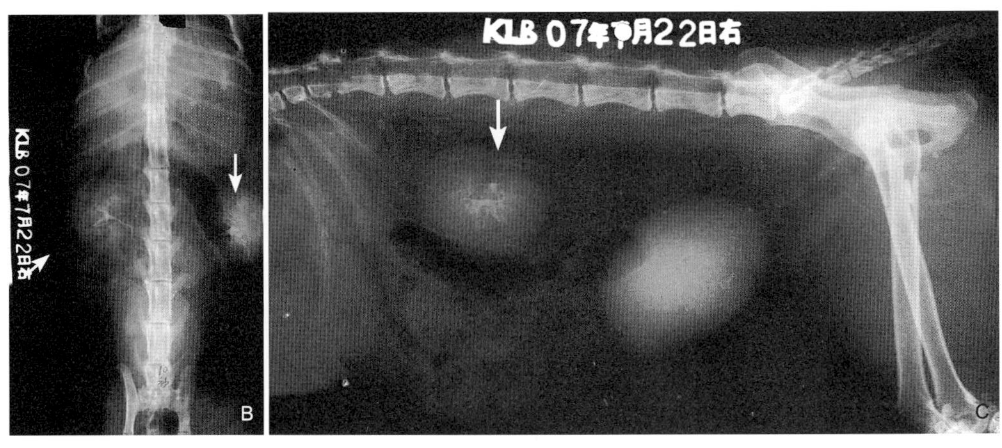

图165B、C

【病例 159 京巴犬左肾盂结石、右肾萎缩】

【典型病例】京巴犬，♂，7 岁半，体重 11kg。有血尿史，近日食欲差，步态紧张，触诊左肾有痛感。

【X 线表现】右侧卧腹平片显示：肾脏区域内有一巨大椭圆形不透射线阴影。加照仰卧腹平片显示：左肾盂结石大小形状同侧位片，而右肾未见显示（图 166A、B）。

【X 线诊断】左肾盂结石，右肾未显示原因可做 B 超或肾盂造影追查。

【临床诊断思路】左肾已确诊结石，动物主人要求手术治疗，但右肾情况不明，故剖腹探查后再定手术方案。经剖腹手术发现右肾严重萎缩，失去肾功能，已无法实施左肾切除方案，而实施维持生命疗法。

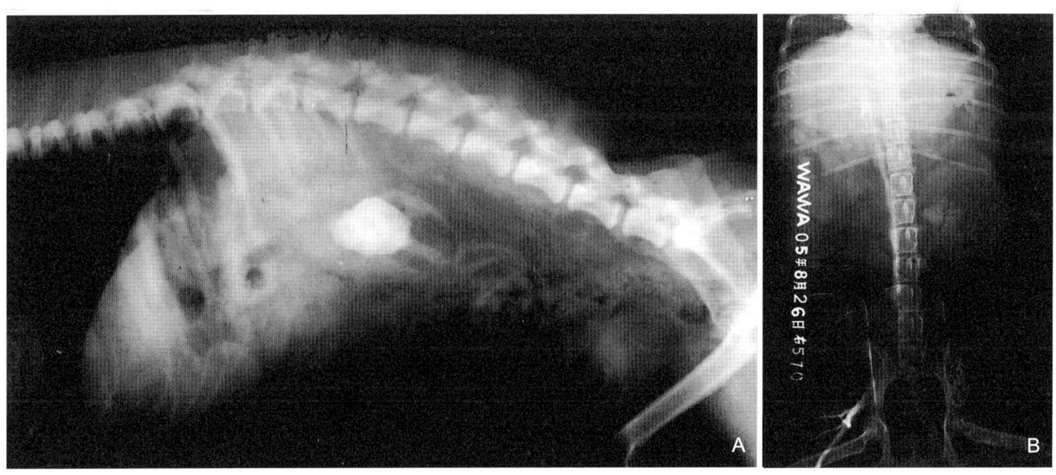

图 166

【病例 160　京巴犬左肾盂巨大结石】

【典型病例】京巴犬，♀，8 岁，体重 8kg。精神沉郁，食欲减少，行走缓慢。

【X 线表现】仰卧腹背位平片显示：腰 3 ～ 4 椎体左侧肾区有一三角形状致密影，边缘较粗糙，因未做禁食及清肠，左右肾轮廓均不清晰（图 167A）。

【X 线诊断】左肾盂铸形结石。

【诊断要点】曾摄侧位片，显示双肾区有结石影，为确诊结石是在左边还是右边肾盂，故拍摄腹背位鉴别。

【临床诊断思路】①尿路结石为泌尿系统常见疾病，90% 以上结石为不透射线阴影，摄片即可以看出；②本病例左肾盂铸形结石，占据整个肾盂，直接影响肾分泌功能，直至功能完全丧失，故将左肾切除后，以右肾代偿，术后康复。切除的左肾及结石见图 167B。

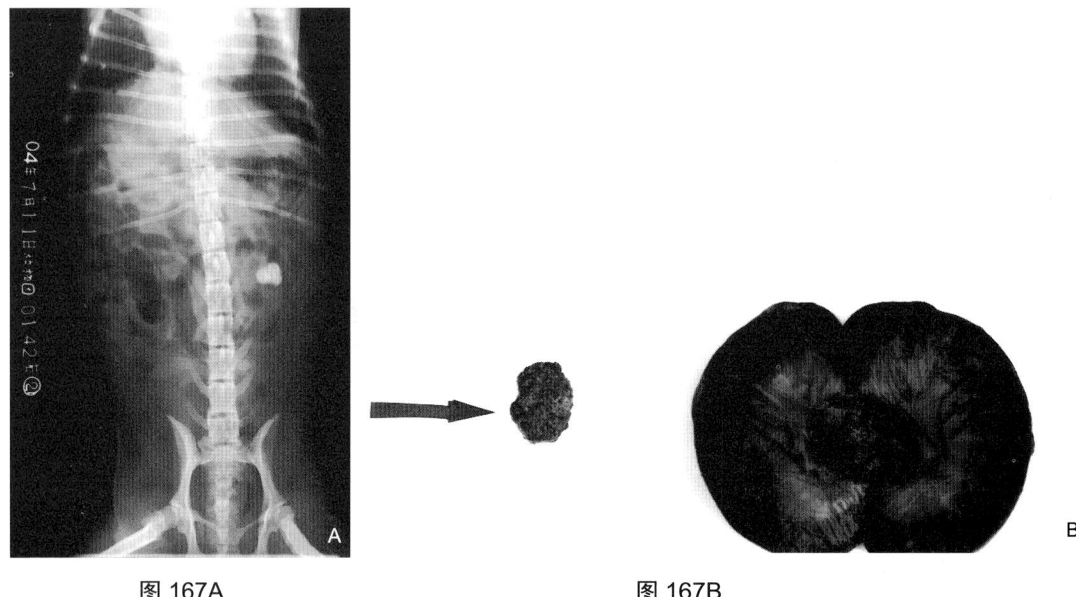

图 167A　　图 167B

【病例 161　京巴犬左肾盂结石和左输尿管及膀胱结石】

【典型病例】京巴犬，♀，12 岁，体重 7.5kg。尿后带血。该犬曾先后 4 次做膀胱结石手术。

【X 线表现】右侧卧＋仰卧腹背位腹部平片显示：左肾肿大，肾盂内可见多量小粒密高阴影。腰下、左肾近下极输尿管内见一麦粒大小不透射线影，膀胱内积聚一团泥沙结石。正位片显示左右肾轮廓清晰，左肾盂及输尿管结石同侧位片雷同。左右肾在未作造影的情况下表现密度过高，正位膀胱与腰椎重叠其结石阴影不清（图 168A、B）。

【X 线诊断】①左肾盂泥沙结石和左输尿管上段结石及膀胱多发泥沙结石；②双肾实质高密度影可能与钙质沉着有关或与肾功能丧失、衰竭有关。

【诊断要点】①动物中肾盂、输尿管、膀胱同时患有结石病例罕见；②该犬曾先后因膀胱做过 4 次取石，此类病例也少见；③肾内结石应与肾结核钙化相鉴别，输尿管结石需与淋巴结钙化相鉴别。

【临床诊断思路】临床症状有血尿，尿流中断，排尿困难，阳性结石平片诊断并不困难，阴性结石时可造影，做 B 超诊断。

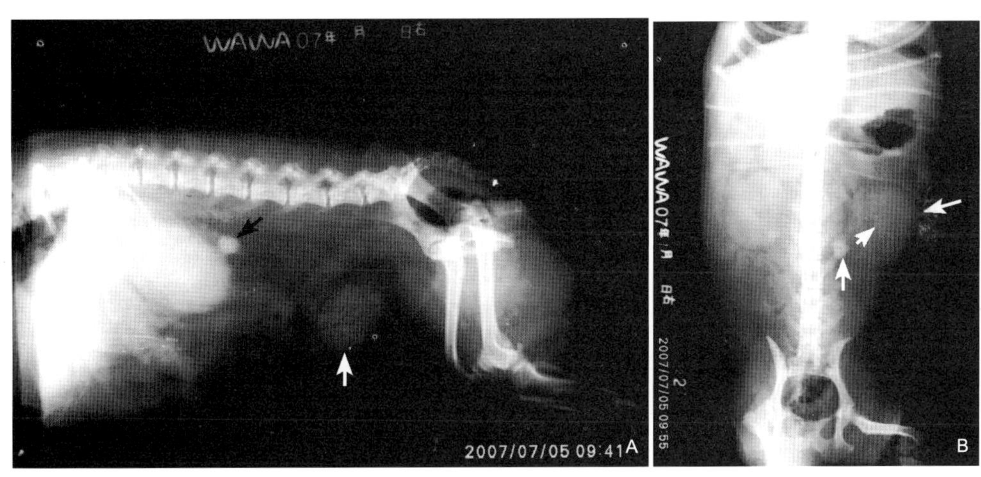

图 168

【病例 162　京巴犬双侧肾盂结石】

【典型病例】京巴犬，♀，9 岁，体重 4.95kg。精神沉郁，食欲减少，行走缓慢。

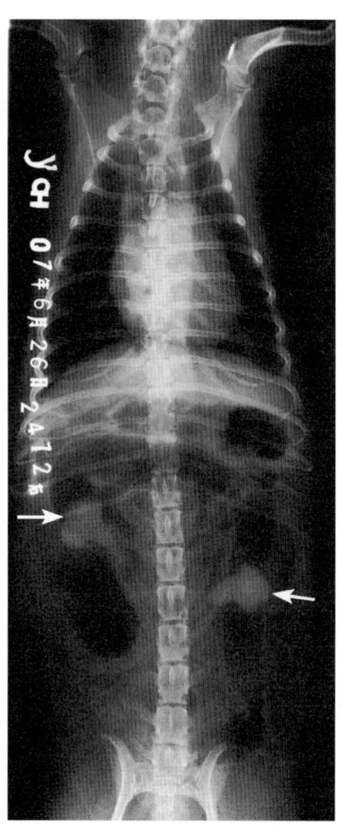

图 169

【X 线表现】仰卧腹背位平片显示：胃肠较空虚，肠管中有较多气体。左右肾影像轮廓不清，双肾盂各有巨大（约 1 个半腰椎体长、半个腰椎体宽）不透射线矿化阴影，边缘呈多角形（图 169）。

【X 线诊断】双侧肾盂结石。

【诊断要点】①很多结石为不透射线，平片即可确诊；②低密度结石需经造影检查，透性或不透性结石均为边界清晰的充盈缺损征象。

【鉴别诊断】①应与肾钙质沉着症（梗死、肿瘤或营养不良性钙化）相鉴别；②肾结石阴影常与肠管内的未消化的骨渣或矿化物质及淋巴结钙化影相重叠不易确定。

【临床诊断思路】①泌尿器官在解剖上是密切联系的，泌尿器官的疾病多半是相互联系相互继发、相互转化、互为因果的，故对泌尿系统疾病应多方面及时诊断；②根据诊断结果采取相应的治疗措施；③肾结石一般是切除患肾，但两侧肾都患病，或一侧无肾或肾功能严重障碍时，则不宜进行手术。

【病例 163　猫双肾原发淋巴肉瘤伴肝肺转移】

【典型病例】猫，♀，2 岁，体重 2.5kg。厌食，多饮，腹式呼吸，可触摸到腹内肾肿大。X 线诊断腹内肿瘤，肺转移。安乐死后尸检：为双肾原发淋巴肉瘤伴肝肺转移。

【X 线表现】右卧胸腹平片显示：肺部有多量圆形、分散的高密度不透射线病灶，肝脏肿大，双肾极度肿大占据腹中部并呈大面积高密度实影，靠腹壁肿块内有多量钙化影，并将肠管推向背侧及腹后（图 170）。

【X 线诊断】双肾肿大，肝肿大，肺转移病灶，肿瘤不除外。

【诊断要点】①腹腔双肾肿大，内有钙化影，加之肝肿大及肺转移病灶，肿瘤是不能除外的；②本例经尸检证实为双肾原发淋巴肉瘤伴肝肺转移。

【临床诊断思路】①猫的肾脏肿瘤病例很少见到（遗憾的是该病例未摄腹背位平片及造影检查）；②该病例的名称完全是依据尸检而证实的，今后同行诊断此类病也许会有参考价值。

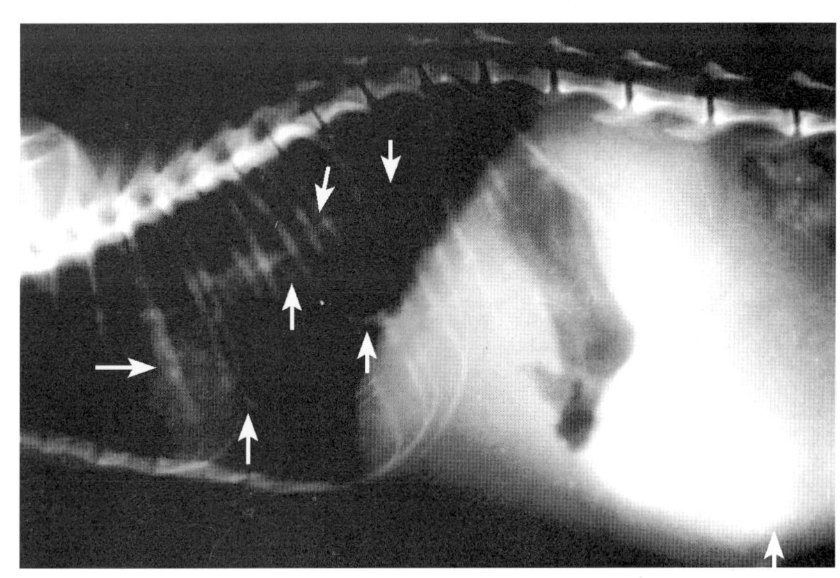

图 170

【病例 164　猫尿闭伴结肠便秘】

【典型病例】猫，♂，10岁，体重3kg。不爱活动，人工强制饲喂，几天已无大小便。

【X线表现】右侧腹平片显示：小肠充满内容物，结肠、直肠有多量质硬块状粪便。膀胱极度充满尿液，膨胀的膀胱将小肠挤向头侧，结肠挤向背侧（图171）。

【X线诊断】尿闭伴结肠便秘。

【临床诊断思路】①该猫步入老年，长期不爱运动，加上胃肠迟缓，造成大便秘结；②膀胱丧失收缩能力不能随意排尿导致膀胱尿液潴留，而平片和人工导尿时并未发现尿道结石。

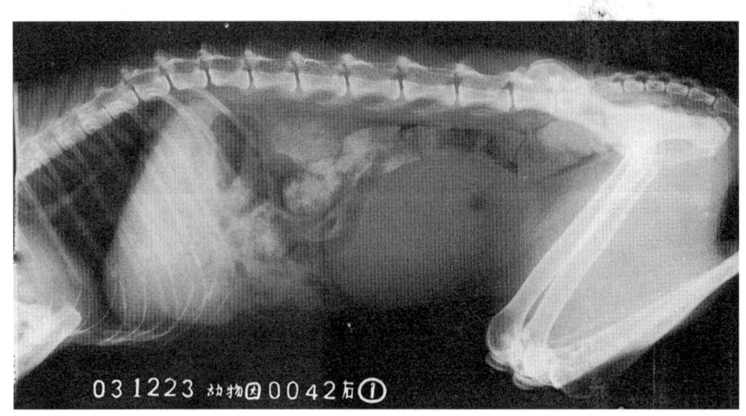

图171

【病例 165　猫膀胱炎伴溃疡】

【典型病例】猫，1岁，体重3.7kg。尿闭触诊后腹膨胀。导尿120mL，即做膀胱空气造影。X线确诊膀胱炎，经数天治疗无效死亡。尸检：膀胱壁增厚，大面积溃疡。

【X线表现】右侧卧膀胱空气造影显示：膀胱壁增厚，膀胱颈增厚明显，前腹侧膀胱壁粗糙（图172）。

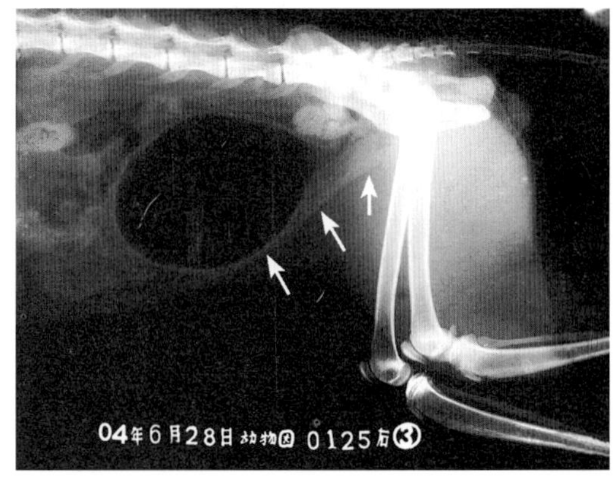

图172

【X线诊断】膀胱炎。

【诊断要点】①临床体征：尿频，每次排尿量很少；②平片检查时膀胱体积小或界限不清；③膀胱空气或双重造影显示膀胱壁增厚，黏膜不规则，膀胱内壁黏膜甚至凹凸不平。

【临床诊断思路】X线平片检查对诊断膀胱炎意义不大，必要时可做膀胱空气或双重造影检查，检查膀胱壁的变化。

【病例 166　金猫膀胱炎伴泥沙结石和腹水】

【典型病例】动物园新引进野生动物金猫，在检疫期间发病。X 线摄片，钡灌肠造影诊断：①所照腹部皮下有 14 颗火枪金属子弹；②钡灌肠横降结肠阻塞；③膀胱充满尿液伴泥沙结石。治疗两天后死亡。尸检除证实 X 线所见外，膀胱内尿液达 300mL，尿道多量泥沙结石，膀胱壁淤血，膀胱与肠系膜粘连。腹腔内血水 500mL。

【X 线表现】全麻后右侧卧腹平片＋钡灌肠造影显示：所照腹部可见散在小圆点不透射线火枪铁沙子弹约 14 粒。钡灌肠透视下观察及拍点片显示钡剂入横降结肠受阻。整个腹部模糊不清，小肠积多量气体。膀胱体积增大，充满尿液，内有多量散状泥沙石密高阴影（图 173）。

【X 线诊断】①腹部皮下火枪铁沙子弹；②膀胱充满尿液，内有多量泥沙结石；③钡剂于横降结肠受阻容物阻塞不除外；④腹部少量腹水不除外。

【诊断要点】①新引进的野生金猫，曾被火枪袭击致残，留铁沙子弹；②膀胱极度膨胀，一般为泥沙过多阻塞于膀胱颈部、尿道造成尿闭；③腹部影像模糊可因腹水或腹膜炎所致；④胃、小肠过量积气，透视下钡灌肠加压横结肠处受阻为肠容物阻塞所致。

【临床诊断思路】①本病例 X 线诊断与尸检基本一致；②野生动物发病轻时很难有临床症状，一旦发现病症重时疾病已很严重，这就要求饲养管理人员及兽医要加大观察力度，不放过细微异常表现。

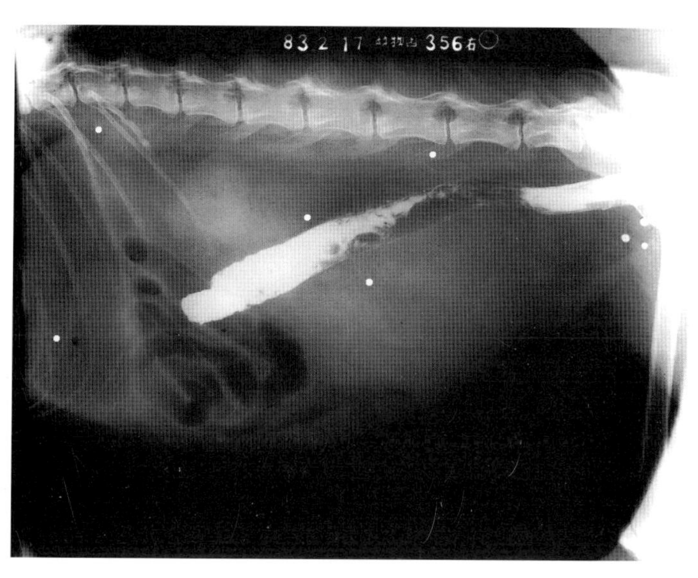

图 173

【病例 167　金丝猴膀胱多发小结石】

【典型病例】金丝猴，♀，7 岁，体重 7.5kg。排尿后带少量血色物。

【X 线表现】仰卧腹背位平片显示：骨盆右侧膀胱内有多量小米粒大小块状密高阴影（图 174）。

【X 线诊断】膀胱多发小结石。

【临床诊断思路】①动物园中的野生动物患泌尿系统疾病是一种常见多发疾病，除灵长类动物患有尿路结石外，还曾遇到海豹肾盂结石、袋鼠肾盂及尿道结石；②动物园中的中型猫科动物如豹、雪豹、美洲狮、猞猁、各种金猫等中型兽除尿路结石发病率高外，还常发生慢性肾盂肾炎等，并常导致肾功能不全或发展到肾功能衰竭，所以，遇到猫科动物食欲下降，饮水多，尿多或反复呕吐及动物体有尿臭味、有脱水症状时都应及早通过实验室做 X 线诊断。

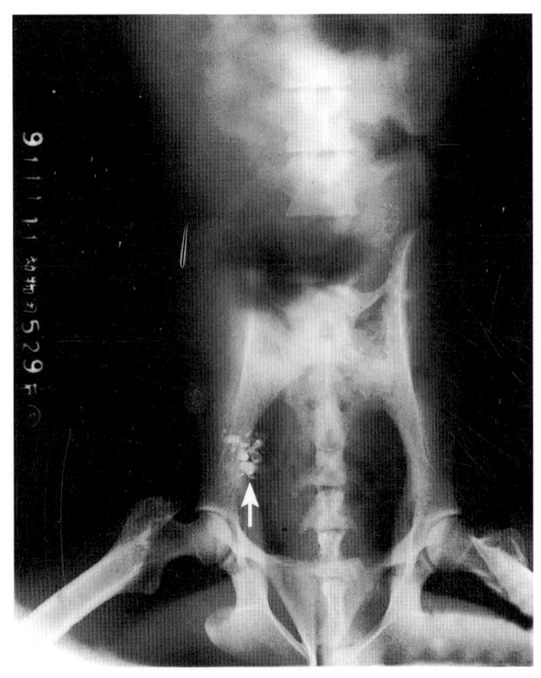

图 174

【病例 168　折耳猫膀胱泥沙结石】

【典型病例】折耳猫，♂，5 岁，体重 3.3kg。尿频，尿少，尿淋漓。

【X 线表现】右侧卧腹平片显示：膀胱与肠管重叠造成膀胱界限不清，但可见膀胱区域有多个小米粒大小的致密影（图 175）。

【X 线诊断】膀胱多发小结石

【临床诊断思路】近年来通过 X 线检查发现有关猫的尿石症并不少见。个别猫膀胱大块结石病例也曾遇到过，多数是膀胱、尿道泥沙结石，这就要求 X 线摄片时曝光条件准确，暗房技术过硬，才能使 X 线片层次丰富，对比度好，进而提高 X 线诊断的准确率。

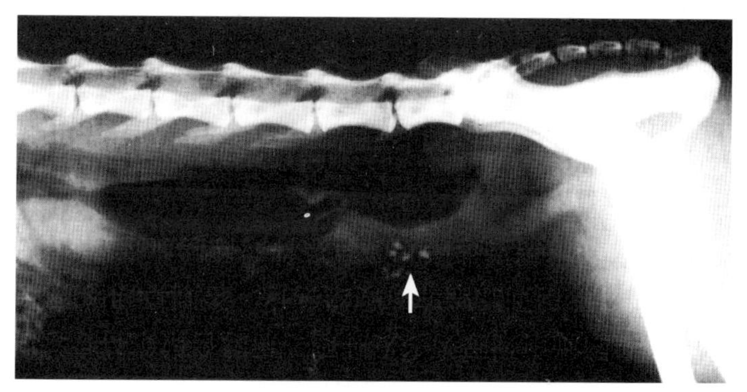

图 175

【病例 169　猫膀胱泥沙结石】

【典型病例】猫，♂，12 岁，体重 5.5kg。3 天前尿血，治疗无效。X 线诊断为膀胱泥沙结石，随即取出结石，康复。

【X 线表现】右卧腹平片显示：膀胱内隐约可见散状条形小颗粒密高影（图 176）。

【X 线诊断】 膀胱多发泥沙结石。

【临床诊断思路】①猫的膀胱颈较长，膀胱常位于腹腔中下部，在未做清肠情况下摄片要求条件准确，层次丰富，才不致漏诊；②对膀胱或尿道难诊时都应做造影检查。

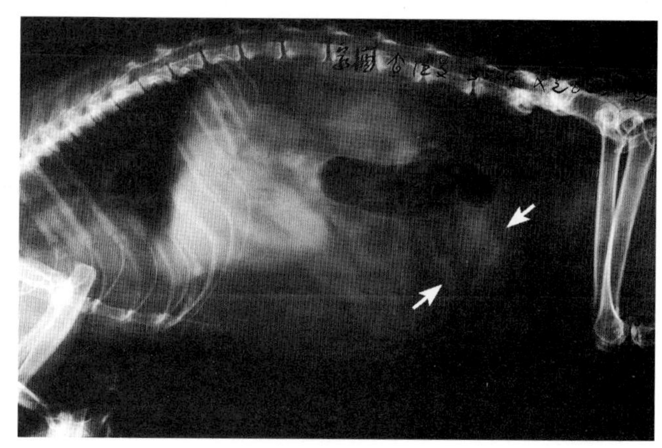

图 176

【病例 170　雪豹膀胱多发结石】

【典型病例】雪豹，♀，14 岁，体重约 28kg。园中展出的雪豹接近老年（正常寿命 20 年）。3 个月前阴门分泌粉红色液体，抗菌素治疗半月无效。

【X 线表现】右卧（全麻状态下）腹部侧位平片显示：腹部肠管少量气影并空虚，加上双肾因重叠影像密度较高，但大小外形尚可。腹尾侧膀胱界线尚清晰，大小中等，膀胱内可见大小不等、边缘光滑密高影（图 177）。

【X 线诊断】膀胱多发不透性结石。

【诊断要点】①阳性不透射线结石为圆形、椭圆形致密物；②阳性造影片显示膀胱内充盈缺损。

【临床诊断思路】临床有排尿困难，尿急、尿痛、血尿、脓尿、尿失禁等症状或可疑膀胱炎、膀胱结石、肿瘤，均可通过 X 线平片或造影检查，但造影检查前应在摄取了正侧位基础观察片之后。

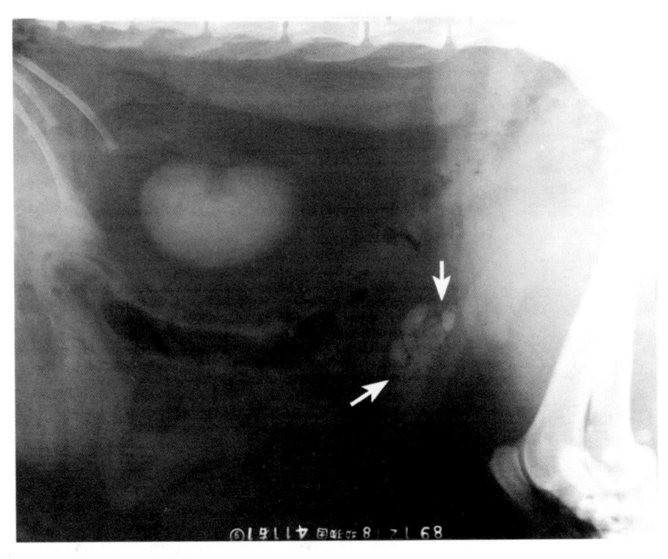

图 177

【病例 171　西施犬膀胱巨大结石】

【典型病例】西施犬，♀，9 岁，体重 8kg。尿频，尿少，有时带血。

【X 线表现】右卧腹侧位＋直结肠钡灌造影片显示：膀胱界线不甚清晰，膀胱区域有 3.5cm × 4.5cm 巨大致密影，边缘凹凸不平，又以钡剂直结肠造影鉴别，确认是膀胱内巨大结石（图 178A）。

【X 线诊断】膀胱巨大单个结石。

【诊断要点】①采用膀胱尿道侧位摄片，照片质量好，膀胱界线清晰，对不透射线结石容易确诊；②对透射线结石需做阳性或双重造影检查；③对膀胱界线不清与肠道无法鉴别的致密阴影也可钡灌肠鉴别。

【临床诊断思路】本病例为雌性犬，膀胱单发大结石，确诊后即手术取出。结石成黄褐色，表面沙粒状，3cm × 3.5cm 大，重 34.2g。是近年母犬体中发现的最大结石（图 178B）。

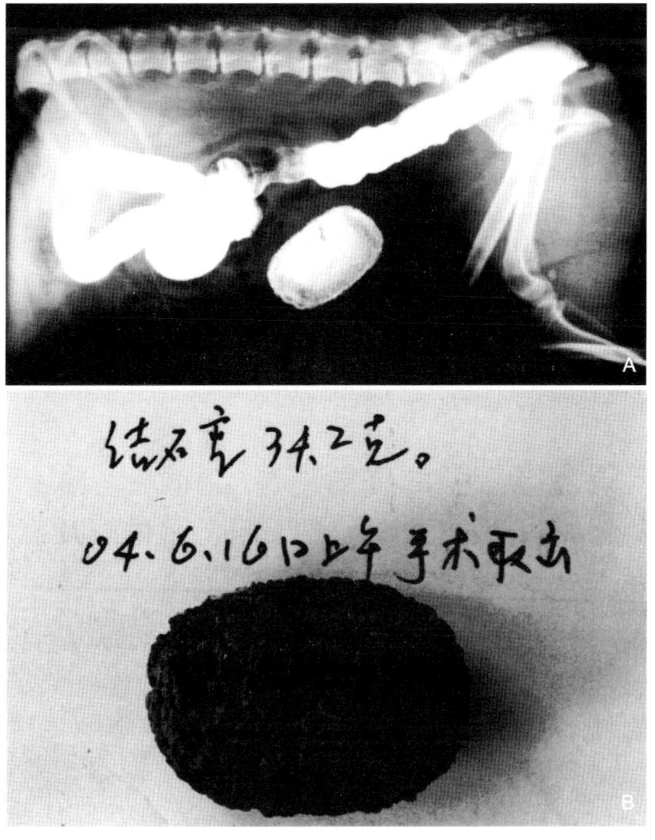

图 178

【病例 172　苏卡达陆龟膀胱尿道多发结石】

【典型病例】苏卡达陆龟，♀，4 岁，体重 1.2kg。苏卡达陆龟产于非洲毛利塔尼亚，主食植物性食物。主人已饲养 4 年，从 100g 增至 1.2kg，从未患过病。近 1 个月未见排尿及大便，食欲废绝。在北京动物医院 X 线确诊为膀胱结石，实施剖腹，从膀胱取出灰白色泥沙结石 30g，尿道 10g。

【X 线表现】生前背腹位全身及腹下平片显示：胃肠空虚，有较多气体，膀胱及尿道有多量积聚一起的，不透射线密高影，膀胱在盆腔前部界线清晰（图 179A、B）。

【X 线诊断】膀胱尿道泥沙多发结石。

【诊断要点】①龟外形与其他动物有显著区别，背腹部均为角质甲壳，躯体包含在龟壳内，X 线摄片要比其他动物的千伏和毫安秒偏高些，获得质量好的 X 线片才有利于确诊；②龟类结石大部分为泥沙状，在平片上容易确诊。

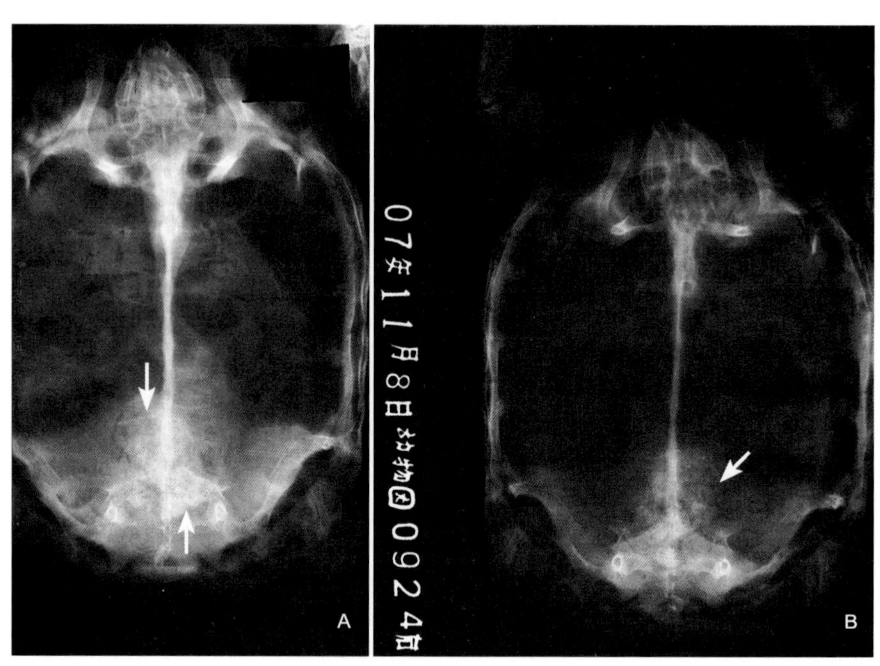

图 179

【病例 173　京巴犬阴茎骨中段尿道多发小结石】

【典型病例】京巴犬，♂，4 岁，体重 6kg。排尿困难，尿少。

【X 线表现】右侧卧腹平片显示：膀胱体积较小，内有少量尿液，未见结石，前列腺肥大，阴茎骨中段尿道可见小米粒大小呈珠状不透射线小结石约 5 块（图 180A、B）。

【X 线诊断】阴茎骨中段尿道多发小结石。

【诊断要点】根据病史、临床症状，及 X 线平片或造影检查可以确诊。

【临床诊断思路】①动物有临床症状包括排尿困难、尿急、尿痛、血尿及尿失禁时，都可通过 X 线平片或造影方法去评价和判断病变部位、涉及的范围和程度；②尿道结石多发生于雄性动物。

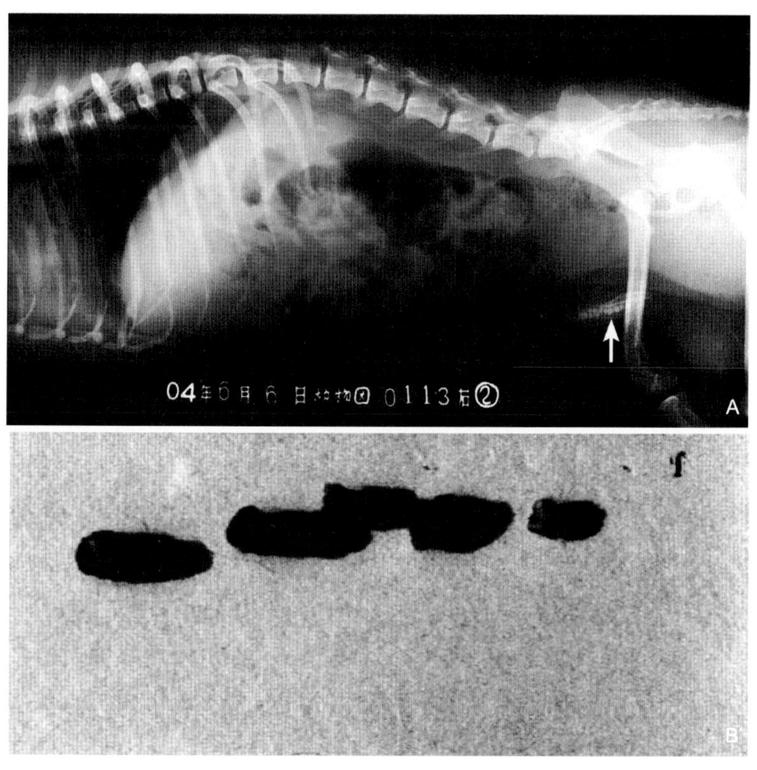

图 180

【病例 174　吉娃娃犬尿道多发结石】

【典型病例】吉娃娃犬，8 岁，体重 3.8kg。频频排尿，未见尿液。

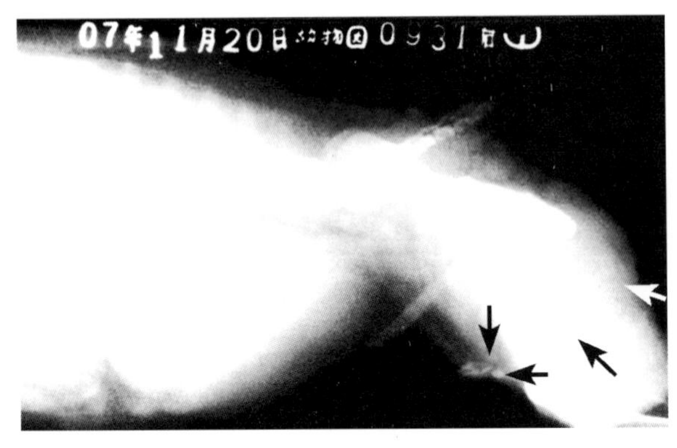

图 181

【X 线表现】右侧卧膀胱、尿道侧位片显示：膀胱体积巨大，占据后腹大部，在充满尿液的膀胱隐约可见泥沙造成的点状致密影。整个尿道中段可见 3 处各有多块泥沙结石影（图 181）。

【X 线诊断】膀胱及尿道多发泥沙结石。

【诊断要点】根据病史、X 线片即可确诊。

【临床诊断思路】对于小的结石应仔细检查，特别是在肠道准备不充分时容易被肠道内容物掩盖。

【病例 175　猫尿道结石】

【典型病例】猫，雄性，已去势，5 岁，体重 2kg。突然发病，频频有排尿姿势，未见尿排出。

【X 线表现】右侧卧膀胱尿道侧位显示：膀胱体积巨大，充满尿液，在坐骨后方尿道可见 1 ~ 2mm，呈念珠状 7 ~ 8 粒不透射线泥沙结石（图 182）。

【X 线诊断】后尿道多发泥沙结石。

【诊断要点】①根据病史及摆位正确、层次良好的 X 线片可明确 X 线诊断；②发生尿闭不见阳性结石需要阳性造影，但不可将气泡造成的充盈缺损误认为结石。

【临床诊断思路】①要辨认前列腺部位尿道结石或坐骨弓部的小结石有一定困难，除非 X 线束有足够的组织穿透力；②尿道结石一般为膀胱炎、膀胱结石的一种并发症，多见于雄性动物，结石常镶嵌在阴茎尿道口或后方，有时发生在坐骨弓 S 状弯曲处；③若完全阻塞，会造成尿闭，若得不到及时诊治，会造成膀胱破裂，发生腹膜炎、尿毒症而死亡。

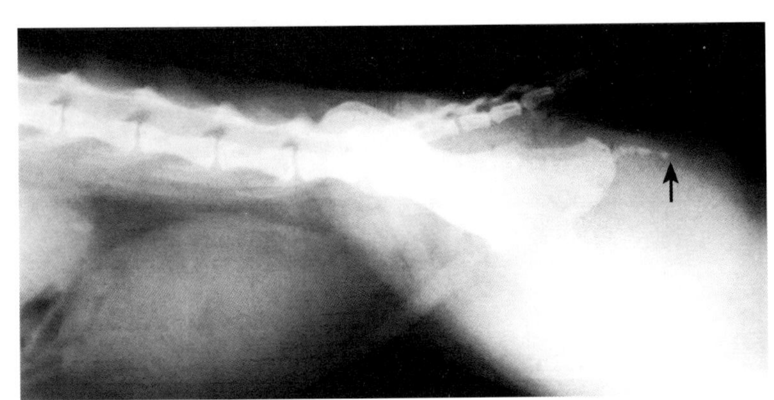

图 182

【病例 176　黑金猫膀胱肿瘤（造影确诊）】

【典型病例】黑金猫，♀，3 岁，体重 10kg。动物园引进半年，发现尿频，肉眼见血尿 3 个月。做尿路排泄性造影，X 线诊断肿瘤不除外。该动物治疗数日死亡。尸检证实膀胱壁肿瘤。

【X 线表现】动物麻醉状态下仰卧腹下加压，做 60% 泛影葡胺静脉肾盂造影。双肾输尿管充盈良好，未见异常。而膀胱内及膀胱颈部内充满造影剂，其内衬托出多个大小不等的充盈缺损影，靠膀胱的结节影凸入膀胱腔（图 183）。

【X 线诊断】膀胱多发肿瘤。

【诊断要点】①有血尿病史；②膀胱尿路造影可见膀胱颈及膀胱内有多个充盈缺损，靠膀胱壁结节影凸入膀胱。

【鉴别诊断】①膀胱内早期小结节肿瘤常无阳性征象；②膀胱肿瘤晚期可能出现钙化征象；③应与造影时膀胱造成的气泡和结石块影相鉴别。

【临床诊断思路】①本病例经尸检证实为膀胱壁乳突状多发小肿瘤；②应在造影前摄基础观察片，看有否肺转移。

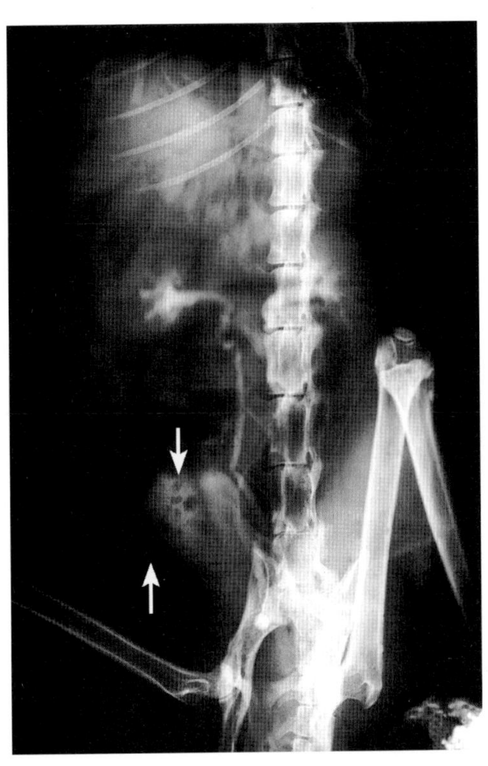

图 183

【病例177　京巴犬膀胱、前列腺多发肿瘤】

【典型病例】京巴犬，12岁，体重6kg。尿血病史已5年，曾不间断治疗及背过尿袋。近期排尿困难，X线摄片检查。

【X线表现】右侧卧腹平片显示：膀胱及前列腺界线不甚清晰，其体积较大，将小肠、结肠、直肠挤向腹前侧及背侧。膀胱、前列腺边缘及轮廓不整齐，膀胱、前列腺内有多个散状圆形或椭圆形团块密高影（图184）。

【X线诊断】膀胱、前列腺多发肿瘤。

【诊断要点】①临床血尿史多年，发展到排尿困难，尿道完全阻塞而导致尿闭；②X线平片已显示膀胱、前列腺内有散状多个均质硬块阴影，而膀胱壁前列腺又呈广泛性或片状增厚，边缘不规则，肿瘤可能性非常大；③曾想做膀胱造影以确诊，但犬主人未同意，允许免费剖腹探查，结果证实膀胱前列腺为多发肿瘤，后缝合做维持疗法。

【临床诊断思路】①膀胱、前列腺除非有硬结钙化，否则早期内膀胱肿瘤在平片上不易看到，为了显现有无肿瘤，通常需要造影；②有条件时除膀胱造影外，应摄胸片正侧位看有否肺部转移。

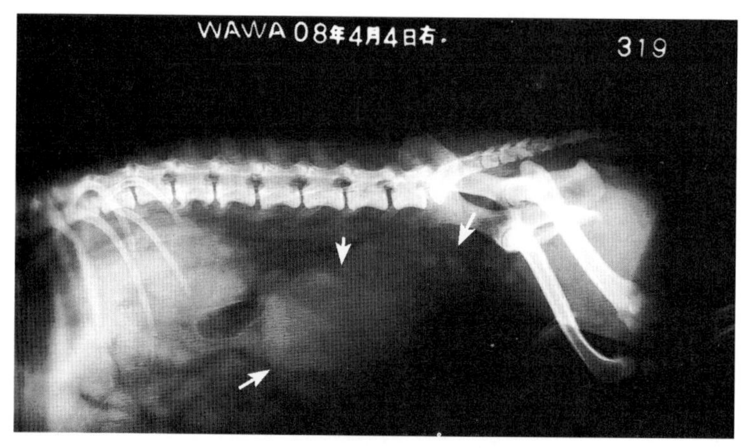

图184

【病例 178　蝴蝶犬膀胱肿瘤】

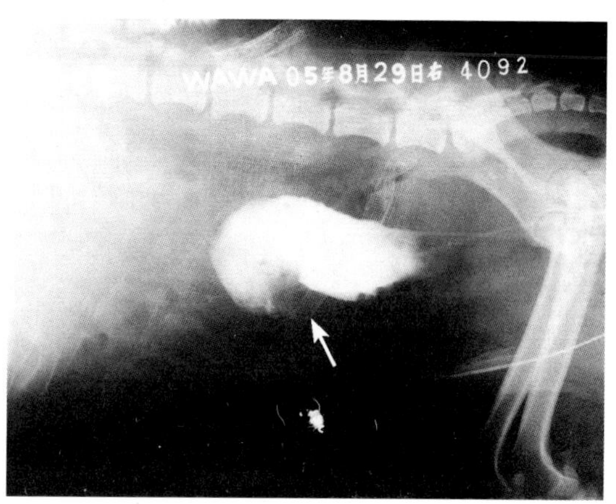

图 185

【典型病例】蝴蝶犬，4 岁半，体重 5kg。多日尿频尿血。X 线平片未见阳性表现，做膀胱阳性造影，见膀胱充盈缺损。手术证实为乳突状小肿瘤，切除后康复。

【X 线表现】右卧膀胱侧位泛影葡胺造影显示：膀胱壁腹右充盈缺损，由膀胱壁凸向膀胱内（图 185）。

【X 线诊断】膀胱内占位病变，不排除肿瘤。

【诊断要点】①平片往往表现正常，为确诊应做造影追查；②早期小肿瘤病灶在平片上看不到，除非有钙化点。

【鉴别诊断】①本病与早期乳头状癌鉴别较困难；②本病早期有血尿，首次就诊时肿瘤不大时造影检查易漏诊；③造影充盈缺损也可能是血凝块、息肉造成。

【临床诊断思路】本病例经手术，证实为良性乳头状瘤。

【病例 179　蝴蝶犬膀胱及膀胱颈部肿瘤】

【典型病例】蝴蝶犬，♀，6 岁，体重 7.5kg。尿频，尿血，触诊下腹部有肿物。

【X 线表现】右卧腹平片显示：膀胱界线清晰，体积中等，膀胱壁普遍增厚，膀胱腹壁、背侧及颈部呈一大一小肿物影，肿物均呈硬结矿化实影（图 186）。

【X 线诊断】膀胱及膀胱颈部肿瘤。

【诊断要点】①本病例有较长时期血尿病史；②X 线平片显示整个膀胱及膀胱颈呈致密硬结的矿化影；③本病例手术证明为膀胱巨大纤维肉瘤。

【临床诊断思路】①膀胱肿瘤常见血尿、尿频或尿痛，该病在雌犬更常见；②为了显现膀胱的肿瘤，应进行膀胱造影。

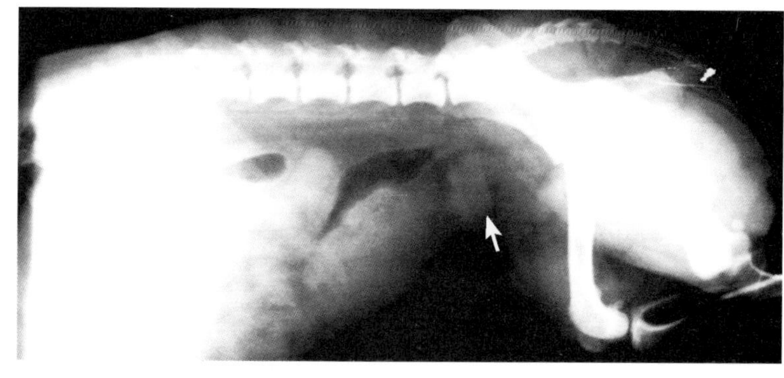
图 186

第三节　雄性生殖道病变

【病例 180　京巴犬前列腺肿大（造影诊断）】

【典型病例】京巴犬，♂，5 岁，体重 4kg。半年前曾尿过血，现偶尔有尿血，不爱活动。

【X 线表现】右卧腹平片显示：第三腰椎下腹部至骨盆前呈分叶状两个巨大均质密高影，难以分辨两个肿物性质。导尿后造影显示：膀胱壁周围有少量气影，而造影剂在膀胱内及穿过前列腺的尿道充盈尚可（图 187A、B）。

【X 线诊断】前列腺异常肿大。

【诊断要点】①临床有血尿病史，平片显示腹后部两个较大肿块，需做造影鉴别诊断；②通过造影查清前面肿物是膀胱，后面的肿物是前列腺肿大影。

【鉴别诊断】膀胱区域出现 2 个肿物时进行阳性造影即可相鉴别肿物的性质。

【临床诊断思路】前列腺肿大是犬的常见病，肿大的原因主要是前列腺异常增生造成，但是，导致前列腺肿大的原因还有前列腺炎、前列腺脓肿、前列腺肿瘤等。

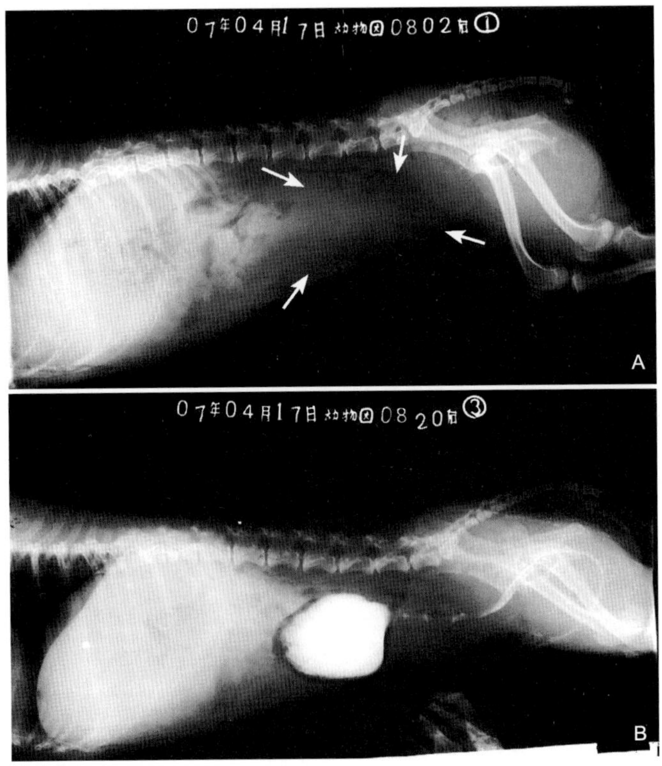

图 187

【病例 181　喜乐蒂犬前列腺急性肿大致尿闭】

【典型病例】喜乐蒂犬，♂，2 岁，体重 9.5kg。1 周来尿少，尿淋漓，排尿困难。X 线平片及造影确诊为前列腺急性肿大造成尿闭，经导尿及 1 周打针服药康复。

【X 线表现】右侧卧平片显示：充满尿液的巨大膀胱移向第 1 ～ 2 腰椎下腹部，将肠管推向背侧，膀胱后有一巨大均质影占据后腹大部，导尿后膀胱逆行造影显示：膀胱内及尿道充盈良好，膀胱后巨大肿物为肿大的前列腺（图 188A、B）。

【X 线诊断】前列腺急性肿大致尿闭。

【诊断要点】如果在后腹部看到两个肿物，可能难以判断，可做膀胱逆行造影鉴别，B 超检查也有助于鉴别诊断。

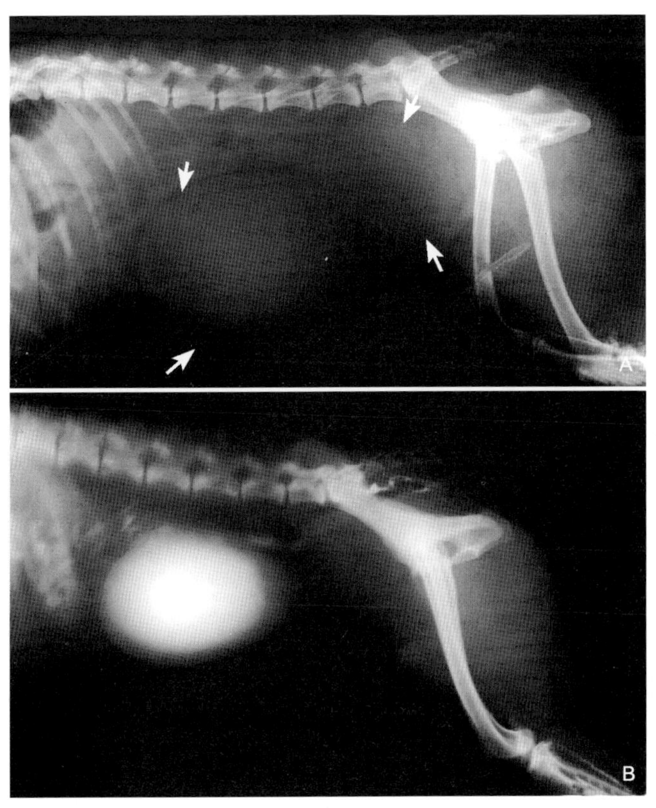

图 188

【病例182　杂犬睾丸肿瘤】

【典型病例】杂犬，♂，6岁，体重4kg。腹股沟有鹅蛋大肿物，发现1年，近月增大明显。触诊，肿物质地较硬，双阳睾。

【X线表现】右卧腹平片显示：腹股沟阴茎上部可见一巨大肿物阴影，肿物内有散在状密度较高块状影，5.5cm×10cm大小。肿物周边呈软组织阴影，腰下淋巴结增大（图189）。

【X线诊断】睾丸肿瘤。

【鉴别诊断】应与腹股沟疝、睾丸扭转充血增大相鉴别。

【临床诊断思路】①睾丸可出现3种肿瘤：精原细胞瘤、间质细胞瘤、支持细胞瘤；②睾丸肿块用超声引导、用细针抽吸和穿刺活检；③本病例手术证实为睾丸肿瘤。

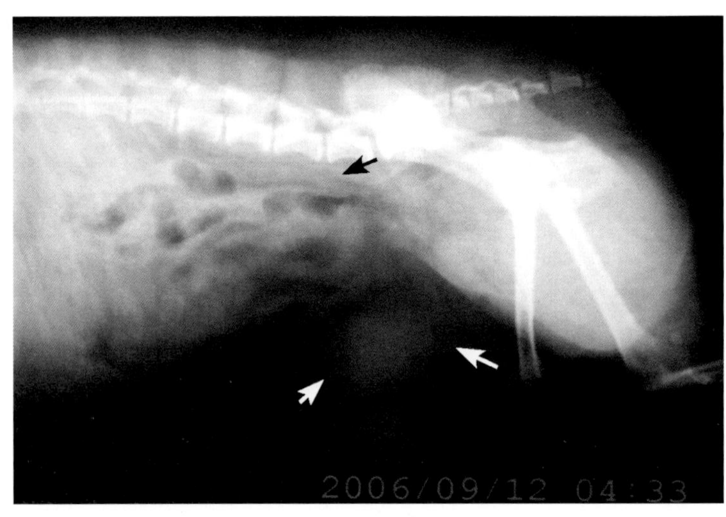

图189

【病例 183　京巴犬睾丸肿瘤术后肺腹转移】

【典型病例】京巴犬，♂，9 岁，体重 4.85kg。

病史：半年前双侧睾丸肿瘤实施手术切除。近日呼吸困难，喘，拒食，腹大，消瘦。触诊腹内有硬块。

【X 线表现】右卧及腹背正侧位片显示：胸内正侧位均有大、小块实密阴影，占据右肺全部及左肺上叶。腹内肝脏肿大超出肋弓很远，腰下淋巴结肿大。腹腔内有数个鸡蛋大小边缘整齐密度很高的肿块阴影。整个腹腔缺乏层次，呈液体—软组织密度影（图 190A、B）。

【X 线诊断】睾丸肿瘤术后肺、腹转移。

【临床诊断思路】①该犬病史清楚，半年前双睾丸实施肿瘤切除术；②这次 X 线肺、腹均呈阳性征象，X 线诊断睾丸肿瘤术后肺、腹转移是准确的；③该犬已步入老年，体况极差，已无手术治疗的价值，主人同意实施维持疗法以延长其生命。

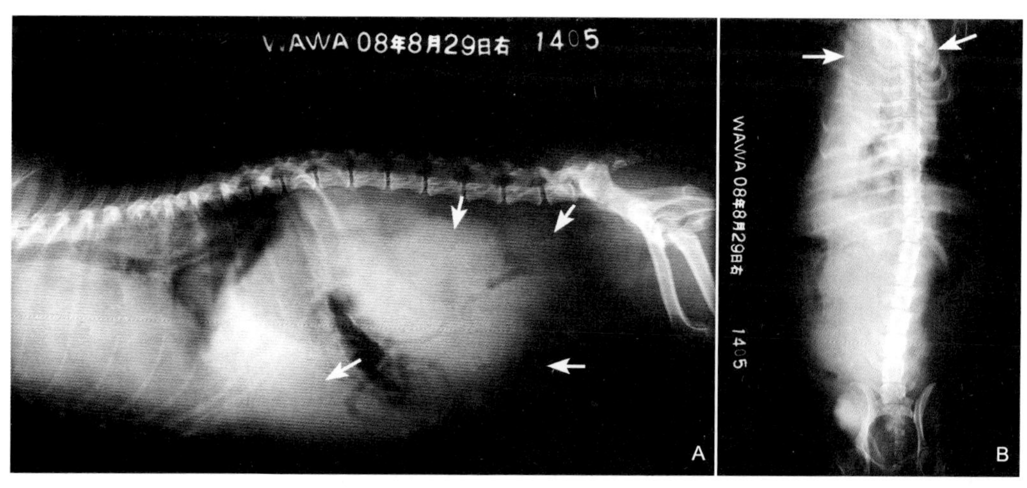

图 190

第四节　雌性生殖道病变

【病例 184　马尔济斯犬子宫蓄脓】

【典型病例】马尔济斯犬，♀，9 岁，体重 9kg。不爱活动，喜卧，喝水较多。X 线诊断为子宫蓄脓，实施子宫卵巢摘除术后康复。

【X 线表现】仰卧＋右侧卧腹平片显示：腹部膨大，子宫角显示粗大的分叶状大块均质软组织阴影，小肠被向前向背侧推移（图 191A、B）。

【X 线诊断】子宫蓄脓。

【诊断要点】根据病史、临床症状、X 线检查或 B 超检查容易作出诊断。

【鉴别诊断】犬的腹部侧位片上，子宫蓄脓和患子宫疾病时易被误认为脾脏肿块，但仔细检查可发现子宫蓄脓常显示为粗大卷曲的管状或呈分块的均质软组织阴影。

【临床诊断思路】本病例临床、X 线诊断及时准确，经手术病理证实。

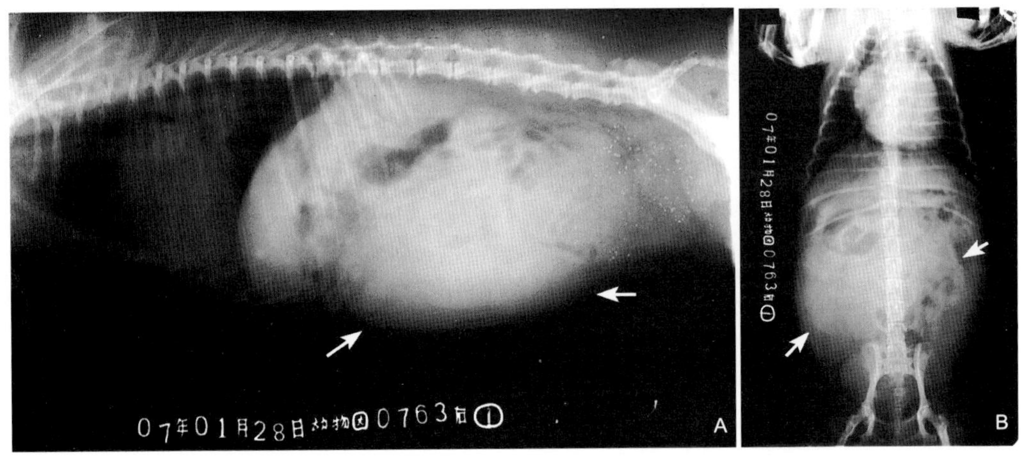

图 191

【病例 185　京巴犬子宫蓄脓】

【典型病例】京巴犬，♀，8 岁，体重 7kg。烦渴，腹围渐大，食欲减少。

【X 线表现】仰腹背位片显示：腹左右侧可见管形结构致密影，将肠管挤向背侧。侧位片显示：腹中腹后均见粗细不一、管形粗大、分块均质软组织影（图 192A、B）。

【X 线诊断】子宫蓄脓。

【诊断要点】结合病史及腹部平片，子宫积脓中后期容易确诊。

【临床诊断思路】应与腹部肿块、卵巢肿瘤和腹腔积液相鉴别。

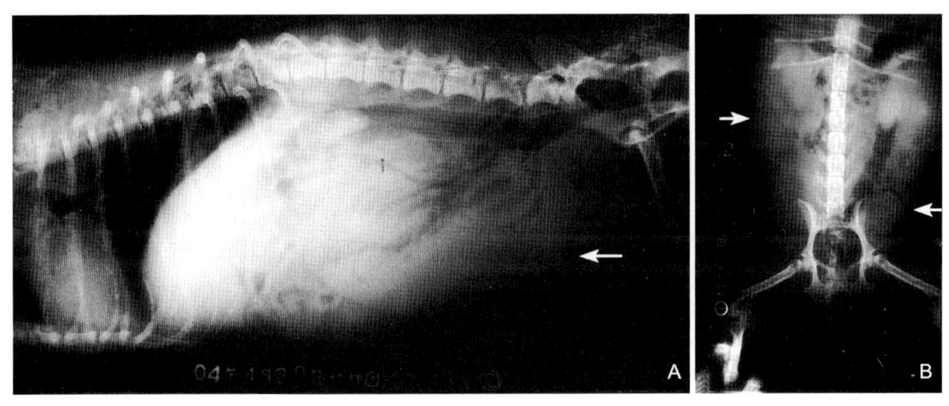

图 192

【病例 186　猫宫内胎囊伴腰椎脱位】

【典型病例】猫，♀，1 岁，体重 2.1kg。该猫不慎落入干枯的水井内，被人救出后发现双后肢瘫痪。

【X 线表现】右侧卧腹平片显示：第 5、6 腰椎脱位；子宫体增大，内有卵圆形边缘整齐均质密高影 2 ～ 3 个（图 193）。

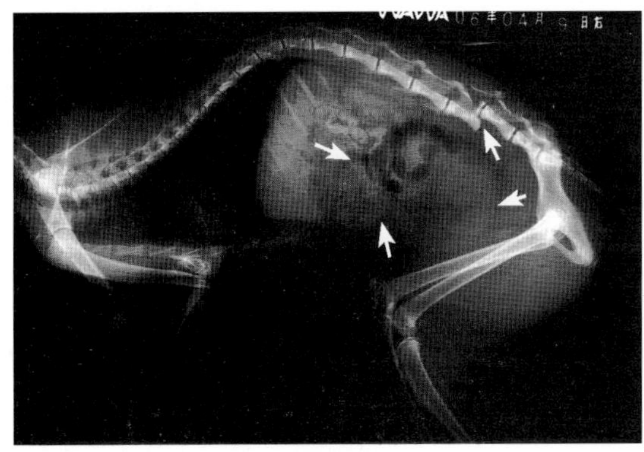

图 193

【X 线诊断】① 5 ～ 6 腰椎脱位；②宫内胎囊 2 ～ 3 个，怀孕均 20 天左右。

【临床诊断思路】①妊娠后子宫会逐渐增大，怀孕 5 周 X 线或更早可见胎儿隐约的骨影；②未怀孕的动物子宫内出现任何液体都可视为异常。

【病例 187　杂犬宫内胎儿 43 天】

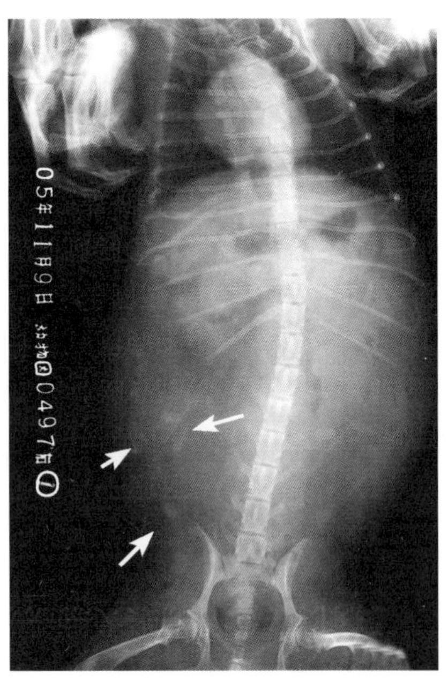

图 194

【典型病例】杂犬，♀，1 岁半，体重 6kg。该犬配种已 43 天，进行妊娠检查。

【X 线表现】仰卧腹部平片显示：腹部膨大，腹右侧隐约可见胎儿 1 只，头、脊椎、四肢骨骼致密影可见。左侧腹部也较大，但胎儿骨影不明显（图 194）。

【X 线诊断】怀孕 43 天，胎仔骨影可见。

【诊断要点】①摄片时应加滤线板，投照条件合适，照片层次丰富更有利于观察怀孕 43 天的胎儿影像；②怀孕 43 ～ 47 天，胎儿的头、脊柱、四肢骨骼隐约可见到，骨影清晰。

【临床诊断思路】①通常怀孕 20 多天时，良好的 X 线片可见到胎囊影像；②怀孕 45 天，可通过颅骨确认胎儿数目。

【病例 188　鹿犬宫内死胎】

【典型病例】鹿犬，♀，2 岁，体重 1.5kg。产完仔已 4 天，怀疑仍有胎儿。

【X 线表现】右卧腹平片显示：腹部膨大，子宫体巨大，内有大量气体，胎儿头颅滞盆腔内，头颅可见多个气影，胎儿正常曲线消失，其骨影钙化明显（图 195）。

【X 线诊断】宫内死胎 1 只。

【诊断要点】胎儿在宫内死亡后期会发生感染，胎儿的正常生理曲线会消失，宫内有气体，胎儿头颅萎缩有气影，胎儿尸体骨密度增高钙化。

【临床诊断思路】如果是胎儿过大造成难产而又是最近死亡，X 线检查时会无变化。

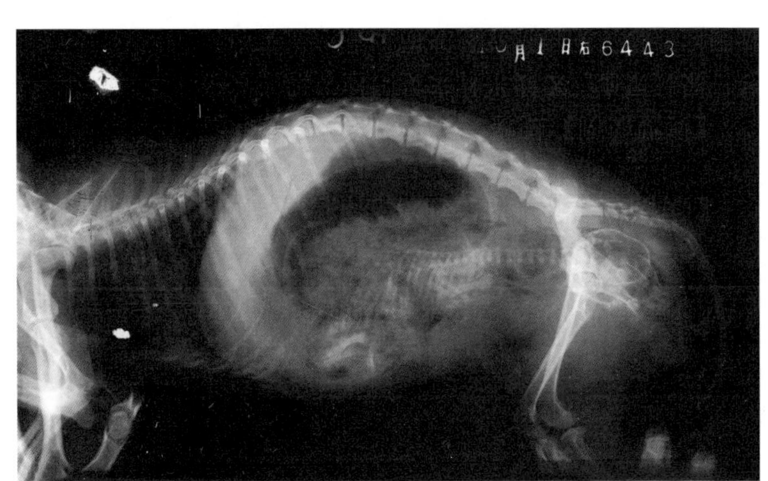
图 195

参考文献

北京动物园主编．1998．北京动物园文集．北京：中国农业大学出版社

付长根，陈佩荣，张雪斌．2006．X 线读片指南（2 版）．南京：江苏科学技术出版社

李毓义，相宜林．1994．动物普通病学．吉林：吉林科学技术出版社

鹿强，侯明辉．2007．X 线读片手册．北京：军事医学科学出版社

王艳萍译．2006．小动物胸腹部放射学．北京：军事医学科学出版社

谢富强．2003．兽医影像学．北京：中国农业大学出版社

谢富强主译．2006．犬猫 X 线与 B 超诊断技术（4 版）．沈阳：辽宁科学技术出版社

谢庭树．1984．兽医放射学．中国人民解放军兽医大学训练部印刷

后 记

《动物X线实用技术与读片指南》是我近50年来从事动物X线诊断工作的实践和认识的总结。本书能对从事野生动物（包括犬、猫等宠物）X线投照、暗房技术和诊断方面的兽医师们有所借鉴与帮助，将是我最大的欣慰。

本书的问世，应归功于作者有一个良好的工作环境和施展技能的平台，还有北京动物园历届各级领导的支持、培养和兽医院同事们的真诚合作与帮助，尤其与现任副园长张金国高级兽医师的大力支持与指导是分不开的。

感谢中农大我爱我爱动物医院、北京酒仙桥动物医院、北京永昌动物医院、北京（回龙观）城北动物医院、北京康乐宝动物医院的大力支持和提供部分典型病例。

感谢北京动物园兽医院杨明海、卢岩、孙亚美、丁楠及仁仁宠物医院韦振宇、望康动物医院吴红肖为本书文字输录打印等工作的支持与帮助。

感谢中国林业出版社动植物编辑室主任严丽编审为本书的编辑出版所做的努力。

本书除由全国各地新华书店经销外，还可以向作者直接订购。作者地址：北京海淀区西外太平庄14楼2门12号

邮编：100081　　电话：(010) 62110809

李树忠

2009年8月